情報社会における
食品異物混入対策最前線

リスク管理からフードディフェンス、商品回収、クレーム対応、最新検知装置まで

監修 西島 基弘

NTS

| 検討ステップ | ワークシートの内容（例） |

[1.4] 図7　ワークシート例（工程品質チャート）(p.59)

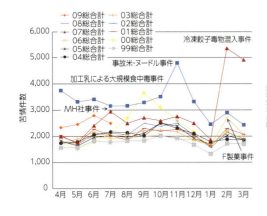

日本生協連商品苦情データベースをもとに作成
[2.2] 図2　日本生協連に寄せられた商品苦情の推移（1999〜2009年度）[2] (p.157)

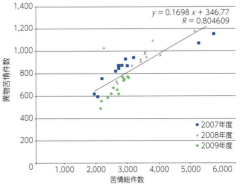

日本生協連商品苦情データベースをもとに作成
[2.2] 図3　商品苦情件数と異物混入苦情の散布図と相関係数（2007〜2009年度）[2] (p.157)

(a) 添加剤を含むスチレン樹脂のIRスペクトル

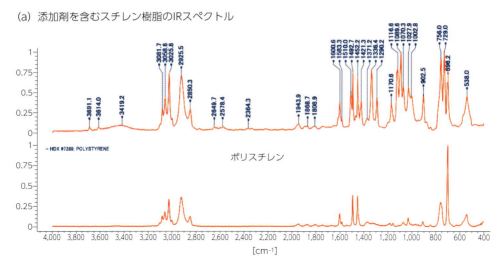

（解釈）検体スペクトルの 3,000cm^{-1} 領域の部分的パターン検索でベンゼン環モノ置換体芳香族化合物主体のポリスチレンが上位のヒットリストが得られる。ヒットリスト中物質と検体の硬く脆い性状と，ベンゼン環モノ置換体芳香族の汎用樹脂はポリスチレンだけという工業常識を併せ，主体成分（第1成分候補）はポリスチレンと断定する。次いでポリスチレンのスペクトルを引いて第1差スペクトルを作成する。

(b) ポリスチレンを引いた差スペクトル作成

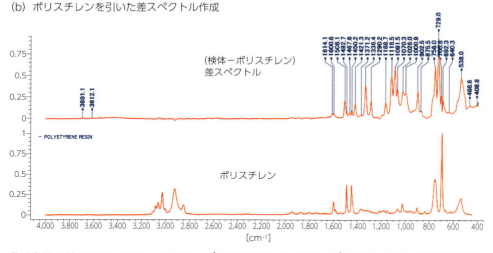

（解釈）第1差スペクトルには，3,600cm^{-1} 付近の結晶水と 538cm^{-1} の存在からケイ酸塩系無機物，3,000cm^{-1} 付近にアルキル基不在で 1,600cm^{-1} 以下のシャープなピーク群から芳香族化合物が存在し，2物質の混在が推察される。2本の結晶水ピークの位置と 1,026，1,000cm^{-1} のピークから，カオリンを第2成分候補とする。第2逐次差スペクトルを作成する。

［4.1］　**図4　差スペクトル法成分解析例**（p.235, 236）

(c) 第1差スペクトル中の第2成分候補擁立と第2逐次差スペクトルの作成と第3成分候補の確定

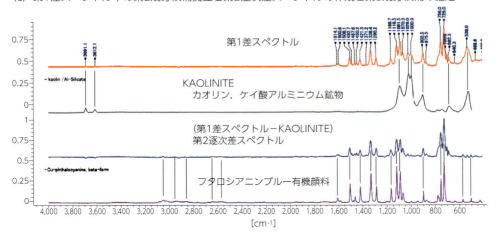

(解釈) 最終的第3逐次差スペクトルはほとんどノイズであり,0.1%(1,000ppm)を超える第4成分は存在しない。この検体がポリスチレンとカオリンと銅フタロシアニンブルーの3成分から成っていることが確認された。

[4.1] **図4** 差スペクトル法成分解析例(つづき)(p. 235, 236)

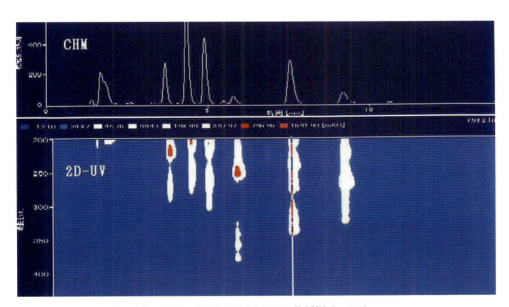

[4.1] **図7** GPC-2D/UV-VIS分析例(p. 239)

(a) IR-1　黒紫色部分薄片のIRスペクトル

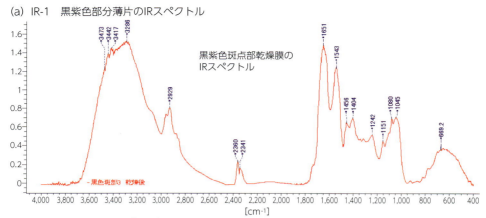

（解釈）1,651, 1,543 cm^{-1} のピークは蛋白質，3,400，1,400〜1,200，1,100〜1,000，ブロードな 660 cm^{-1} は炭水化物由来である。

(b) IR-2　黒紫色部と正常部の重ね書き比較

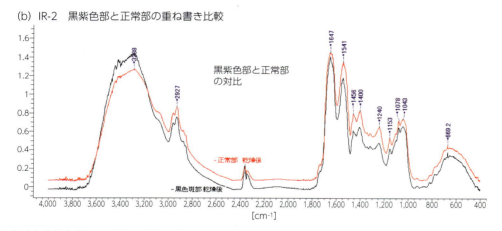

（解釈）着色物質を示す差異は線幅程度の変動で肉眼では判断できない。

[4.1]　**図9　例1—食品中着色部の異質物質**（p. 246, 247）

(c) IR-4 （黒紫色・正常）の差スペクトル成分と正常部スペクトル対比

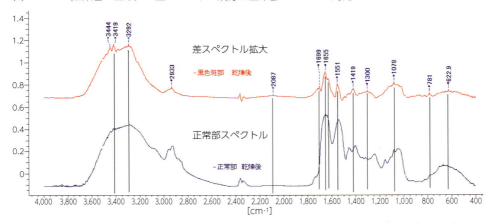

（解釈）差スペクトルは差異変動分を数十倍に拡大表示している。1,600, 1,500 cm^{-1} の小ピーク，781 cm^{-1} 存在から多置換芳香族物質であることを示す。1,655 cm^{-1} は芳香族ケトン（C=O 基）で 1,551 cm^{-1} はカルボン酸塩（COO$^-$M$^+$）を示す。3,400, 1,000 cm^{-1} 付近は糖類環を示す。

(d) IR-5 差スペクトルの類似物質のスペクトルとの対比

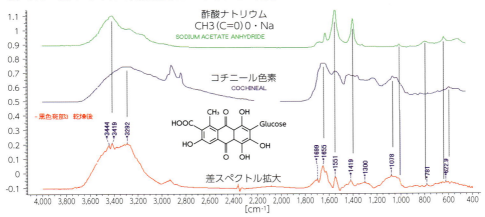

（解釈）1,500, 1,400 cm^{-1} のピークは酢酸ナトリウムの -COONa が近いパターンを示し，色素でこのスペクトルパターンを示すのは一部の天然色素で，芳香族キノン系のポリフェノール物質配糖体の塩類であるカルミン酸のみが類似している。コチニール色素は食品添加物で蒲鉾の着色にも使用され，酸性で赤，アルカリ性で紫とされ，蛋白質中では紫になることが知られ，明礬（ミョウバン）が色調整安定剤であることは公知である。食品添加物として認められている天然色素コチニールが蒲鉾の蛋白質中で紫に呈色したものと推察される。

［4.1］ 図9 例1―食品中着色部の異質物質（つづき）(p. 246, 247)

(a) IR-1　工業薬剤中の黒色異物のIRスペクトル

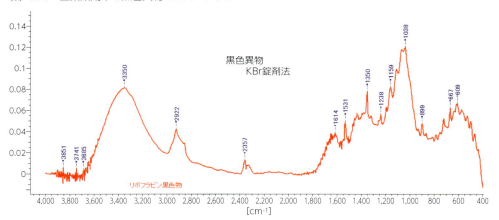

（解釈）スペクトルはセルロースの特徴を有する。1,531，1,350 cm^{-1} の鋭いピークはニトロ基が置換した芳香族化合物を推察させるパターンである。

(b) IR-2　異物とその周辺（リボフラビン薬剤主体）と標準リボフラビンの対比

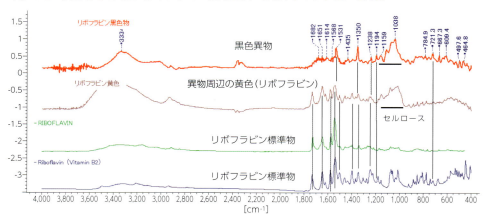

（解釈）1,531，1,350，1,194，721 cm^{-1} はリボフラビン成分と別であることがわかる。

［4.1］　**図10**　例2―工業薬剤中の黒色異物（p. 247〜250）

(c) IR-3 黒色物とセルロース類との対比

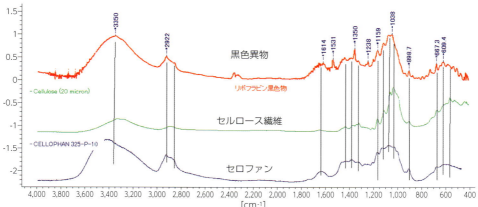

（解釈）セルロースとほぼ一致するので，差スペクトルを作成し，第2成分を推察する。

(d) IR-4（黒色異物−セルロース）の差演算スペクトル

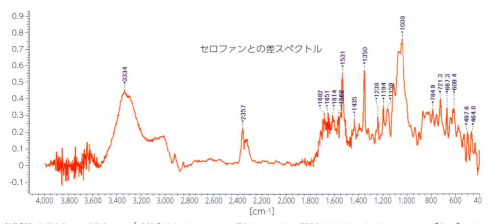

（解釈）3,300, 1,038 cm^{-1}付近はセルロースの引ききれない残渣である。しかしシャープなピークが複数に認められ，ニトロ基（-NO$_2$）を含む芳香族化合物存在が明らかとなる。

[4.1] 図10 例2—工業薬剤中の黒色異物（つづき）(p. 247〜250)

(e) IR-5　差スペクトルの類似物質との比較

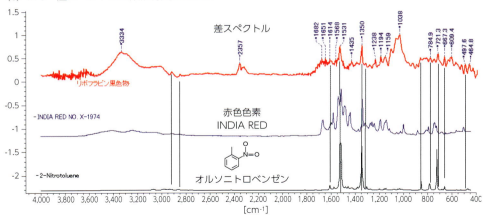

(解釈) 芳香族ニトロ化合物と共通点がある。置換位置は o 形とともに他が複合している。

(f) IR-6　差スペクトルと置換構造推察

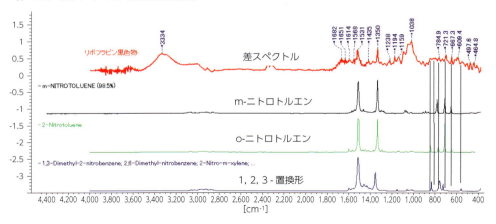

(解釈) o, m 位, 1,2,3 位形のいずれかの構造をした色素であるが, 具体的な類似物を検索する。

[4.1]　図 10　例 2 ―工業薬剤中の黒色異物 (つづき) (p.247〜250)

(g) IR-7 ニトロ基を有する色素類似物

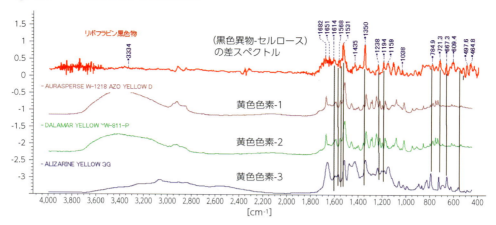

（解釈）一致はしていないが類似化学構造を有する。

(h) IR-8 部分構造が類似する化成品中間体

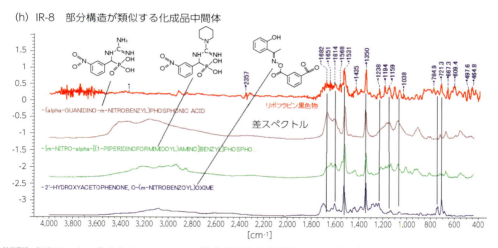

（解釈）色素はニトロ化された m- フェノン類（最下段）部分構造との一致性が高い。

[4.1] 図10 例2―工業薬剤中の黒色異物（つづき）（p. 247〜250）

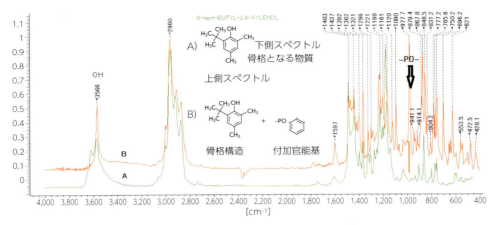

［4.1］ **図12** 酸化防止剤の例（p. 250）

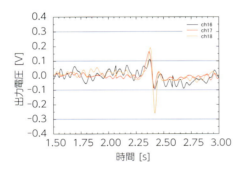

［5.4］ **図7** Φ0.5mm 鉄球の検出例（p. 305）

監修・執筆者一覧

【監修者】(敬称略)
西島　基弘　　実践女子大学名誉教授

【執筆者】(掲載順,敬称略)
西島　基弘　　実践女子大学名誉教授
松延　洋平　　首都大学東京大学院人間健康科学研究科　客員教授/コーネル大学評議員会終身評議委員
春田　正行　　株式会社消費経済研究所品質管理サポート部　シニアコンサルタント
平尾　素一　　環境生物コンサルティング・ラボ　代表
廣田　正人　　株式会社日本能率協会コンサルティング品質革新センター　シニアコンサルタント
前田　佳則　　特定非営利活動法人衛生検査推進協会　理事長
山本　健　　　一般社団法人日本冷凍食品協会品質・技術部　部長
栁瀬　慶朗　　東京海上日動リスクコンサルティング株式会社製品安全・環境本部製品安全マネジメント第一ユニット　主任研究員
小川　賢　　　株式会社レジェンド・アプリケーションズ食品コンサルティンググループ　グループリーダー
室賀　利一　　株式会社日通総合研究所物流技術環境部　主任研究員
新保　勇　　　マルシン食品株式会社　取締役/副社長
荻原　正明　　マルハニチロ株式会社環境・品質保証部　副部長
金井　伸輔　　株式会社日立製作所インフラシステム社産業ソリューション事業部産業ユーティリティソリューション本部セキュリティエンジニアリング部　担当部長
柿崎　順　　　株式会社日立製作所インフラシステム社産業ソリューション事業部産業ユーティリティソリューション本部セキュリティソリューション部　主任技師
中田　裕也　　株式会社日立製作所インフラシステム社産業ソリューション事業部産業ユーティリティソリューション本部セキュリティエンジニアリング部　主任技師
金子　真也　　株式会社日立製作所インフラシステム社産業ソリューション事業部産業ユーティリティソリューション本部セキュリティエンジニアリング部　技師
星野　佑一　　株式会社日立製作所インフラシステム社産業ソリューション事業部産業ユーティリティソリューション本部セキュリティエンジニアリング部　技師
足立　直子　　株式会社日立製作所社会イノベーション事業推進本部ソリューション・ビジネス推進本部トータルエンジニアリング本部　担当部長
小暮　実　　　中央区保健所生活衛生課食品衛生第二係　係長
佐藤　邦裕　　公益社団法人日本食品衛生協会　技術参与

監修・執筆者一覧

山見　博康	山見インテグレーター株式会社　代表取締役/広報・危機対応コンサルタント
戸部　依子	公益社団法人日本消費生活アドバイザー・コンサルタント・相談員協会消費生活研究所　所長
古谷由紀子	サステナビリティ消費者会議　代表/所長
尾野　一雄	イカリ消毒株式会社コンサルティンググループ　シニアコンサルタント
谷川　征男	合同会社IR分析研究所　代表
後藤　良三	一般社団法人日本分析機器工業会　技術委員会アドバイザー
三宅　由子	三重県工業研究所ものづくり研究課　主任研究員
廣瀬　　修	株式会社イシダ開発・技術部門　主幹技師
石戸　克典	トリプルエーマシン株式会社　代表取締役
池田　倫秋	株式会社システムスクエア開発本部研究開発グループ　グループリーダー
中川　幸寛	株式会社システムスクエア開発本部研究開発グループ
田中　三郎	豊橋技術科学大学大学院工学研究科　教授
鈴木　周一	アドバンスフードテック株式会社　代表取締役/社長
佐伯　暢人	芝浦工業大学工学部　教授

目　次

序　章　衛生管理における異物混入の実態 　　　　　　　　　　　　　　（西島　基弘）

1. はじめに……………………………………………………………………………………3
2. 食品に関する苦情……………………………………………………………………………3
3. 異物混入と実態………………………………………………………………………………6
4. おわりに………………………………………………………………………………………9

第1章　リスク管理とその実際

第1節　「異物混入」から食品防御「フードディフェンス」まで：グローバル化への視線に応える―激変する社会環境の中でわが国企業の現場力を発揮する取り組みとは 　　　　　　　　　　　　　　（松延　洋平）

1. はじめに……………………………………………………………………………………13
2. 過去の事例に学ぶ，世界に学ぶ―異物混入からフードディフェンスおよびフードバイオディフェンスまでの経緯と背景……………………………………………15
3. より前に，より強固に，わが国の食安全を先進体制へ進める諸考察
　―今岐路に立つ「日本の安全のシステム」の徹底研究を………………………19
4. おわりに―わが国の企業が直面するこれからのフードディフェンスの実践の課題………………………………………………………………………………23

第2節　異物混入を防ぐ環境改善と衛生管理体制の構築 　　　　　　　　（春田　正行）

1. はじめに……………………………………………………………………………………27
2. 異物混入の要因……………………………………………………………………………27
3. 異物混入対策の考え方……………………………………………………………………29
4. 異物を混入させない製造環境づくり……………………………………………………30

第3節　異物混入対策における総合的有害生物管理（IPM）の実際 　　　（平尾　素一）

1. IPMはアメリカの農業から始まった……………………………………………………40
2. 日本の都市IPMは『建築物衛生法』の改正から始まった……………………………40
3. 食品工場におけるIPMによる害虫管理…………………………………………………42
4. 防虫管理の検証……………………………………………………………………………48

第4節　食品製造工場におけるリスク管理の実践と現場教育 　　　　　（廣田　正人）

1. はじめに……………………………………………………………………………………49
2. 食品製造工場におけるリスクのとらえ方………………………………………………49
3. 品質リスク管理の進め方…………………………………………………………………52
4. 食品製造工場におけるリスク管理の実践………………………………………………53
5. 現場教育について…………………………………………………………………………58
6. おわりに―未然防止型の安全および品質保証体制実現に向けて…………………61

第5節　外食産業におけるリスク管理と現場教育の実践　　　　　　　　　　（前田　佳則）
1. はじめに……………………………………………………………………………62
2. 外食産業における衛生的リスク…………………………………………………64
3. 飲食店（企業）にとっての実効ある衛生検査とは……………………………66
4. おわりに―衛生管理は，恐怖と強制か？………………………………………70

第6節　食品製造工場向け食品防御ガイドラインの策定　　　　　　　　　　（山本　健）
1. はじめに……………………………………………………………………………71
2. ガイドラインの目的と基本的な考え方…………………………………………72
3. 予防・未然防止の考え方…………………………………………………………73
4. 食品防御ガイドライン……………………………………………………………75
5. おわりに……………………………………………………………………………79

第7節　食品リコールへの備えとリコール費用　　　　　　　　　　　　　（栁瀨　慶朗）
1. はじめに……………………………………………………………………………80
2. 食品リコールとは…………………………………………………………………80
3. 平時におけるリコールへの準備措置……………………………………………80
4. リコール保険の内容………………………………………………………………88

第8節　企業に求められるフードディフェンス対策とFSSC22000　　　　（小川　賢）
1. FSSC22000とは……………………………………………………………………90
2. FSSC22000認証規格が要求するフードディフェンス対策……………………90
3. アクセス管理と従業者監視………………………………………………………96
4. モラルの向上と従業者監視………………………………………………………100
5. おわりに……………………………………………………………………………102

第9節　食品物流業界における異物混入等を含むセキュリティ対策　　　（室賀　利一）
1. はじめに……………………………………………………………………………103
2. 法令で定められた品質管理等の基準……………………………………………104
3. サプライチェーンを対象とした自社のマネジメントシステムについて……105
4. 特定レベルの基準をもつ認証制度等……………………………………………108
5. おわりに……………………………………………………………………………111

第10節　企業の取り組み
第1項　有機農産物加工食品における食品異物混入防止策最前線　　　（新保　勇）
1. はじめに……………………………………………………………………………113
2. 昨今の状況…………………………………………………………………………113
3. 有機食品とは………………………………………………………………………114
4. 有機農産物加工食品の生産管理フロー（切り餅）……………………………115
5. 有機農産物加工食品への異物混入問題…………………………………………117
6. ISOの活用による問題点の解決策〔FSSC22000（ISO22000：2005,
   ISO/TS22002-1：2009)〕………………………………………………………117
7. PRPとISO22000について………………………………………………………118
8. 今後の問題点と展望………………………………………………………………126

第2項　マルハニチログループのフードディフェンスへの取り組み
　　　　―風通しの良い職場環境を目指して　　　　　　　　　　　　　（荻原　正明）
1. はじめに……………………………………………………………………127
2. フードディフェンスの考え方……………………………………………127
3. フードディフェンスの目標と方針/管理基準……………………………128
4. フードディフェンスの取り組み…………………………………………129
5. コミュニケーション/教育と研修…………………………………………131
6. おわりに……………………………………………………………………132

第3項　食品工場のセキュリティ管理におけるソリューション開発と適用事例
　　　　（金井　伸輔，柿崎　順，中田　裕也，金子　真也，星野　佑一，足立　直子）
1. はじめに……………………………………………………………………134
2. 食品企業におけるセキュリティ管理……………………………………134
3. 食品工場へのセキュリティソリューション適用事例…………………135
4. 当社のソリューション……………………………………………………139
5. 今後のソリューション開発………………………………………………142
6. おわりに……………………………………………………………………143

第2章　発生時におけるクレーム対応とその事例

第1節　行政の立場から企業に求める異物混入対応　　　　　　　　　（小暮　実）
1. 東京都の保健所に寄せられる苦情数……………………………………147
2. 異物混入に関する苦情件数とその要因…………………………………147
3. 食品関連事業者への対応…………………………………………………149
4. 『東京都食品安全条例』と自主回収報告制度……………………………149
5. 自主回収報告制度…………………………………………………………150
6. 異物混入と食中毒…………………………………………………………153
7. 食品回収の判断とガイドライン…………………………………………154

第2節　食品の異物混入苦情の概要と改めて問われる混入防止対策
　　　　―複雑化する情報社会を迎えて　　　　　　　　　　　　　　（佐藤　邦裕）
1. はじめに……………………………………………………………………156
2. 異物混入苦情の特徴………………………………………………………156
3. なぜ異物混入苦情は減らないのか………………………………………160
4. SNS時代を迎えて改めて問われる混入防止対策………………………164
5. おわりに……………………………………………………………………169

第3節　不祥事発覚時における広報対応　　　　　　　　　　　　　（山見　博康）
1. 事件発覚，迫真の記者会見を成功させるまで…………………………171
2. 企業危機とは………………………………………………………………173
3. 危機起きて「七つの直」で対応しよう……………………………………175
4. メディアコミュニケーションの方法……………………………………185
5. 人も会社も情報で生きている―自分と会社を一致させよ……………187
6. 真の危機対応とは…………………………………………………………188
7. 危機に強い会社とは………………………………………………………189

第4節　異物混入に対する消費者心理　　　　　　　　　　（戸部　依子）
1. はじめに―消費者にとって食品中の異物とは …………………………… 192
2. 消費者にとって食品中の異物とは ………………………………………… 193
3. 社会とのコミュニケーションとして消費者対応の"7S" ……………… 195
4. 消費者心理を踏まえたこれからの消費者対応の枠組み ………………… 196
5. おわりに ……………………………………………………………………… 200

第5節　情報開示が促す企業と消費者とのコミュニケーション　　（古谷　由紀子）
1. はじめに―企業と消費者のコミュニケーションのカギは「情報開示」 … 201
2. 異物混入の実態と消費者 …………………………………………………… 201
3. 異物混入に関する企業からの情報 ………………………………………… 204
4. 情報開示を核にした企業と消費者のコミュニケーション ……………… 207
5. おわりに―持続可能な社会の構築を目指して …………………………… 208

第3章　現場別異物混入対策　　　　　　　　　　　　　　（尾野　一雄）
1. はじめに ……………………………………………………………………… 213
2. 異物混入の基礎 ……………………………………………………………… 213
3. 飲食店やスーパーなど小規模厨房での異物対策 ………………………… 217
4. 食品工場の製造ライン ……………………………………………………… 221
5. 食品倉庫 ……………………………………………………………………… 224
6. おわりに ……………………………………………………………………… 226

第4章　異物分析と同定技術

第1節　異物分析技術と種類同定の実際　　　　　　　　　（谷川　征男）
1. はじめに ……………………………………………………………………… 229
2. 異物分析における各種分析技術（IR分析法の優位性） ………………… 230
3. 異物トラブルとIR分析 …………………………………………………… 231
4. 異物分析においてIRスペクトルでわかること ………………………… 233
5. プラスチック材料関連のIRスペクトル解析と差スペクトル利用 …… 234
6. IR分析の特徴と弱点の補足― IR分析の長所短所 …………………… 237
7. 異物形態とIR測定法の選択 ……………………………………………… 237
8. 異物同定分析のための分離技術 …………………………………………… 238
9. 抽出法による異物母体からの成分分離 …………………………………… 240
10. 溶解性パラメーター（δ） ……………………………………………………… 243
11. 食品中異物分析事例―差スペクトル活用法
　　「逐次的差スペクトル法による微少物質の定性」 ……………………… 245
12. おわりに ……………………………………………………………………… 252

第2節　混入毒物の迅速分析の実際　　　　　　　　　　　（後藤　良三）
1. 混入毒物はどこから来るのか ……………………………………………… 253
2. 分析機器はどのようなものがあるか ……………………………………… 253
3. 原材料・使用する水からの混入と分析 …………………………………… 257

4. 製造工程中の混入と迅速分析·································259
　　5. 品質チェックと保管··259
　　6. おわりに··260

第3節　異物ライブラリー構築事例と食品製造企業への展開　　（三宅　由子）
　　1. はじめに··261
　　2. 異物サンプルの選定··261
　　3. 形態観察··262
　　4. 異物同定のための各種分析法································262
　　5. ライブラリーの作成例······································268
　　6. 異物同定から製造工程へのフィードバック····················269
　　7. おわりに··271

第5章　最新装置開発

第1節　X線異物検出装置の開発　　（廣瀬　修）
　　1. はじめに··275
　　2. X線の概要··275
　　3. 装置の主要構成機器··276
　　4. 画像処理技術··278
　　5. デュアルエナジーX線式異物検出装置························279
　　6. 付帯機能··281
　　7. 安全性··282
　　8. おわりに··282

第2節　粉体用異物対策機器の現状と最新動向　　（石戸　克典）
　　1. はじめに··283
　　2. 異物の特徴―どんな異物が多いか····························284
　　3. 混入経路とその原因··285
　　4. 食品製造プロセス（特に粉体原料）への防虫・異物対策手法····286
　　5. 機械的方法による異物除去··································289
　　6. 製造工程における防虫および異物対策装置を選定するうえでのポイント···293
　　7. おわりに··293

第3節　異物混入検出機の開発　　（池田　倫秋, 中川　幸寛）
　　1. はじめに··295
　　2. 残骨検査装置 SXV2275L1W··································295
　　3. クーラーレス完全密閉型X線検査装置 SX2554W, SX4074W·······298
　　4. 噛み込みX線検査装置 SXS2154C1D···························299
　　5. 今後の展望··301

第4節　液状食品向け金属異物検出装置の開発　　（田中　三郎, 鈴木　周一）
　　1. はじめに··302
　　2. 液状食品内異物検出の状況··································302
　　3. フラックスゲート磁気センサー式異物検出装置················303

4. ファラデー式異物検出装置 ································· 305
　　5. おわりに ································· 308
第5節　食品と異物の静電選別装置の開発　　　　　　　　　　　（佐伯　暢人）
　　1. はじめに ································· 309
　　2. 食品と異物について ································· 309
　　3. 開発した静電選別装置について ································· 310
　　4. おわりに ································· 314

※本書に記載されている製品名，サービス名等は各社もしくは各団体の登録商標または商標です。なお，本書に記載されている製品名，サービス名等には，必ずしも商標表示（®，TM）を付記していません。

序章

衛生管理における異物混入の実態

実践女子大学名誉教授　西島 基弘

1. はじめに

　近年，日本の食べ物の良さが見直され，ある種のブームにもなっている。日本食はおいしくて安全であるというのが他の国からの評価である。しかし，食の安全に対して疑義をもっている日本の消費者は少なくない。その原因の一つに安全と安心が混同されてきたことがある。

　安全性は製造，流通，販売の各企業や行政の努力により確保されているが，安心となると人の気持ちの問題であり，話は複雑になる。

　昭和30年代には食料の確保が困難で，食品に関する苦情は，値段に対してのもの以外にはほとんどなかった。

　しかし，徐々に食料の確保が容易となるにつれ，食品に関する苦情は多くなり，近年は非常に多いといっても過言ではない。その原因を知り対策を十分に考え，事故発生時には直ちに対処できるようにしておく必要がある。

2. 食品に関する苦情

　食品に関する苦情は異物だけでなく，においがおかしい，いつもの商品と色が違うなど，その内容は様々である。

　昭和の後半と現在では，苦情の内容は似ているものもあれば，時代により変化したものもある。例えば，昭和40年代までは，多くの家庭で正月料理のうち餅は主食であり，12月の後半に自宅で餅つきをする家庭がほとんどであった。どの家も少し多めに正月用の餅を用意するため，正月を過ぎる頃にはカビが生え，カビ餅になる。そのカビが生えた部分を削り取る，あるいはカビてしまった餅をしばらくの間，水に漬けておき，たわしでこすってカビを除いてから普通に食べていた。そのような餅は苦くて，味が悪くなっていたが，それによって体調を崩す人がいたとの話を聞いたことはない。しかし，現在では購入した餅にカビが生えていた場合，異物として苦情が発生し問題になる可能性は高い。

2.1 食品に関する苦情の推移

　食品に関する苦情は，1965（昭和40）年頃から少しずつ増えてきた。1985年くらいまでの苦情は，異物などが何であったのか判明すると，それで安心して解決という場合が多かった。

　食品に関する苦情が増えてきた一つのきっかけは，1984〜1985年に発生したグリコ・森永事件の頃と時をほぼ同じくする。社長が誘拐され，さらに菓子に青酸ナトリウムを入れたとの脅迫もあり，社会的に大きな関心事となった。

　それにより菓子以外にも自分の購入したものが大丈夫なのか疑いをもつようになり，ベンチに捨てられていた飲料を青酸ナトリウムが入っているのではないかと，保健所に持ち込む人も出てきた。

　東京都は1980年頃から東京都の保健所や特別区，政令指定都市となった八王子市や町田市等に持ち込まれた食品に関する苦情を「食品衛生の窓」に年度ごとに集計して公表をしている。

2.2　苦情食品の内容

　東京都の保健所には食品等への異物混入，カビの発生などの苦情や相談が届けられる。保健所は各苦情事例について原因調査をして，被害の拡大防止と再発防止のために関係事業者等を指導している。

　毎年，苦情内容は似たような傾向にある。2009～2013年度の食品等による苦情を分類し，図1に示した。

　分類項目の中で最も多いのが有症苦情，次いで異物混入，設備・施設，食品の取り扱い，異味・異臭と続く。

　有症苦情とは，消費者が「こ

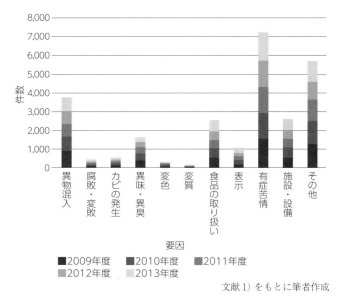

図1　東京都要因別苦情件数（2009～2013年度）

れを食べたらおなかが痛くなった」，「下痢をした」，「熱が出た」などと申し出たものである。これらは医者の診断書がなくても，保健所等に苦情者が何らかの症状を言って持ち込まれたものである。苦情が持ち込まれると保健所では，食べてから症状が出るまでのいわゆる潜伏期間や症状などから勘案して，何らかの原因が考えられるものについては検査を行い，苦情者が持ってきた食品に原因があるのかを判断する。保健所では顕微鏡やある種の機器等は整備しているが，より高額な機器となるとすべての保健所に整備はできないため，判断の難しいものは都立衛生研究所（現在，東京都健康安全研究センター）で対応する。各県でもほぼ同様に，各道府県・政令指定都市の衛生研究所で対応をしている。

2.3　衛生研究所に搬入された苦情食品

　食中毒の場合，菌の種類や摂取量，体調，人により症状の現れ方にはかなりの差異がみられる。微生物性食中毒の場合は，潜伏期間が短くてもおおむね8時間から1週間後に症状が出る。それと比較して化学性物質や自然毒による場合は，食べた直後から数時間で発症する場合が多く，何が原因であるかは推察できる。苦情者の言う症状や潜伏期間等を総合すると，苦情者が言っている食べ物が原因ではない場合が多い。したがって有症苦情の件数は，例年最も多いものの実際にはそれほど多くはない可能性がある。苦情者は原因がこれだと思い込んで苦情を申し出ている場合が多い。苦情を持ち込まれた場合は，話し方には十分に配慮する必要はあるが，独自に判断することなくまずは医療機関を受診してもらうことが重要である。

2.4　なぜ食品の苦情が増えたのか

　なぜ，食品の苦情が増えたかを知るうえで一つの見方がある。各年度別に苦情件数やその内

容を整理して公表している県や機関は東京都以外には見当たらない。そこで1989年（平成元年）以降の食品に関する苦情総数を異物混入，カビ，その他でまとめて図2に示した。

図からわかるように，1989～2013年度までをみると明らかに件数は増加している。苦情食品の総数や異物混入で申し出た人の数が多くなる年がある。

1989～1995年度までの苦情の総数は2,000件程度であったが，1995年度には3,000件近くまで増加している。これはその年のミネラルウオーターの異物混入騒動が原因であることが考えられる。

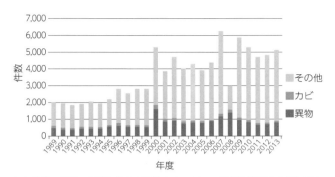

主な事件，騒動：1995年ミネラルウオーター，1998年和歌山県ヒ素カレー，2000年牛乳（黄色ブドウ球菌），2007年中国産餃子（メタミドホス），2009年数々の食品（産地偽装），2014年SNSを中心とした異物騒動

文献1) 2) をもとに筆者作成

図2　東京都の保健所等に搬入された異物，カビ，その他の件数（1989～2013年度）

騒動は東京都の保健所に寄せられた「未開封のミネラルウオーターに白い小さなカビのようなものが入っている」という苦情から始まった。これは明らかにカビの塊であり，輸入のナチュラルミネラルウオーターと言われているものの中にあった。元来，日本の消費者はミネラルウオーターをある程度一括購入している家庭も多く，なかには災害時の備蓄用として保存している人もいる。ヨーロッパ等でナチュラルミネラルウオーターといえば，広大な場所に人が入らないようにして，そこから湧き出る水をボトリングするものであって，「日本のように除菌や殺菌をしているものはナチュラルミネラルウオーターとは言わない」という。しかし，いくらきれいな環境下でもカビの胞子は飛んでいるはずである。新聞に「日本人総検査員」と大見出しで書かれたように，多くの人がミネラルウオーターを飲むとき，よく中を見るようになり，保健所等に「変なものが入っている」と言って搬入する人も増えた。そのうちに国産品からもボトリング時の不備によるカビが見つかった。

翌1997年にはいくらかカビの話題はおさまったが，1998年には和歌山県のヒ素カレー事件が起こった。食品に関係する事件や事故が起こると消費者は普段食べているものをよく見るようになり，気になることがあると保健所等に相談する人が増えてきた。さらに2000年には近畿地方を中心とした黄色ブドウ球菌による大規模な食中毒事件があった。この事件により，多くの消費者が食品に対して注意をはらうようになり苦情件数が多くなった。東京都ばかりではなく，各道府県の保健所，衛生研究所も多くの食品に関する苦情の対応に追われるようになった。その次の年は少し減少の兆しがみえたが，2007年，中国産餃子により薬物中毒を起こした患者の吐しゃ物等から有機リン系薬物（メタミドホス）が検出され，大きな話題となった。それ以降は食品の表示偽装などが立て続けに発覚し，それに伴い消費者が食品に対して安心感がもてなくなった可能性があり，食品関連の苦情が高止まりとなった。おそらく販売店やメーカーなどには，官公庁に増してはるかに多くの苦情がもち込まれていたであろうことが想像で

きる。

　カビに関しては，全体からすると率としては多くはないが，毎年カビ関連の苦情が発生している。

　カビによる苦情は品質的には問題があるが，食品に着生したカビによる健康被害はみられない。カビの出す代謝産物のうち，*Aspergillus flavusyas* や *A. parasiticus* により産生されるアフラトキシンであるアフラトキシン B1 は自然界に存在する発がん性の物質としては最も強いといわれている。アフラトキシンの汚染は主として熱帯，亜熱帯地方の種実類，ピーナツ，コーンなどに比較的多く検出されるため，検疫所が中心になってアフラトキシンの検査を行い，アフラトキシン B1，B2，G1，G2 の総量が 10 ppb を上回ったものは排除している。国内流通品は各都道府県の衛生研究所が行っているが，細菌はあまり検出されていないため，日本ではアフラトキシンによる健康影響は考えられない。しかし，カビが生えているものは味も悪くなり，気持ちが悪く，商品価値はない。

　1998 年の和歌山のヒ素カレー事件，2000 年に近畿地方で発生した黄色ブドウ球菌による大規模食中毒，2007 年の中国産冷凍餃子の農薬添加の犯罪など，食品に関する事件や事故が発生するたびに，消費者は普段あまり気にしないで食べていた食品をよく見るようになったのか，明らかに食品の苦情が多くなった。

　苦情食品でなくても食品に関する事故や事件が報道されたときにはメーカーや小売店などではさらなる注意が必要となる。

3. 異物混入と実態

3.1 厚生労働省の異物に関するガイドライン

　異物の定義は特に明確ではないが，「食品等事業者が実施すべき管理運営基準に関する指針（ガイドライン）について」（平成 26 年 5 月 12 日厚生労働省食安発 0512 号）のなかで「異物（人に悪影響を及ぼしうるガラスおよび金属片等。以下同じ。）」としている。さらに，厚生労働省医薬食品局食品安全部監視安全課長より都道府県，各保健所設置市衛生主管部（局），特別区長宛に通達が出ている（平成 27 年 1 月 9 日食安監発 0109 第 1 号）。その内容は，以下のとおりである。

　食品への異物の混入防止について特に次の事項に留意すること。
① 食品取扱設備等の衛生管理に当たっては，分解や組み立てを適切に行うとともに，故障または破損があるときは，速やかに補修し，常に適正に使用できるよう整備しておくこと。
② 施設およびその周囲は，維持管理を適切に行うことにより，常に良好な衛生状態を保ち，そ族および昆虫の繁殖場所を排除するとともに，窓，ドア，吸排気口の網戸，トラップ，排水溝の蓋等の設置により，そ族，昆虫の施設内への侵入を防止すること。
③ 食品取扱者は，衛生的な作業着，帽子，マスクを着用し，作業場内では専用の履物を用いるとともに，指輪等の装飾品，腕時計，ヘアピン，安全ピン等，食品製造等に不要なものを食品取扱施設内に持ち込まないこと。

④ 洗浄剤，消毒剤その他化学物質については，使用，保管等の取り扱いに十分注意するとともに，必要に応じ容器に内容物の名称を表示する等食品への混入を防止すること。

3.2　農林水産省の政府所有米に関する異物対策

農林水産省では政府所有米等に関してカビおよびカビ毒を異物として対策を重要視している。例えば，「政府所有米穀（輸入米）のカビ状異物確認及びカビ毒検査結果」（平成25年度）では，

I　危害分析・重要管理点方式を用いる場合の基準

第1　農林水産物の採取における衛生管理

食用に供する農林水産物の採取に当たっては，次の管理を行うこと。

① じん埃，土壌または汚水による汚染防止を図るほか，廃棄物，有毒物質等を適切に管理することにより，農薬，動物用医薬品，飼料，肥料，糞便等からの汚染を防止すること。
② 食用として明らかに適さないものは，分別すること。
③ 廃棄物（排水を含む。）は，衛生上支障がない方法で処理すること。
④ 採取，保管および輸送にあっては，そ族，昆虫，化学物質，異物（人に悪影響を及ぼしうるガラスおよび金属片等。以下同じ。），微生物等による汚染防止を図ること。

としており，基本的には厚生労働省と同じである。

このように，異物とは人に悪影響を及ぼしうることが前提ではあるが，一般には食品に本来あるべきもの以外の何かが入っていると異物としてとらえる人が増えてきた。

近年，異物等の食品に関する苦情を公表している機関があるが，多くは苦情者の申し出件数である。

東京都ならびに各地方自治体は「これを食べたらおなかが痛くなった」，「下痢をした」などの苦情を受けた場合，保健所あるいは衛生研究所に送付して内容を検証している。

異物として届けられるものには毛髪が最も多いと考えられる。しかし，毛髪の場合は販売店やメーカー，保健所で解決されるため，衛生研究所にはあまり搬入されない。

東京都健康安全研究センターで取り扱った結果を中心にみると次のような例がある。

3.3　アイスクリーム中の砂状物質

アイスクリームを3個購入し，自宅の冷凍庫に保管した後，喫食したところ，どちらも口中で溶けないザラザラした粉っぽいものが残ったと購入者から保健所に届け出があった。

苦情者によるとアイスクリームの外観およびにおいや味などの風味に異常はなかったとのことであった。

これを解析した結果乳糖であった。乳糖はもともとアイスクリーム中に含まれている成分であり，無脂乳固形分が多いアイスクリームは保存中に温度変化があって再凍結した場合に，乳糖が結晶化することがある。

また，ヨーグルト中に白い粒状物質が多数みられた苦情事例で，温度管理の不備によりヨーグルト中のカゼインが析出して粒状物質になったものもあった。

3.4 ハンバーグから出てきたビニール様物質

「お客さんからハンバーグを喫食中にビニール様物質が出てきたとの届け出があった」と，飲食店から保健所に連絡があった。

苦情者はハンバーグを口の中に入れて食べているときに噛み切れないものがあり，口から出してビニール様物質に気が付いたとのことであった。店によると，ハンバーグには目玉焼きが乗っている。「目玉焼きは鉄板の上で卵白の外周がカラメル状に硬く焼けることがあるため，届け出のあった物質はビニールではなく卵白ではないかと思っている。実際に以前にも同様の事例があった」とのことであった。

このビニール様物質を解析したところ赤外スペクトルがほぼ一致していたことから，ビニール様物質は卵白片であると推察している。

この事例のように原料由来のものを異物と認識する例は多くみられる。

3.5 コンビニエンスストアで購入したキャベツ千切りパックから木片様異物

キャベツ千切りパックを購入し，自宅で袋を開けドレッシングをかけて喫食し，木片の様な異物に気が付いた。一つぐらいと思い取り除いてさらに食べたところ，他にも硬いものがあることに気が付いたが食べてしまった。店やメーカーにも連絡したが，異物は何か，なぜ混入したのか，きちんと調べてほしいと考えて保健所に届け出た。

保健所による販売店での調査では，当該商品は6袋配送され，すべて販売済みであるが他に苦情は寄られていないとのことであった。

これは検査の結果，キャベツの芯と誤認した事例である。

洋ナシケーキから出てきた異物として届けられたものが洋ナシの芯の部分であった事例などもあり，異物として届けられるものには原材料である場合も少なからずある。

3.6 焼豚中の黒い紐様物質

スーパーマーケットで豚肉肩ロースかたまり（国産）を購入し，煮込み調理した。調理後，切ったところ黒い紐様の異物を発見した。寄生虫ではないかと疑い，販売店に電話後持参し，精肉担当者に見せると，いちべつしたのみで「血液」と言われた。ここでの副店長の対応に誠意が感じられず，店から知らされたお客さまセンターに問い合わせたが，その対応も実際に異物を見ていないのに血液と判断するなど不適切であり，誠意が感じられなかった，とのことで保健所に持参した。

食肉類は通常屠場で血抜きをされるため，加熱しても黒変した血管が目立つことは少ない。しかし血抜きが不十分であった場合，消費者が加熱処理した食肉中に黒い紐様物質を発見し，それがミミズのように見える。血管とは気付かずに異物と誤認する場合がある。また，血抜きされた食肉においても，白い弾力性のある紐様物質をゴムや回虫と誤認する場合もある。また，魚類の血管は非常に細いため加熱により黒変した血管を異物と認識することはほとんどないが，大型のカジキやマグロには直径1mm程度の血管もあるため，ツナ缶詰中の血管をミミズと誤認した苦情事例もある。

3.7　クッキー摂食中に発見された固形物

　チョコチップクッキーを食べていたところ，ガリッと音がし，歯がかけた。原材料に「水飴」とあるので飴かもしれないが，歯がかけるほど硬いものが入っているのはおかしい。一部は飲み込んでしまったが，吐き出したものを保管しているので検査してほしい，と当該品を保健所に持参した。なお，苦情者はクッキー製造元のお客さま相談センターに連絡したが，対応が悪かったとのことである。

　このものは苦情を届けた人の歯の詰め物の銀歯であった。届け出た人の銀歯や歯の詰め物が原因である場合も少なくない。

4.　おわりに

　販売店やメーカーに苦情の届け出があったときに重要なことは，①苦情者の言い分を十分に聞いて，冷静に誠意をもって対応すること，②説明は科学的裏付けをもって，苦情者の目線でわかりやすい話をすること，③症状を訴える人には病院に行くことをお願いし，自分では判断しないことなどである。

　また，苦情の案件は解決したときも，しないときも詳細な記録を取り保管することや，電話の近くに最寄りの保健所と警察の電話番号を記載しておくことなども忘れてはならない。

■文　献

1) 食品衛生の窓ホームページ：http://www.fukushi-hoken.metro.tokyo.jp/shokuhin/kujou/
2) くらしの衛生：http://www.tokyo-eiken.go.jp/assets/issue/kurashi/

第 1 章

リスク管理とその実際

第1章 リスク管理とその実際

第1節 「異物混入」から食品防御「フードディフェンス」まで：グローバル化への視線に応える―激変する社会環境の中でわが国企業の現場力を発揮する取り組みとは

首都大学東京　松延　洋平

1. はじめに

1.1 豊かさと賑わいの中で食品安全を守ることの意味とは

　日々のTVメディアでの賑わいをみれば，わが国での食への関心は強まりこそすれ，弱まることはない。2013年末に和食がユネスコ世界無形文化遺産に登録されて以来，食素材，調理方法，味覚，食文化，食ビジネス等への誇りなどと官産学挙げての賑わいに拍車がかかる。間違いなく食は日本への観光の最大の魅力であり，観光客の飛躍増大への要因となっている。さらに政府は海外への食品および農産物輸出を日本再興戦略の柱と位置付け，多くの企業のビジネスも，生産者団体，自治体などもこれに呼応する動きが目立ってきている。

　しかし，当然のことながら，手放しで喜んでばかりいられない面がある。その賑わいを継続させるにはわが国の食の安全への信頼を確固たるものにしなければならない。試金石ともいえる国際標準の課題が反作用的に現れてきている。それだけに食の安全度を測る尺度はどうなっているのかなど，この時点で足元をしっかり見つめさらに足場を固め直す必要があろう。2015年に開催されたミラノ万博への出展の一部の品目の許可を巡って，わが国の食品の国際基準対応の在り方が議論となった。

　わが国の食品安全はどうなっているのか，そのコミュニケーション力も含めた国際対応力が問われることになる。2020年に開催される東京オリンピックへ向けて，食の安全へのさらなる信頼確保に向けて大きな制度変革が既に起こりつつある。

　さて，食の事件や事故が繰り返されるたびに，不確実な記憶がまだらに累積され不安定を増すものである。加えて，わが国の社会構造は所得格差の拡大，雇用体制の変化をもたらしつつあるが，そのうえTPP体制に組み込まれることになれば，食の安全は，そして食の安全保障はどうなるのかなど，国民の不安，市民の懸念は確実に食の分野へも移行していくであろう。

1.2 グローバル化の中の食のリスクおよび危機管理の鍵は

　IT情報化の進展があまりにも急速であり，「食の安全」にかかわる諸々の事態の変化をますます複雑化させている。その姿を食品防御（フードディフェンス）という課題を取り巻く幅広い背景としてまず理解いただかねばならない。

　わが国では2000年以降をみても，偽装表示や毒物混入などいろいろな食の不祥事が実に多く発生している。なかでも2011年3月の福島第一原子力発電所事故による放射能汚染が発生してから，市民および消費者の間でさらに安全問題への願望を強めている。

　それらが年月を重ねるごとに，ますます潜在化し複雑化し拡大変形して表れてくる場面もあ

り，今や食品企業にとっても国民にとってもこれは深刻なリスクとして危機管理が重要な課題となって来つつある。ここでいくつかの大事な特徴と前提を明らかにし深く考察しておく必要がある。

まず，近年食の生産および流通は広範囲にまた広域化し，いったん事件ともなれば，多数の市民に深刻な被害が発生する可能性がある。また原因も多様性を増してきているため，予知，予測，予防など前広にアンテナを広げ，前線の備えを強固にせざるを得ない。原因の特定を即時にできるものもあるが，解明が長期化するものも多くあり，その場合企業の被害（ダメージ）はさらに拡大する。

海外依存度が高いわが国では，国際需給変動をはじめとして多くのリスク要因は海外からもたらされるので，生産環境，規制，技術革新なども含め情報ネットや情報人脈は狭いままだと受ける打撃が拡大することを覚悟しておかねばならない。ハードのみならず，日頃のソフト投資が鍵になってきている。

心すべきは事件発生直後の対応が企業の命運を分ける場合が最近多くなっていることである。近時のIT分野における技術革新の負の側面として，「IT炎上」などというかつてないタイプの被害をもたらす事件が注目されている。これからの消費市場の主役は，インターネットジェネレーション，デジタルネイティブなどといわれ，権威をおそれない若い世代となることを経営者層は理解を深める必要がある。

製品リコールなどの事後措置も極めて重要であるが，この分野はあいまいさが付きまとい，対策が手薄なことが多いので実に気がかりである。

ここで強調しておきたいことは，自然発生的なものか，人為的ミスや組織管理の弱体によるものか，あるいは悪意による意図的な行為なのか，テロ的な性格のものかなど，事件の類型の区分に力点を置くことは意味が乏しいし適切ではない。確かに，食品の安全性が成り立つ基盤は，「食品安全（フードセーフティ）」，「食料安全保障（フードセキュリティ）」，「食品防御（フードディフェンス）」の三つの概念として大別されている。しかし，現実の問題は複雑に融合しており，初期対応が鍵を握る。最初から予断をもち視野を狭めることは危険である。予兆での迅速な行動が求められ，Proactiveな対応が叫ばれている時代に，かえって事柄を複雑化する結果に終わることになりかねない。したがって，本稿では異物混入とフードディフェンスとを一体として論じる。

現段階では事柄の性格上，食品ビジネスにとってはむしろ企業戦略の根幹にかかり，企業の社会的責任（Corporate Social Responsibility；CSR）や事業継続計画（Business Continuity Planning；BCP）の中核的課題でもあり，もはや避けて通れない本腰を入れて取り組むべき問題となってきている。

一方，関連異業種（建設，設計，観測GIS，包装，輸送など）や他の先端技術企業（バイオ，ナノ，ゲノム分析および計測など）にとっては既に大きなビジネス機会ともなっている問題であることを強調しておきたい。

第1章 リスク管理とその実際

2. 過去の事例に学ぶ，世界に学ぶ―異物混入からフードディフェンスおよびフードバイオディフェンスまでの経緯と背景

2.1 今までのわが国の大事件を教訓に生かすために

　1980年代の後半になり，アメリカに習い，EU諸国には次々と『製造物責任法』（以下，PL法）が新設導入されてきた。わが国ももはや導入が避けられないのではと本格的な議論が高まってきた。多くの産業界のなかでも，このPL法制度の導入に最も不安感を強く抱いていたのが，多種多様な産品を加工原料とし，各地の地域産業として存在する中小企業が多数を占める食品産業界であった。筆者はその食品産業を代表する形で内閣の国民生活審議会PL小委員会の委員に任じられた。そのため全国の各種，大小の食品企業や工場を巡り，食中毒事故や異物混入事件の姿を調査し，現場での対話を重ねる経験をもつことになった。一方，激しくPL法導入を求める消費者団体や法曹界などとの厳しい対話と交流を通じて，まさに食の安全への懸念と関心が激しく高まり世界各国で大きな変革が起こりつつあることを肌で痛感させられた。その後，堺市を中心としたO-157学校給食事件，雪印集団食中毒事件など多くの食の大事件は発生し続けた。

　結果として，筆者はここ二十数年間，国内および欧米さらにアジア諸国の原料生産から加工，流通などの多くの現場に足を運んで，多様な作業現場の実態を自分の目で観察することになった。さらに海外への産業界や企業のリーダーや技術者や政策担当者，大学の研究者と議論を重ね，長期滞在をも繰り返して産官学さらに消費者や司法界，法曹などとも濃厚な交流を続けていることこそは真に貴重な財産であるとも感じている。

　以前よりわが国では食品に異物混入の典型的な事例としては，昆虫，毛髪，金属・プラスチック片などが少なくなかった。

　戦後，わが国の加工食品の需要は大きな経済変動の波にさらされることなく順調に成長一途の過程を経てきたので，多くの食品加工工場は設備の継ぎ足しの連続により多様化と増産への対応を重ねてきていた。そこにO-157学校給食事件直後，HACCPが突如導入されはじめた途端に，ゼネコンなど建設会社が一斉に複雑化した生産ラインではHACCP対応に限界があるとして活発に抜本的な設備投資を食品企業にはたらきかけてきた。人と物（原料タイプ別，製品別），空気，水，熱エネルギーなどの複綜した流れを一挙に抜本的合理化するための大規模な新築や改築の動きが全国，全業種で展開し，衛生管理や異物混入防止の面で一定の成果を見せてきている。しかし，これらの動きは食品企業の主体的な目によるところが薄いため，昆虫など微小生物のコントロールに漏れる場面が残るとともに，食品安全には膨大なコストが伴うものであるとの認識が固定化し，以来このような意識の流れが定着している。

　より重要な問題は，わが国の食品製造業の規模が零細かつ価格競争力が弱体化しており，国産の原料を使用している比重が極めて低いことである。原料の海外依存度が高い状況下では，異物混入やフードディフェンスにはより厳しい視点が本来特段に必要となる。例えば，以前から漬物産業では原料を中国からの輸入することが盛んに行われてきていた。かつて，漬物のトップ企業の社長に工場を案内していただいたときに，「木材片，金属，石，プラスチックなど膨大な異物が輸入ドラム缶に入っていて，毛髪などは口の中から吐き出せばよい話で，なん

で気にするのか。うるさすぎると日本に売ってくれる国が今になくなるよと逆に中国から文句をいわれるのが関の山」と嘆いておられたことを思い出される。

その後このような単純な事例は大幅に改善されたが、「異物」の内容と形態はもっと複雑化し探知が困難になってきており、深刻な事態になることもありうると考えるべきであろう。

さて、実は世界に広く報じられている悪意による食品に関連した事件が多く発生している。

思い起こせば、グリコ森永事件は歴史的大事件であった。筆者はこれらの事件の渦中に立たされた食品企業のオーナー、社長や実務責任者の方々にコンタクトを重ね、苦闘、苦悩の中からの教訓に関心をもってきている。一方、警察やメディアなどともいろいろかかわりをもつことになり、この事件の展開の経緯などを多面的に観察してきている。

さて、21世紀に入って間もなく発生した中国冷凍餃子毒物混入事件は、産業界はもとより、市民や消費者にとっても衝撃の事件であった。わが国と中国政府の首脳間で数度にわたる会合を経て一応の決着となっている。

ただ幸運なことは、わが国の大手食品流通企業や日本生活協同組合連合会のトップにとって、もともと徐々に関心を高めつつある課題であったことである。以前から世界の大手流通企業トップが連合して開催している国際会議等で、コーネル大学のB. Gravani教授などから意図的汚染の警告をたびたび聞かされていただけに、最大手流通企業や直接巻き込まれた生協などの反応はそれなりにすばやいものがあって一定の前進をみている。

最近の㈱アクリフーズ（現在、マルハニチロ㈱）での意図的な農薬混入事件は、自社の従業員による「内部犯行」行為だけに衝撃は大きい。危機管理としても、自主回収等を中心とした対応でも、経営陣間の情報共有が遅れるなどにより問い合わせ件数が異常に多くなり、臆測の拡大を招いてしまった。危機管理の失敗がどれだけ大きな損害をもたらすか食品事業経営陣にとって大きな脅威、教訓となっている。不利益な処遇改悪の常態化すらが予想されるなかで内部犯行による悪意の異物混入はもはや「想定外」とした説明や釈明は許されず、今後は「あらかじめ起こりうる事態」として対処するべき課題となったものと覚悟せざるを得なくなっている。

また、2014年に仕入れ先の中国の工場で期限切れの鶏肉使用が発覚し、2015年1月に異物混入が相次いで表面化したことが響いて、その後の売り上げが対前年比30％減少するなど、危機的状況が続く日本マクドナルド㈱の事件については、評価が進行中でありまだまだ戸惑いが続いていく。アメリカの本社工場での管理状況や中国での食品工場の運営の難しさを知る筆者にとってはこれをきっかけに食品産業の国際展開では対外情報収集や人材養成など危機管理をどう進めるべきか、などこれから議論が深まることを期待したい。

2.2　海外における異物や毒物混入への危機感の盛り上がりとフードディフェンスへの道程―大衝撃の中で国際社会はテロの脅威にどう立ち上がったか

欧米などで、9.11事件以後どのような大変革が起こったか、「フードディフェンス」対策が進んできた姿の概略を以下に記したい。

先進農業大国や途上国などにわたる世界的な農産物貿易が拡大し、多様な加工品貿易も急速に展開しはじめているなかで9.11事件が発生した。その直後、世界保健機構（WHO）および

国際連合食糧農業機関（FAO）など国際機関では今までの発想の対策では，農産物貿易が停滞し世界経済が混乱に陥る可能性が大きいものと危機感を隠さなかった。さらに農産物や食品そのものが有害化され汚染感染源を広く運搬する危険な貿易商品に拡大することをおそれ，特に医療・公衆衛生インフラが不足している途上国で多大の犠牲者が発生する事態を予測し，食安全や食品衛生にかかる分野や領域でもこの課題に本格的に取り組むべきと革新的なガイドラインを発表した。

　一方，この事態を重視したアメリカ政府および議会は，直ちに自国の社会，生活，産業を守るための重要インフラとは何かを徹底的に分析および点検し，その結果，情報，金融，輸送部門と並んで食品，農業，水などそのほか十数分野を認定して徹底的な防衛対策を講じることを決定した。

　その直後，お互いに農務省や食品業界団体の役員や同じ大学の教員仲間として長年付き合いのあった友人 L. Crawford 氏は，FDA（アメリカ食品医薬品局）長官に就任しており，「アメリカでも毒物や異物の意図的な混入事件はもともと多く，そのための研究も対策も民間レベルで実は相当進んでいるが，しかしどうしても今までの対策の範疇に入らなかった毒物および物質や毒性の強い生物などへの防御に取り組まざるを得なくなっている」と見解を述べはじめていた。

　このような判断をベースにして，食品企業の製造，加工，流通過程，外食および中食などでは民間産業の自主的防衛策を基本に今までにない厳しい視点からのシステム構築が始まった。

　先に述べたように，連邦議会が食と農業にかかる重要な防衛対策として必要と指摘してきた事柄はあまりにも幅広いものであり，かつ未経験のものが多かったため，FDA 等は従来の食品行政を担当する省庁としてはとても対応しきれないものと判断せざるを得なかった。そこで軍で開発され用いられてきたメソッドを導入することを選択して対応せざるを得なかったと担当責任者は筆者に対してその厳しい経緯を述懐した。

　これをもとに後に食品産業自体が企業防衛策として開発し，さらに経済的，心理的影響という被害者側の衝撃（ショック）の評価を加えたのが「CARVER + Shock 分析」として活用しているものである。この「CARVER + Shock」対策に対して，FDA，アメリカ農務省（USDA）は当然として連邦捜査庁（FBI），軍さらに連邦国土安全省（United States Department of Homeland Security；DHS），連邦疾病管理予防センター（Centers for Disease Control and Prevention；CDC）など，総力を挙げて協力をすることとした。

　問題はこのような異次元の対策がどれだけ現場で守られていくのか，むしろ実行実践が鍵となることである。このように食品企業は従来の所管官庁に加えて，CDC，や FBI，軍などいくつかの組織と新たに密接な連帯をしなければならない事態が生まれてきている。アメリカ食品企業の幹部にとっても，今まで接触が少なかった FBI のような異質な官庁とは，当然のことながら初めから円滑に連帯に加えられたわけではない。官庁サイドも食品の加工流通など，初歩から相当の勉強もし，今までなじみが少なかった企業活動への理解を深める努力を開始して，この種の連帯が段階を踏んで堅固になっていった経緯がある。わが国での安全への防衛意識がまだまだ低いなかで，わが国の食品企業にとっては，このシステムのように，悪意の行為に対しての施設等の弱点を自ら率先して評価し，直ちに前向きに対策を講じることは容易では

なかった。

　当初はアメリカにおいても，食品企業にとってはまず経済負担が増えることへの強い拒否感があった。しかし安全が総合的に確保されることが食品企業のミッションとしていかに重要であり，健全なガバナンスとコンプライアンス能力を対外的に広く示す方途であるとの認識が定着していった。

　一方，消費者や市民そして地域住民もそれがどれだけのコストを伴うものかを実感してきてそれがまず食品流通企業への評価などにも強く反映してきている。そのためビジネス継続のための必要コストとして受け止められる状況を超えてむしろ地域で小売店舗として消費者の選択判断を導く差別化要因とまでになってきている。

　しかしより大事なことは，この人為的な食品汚染への対策「フードディフェンス」の視点をも加えることにより食品全体の安全性や衛生水準は従来の食安全水準よりはるかにレベル向上を図りえたという現実である。フードディフェンスはフードセーフティとフードセキュリティのそれぞれ別次元で相互に独立したものではないという認識が広まった。

　これこそは職場や雇用を，あるいは生命や生活を守るうえでの大きな鍵になる課題である。同時に今後の多様なビジネスチャンスにあふれる領域として興味深い経営課題，テーマであることを強調しておきたい。

　一方，それまで大学や研究機関には極めてオープンであった食品工場や，さらには農場でさえ急速に閉鎖的秘密主義のベールに覆われ，それまで普及指導に飛び回っていた友人の教授でさえ筆者にたびたびボヤキを漏らす状況が進みはじめた。

　同時に企業や工場内は防御および保安のため特定の対外対内情報ルートが試行錯誤を重ねながら，緻密に構成されていくプロセスも始まった。その両面の姿を自らの目で観察し確認しえたことは筆者にとって真に興味深い貴重な体験であった。

　ここでフードディフェンスに関連して衝撃的な事件を2，3紹介しておく必要があろう。アメリカ西部のある有名大学の教授が数十万人もの被害者が予想されるボツリヌス毒を市乳の生産，加工，流通過程への混入方法を組み立て，研究内容を学会発表の形で行うこととしたところ，乳業界，衛生および保安行政が公表自粛を要請して大論争が長期間続いたことがある。

　もう一つは，ブッシュ政権前半4年間勤めた保健福祉長官が任期終了直後の辞任記者会見で，「この4年間食品テロがいつ起こるか不安の毎晩であった。犯人が極めて簡単にできる食品テロをなぜ実行しないのが不思議でしかたがなかった」との発言を行い，全米挙げての騒動に展開したので，大統領自らが「あまりも在任中の緊張感が強かったことは想像にあまりある」と弁護釈明する事態が起こった。アメリカで報道が過熱化する過程をフォローしながら，両国間でのフードディフェンスへの意識の差を痛感したものである。

　病原性の高いウイルス等の革新的研究成果にかかわる産官学の研究管理と情報公開を巡り，欧米ではこれと類似の事態がたびたび発生している。

　特に多様な新興感染症はもとより，食品および農業への悪意の汚染やバイオテロが現実化しつつあるなか，その被害が国境を越えて大規模化する脅威を防ぐため国際連帯が必要になっている。官民学にわたる協力体制への積極的な参画をわが国に期待して，海外からのはたらきかけは実はますます頻繁になっていることをここで改めて強調しておきたい。

3. より前に，より強固に，わが国の食安全を先進体制へ進める諸考察—今岐路に立つ「日本の安全のシステム」の徹底研究を

3.1 求められるフードセーフティ「安全」の構築への選択

3.1.1 世界のHACCP，日本のHACCPより確固たる国際基準実行体制を

　そもそも，自然に発生する食品中毒問題などへ対処する手法として，アメリカで誕生した「HACCP」が特に1990年代半ば以来フードセーフティの中核的な国際基準として位置付けられ，先進国では広く定着しているといえよう。わが国では1996年のO-157事件以来，そのHACCP導入および普及によりフードチェーン全体の食品衛生管理の水準向上に役立ってきていることにはなっているものの，はたしてその後の事態の展開や時代の要請に順調に対応してきているものか今真剣な見直しが論じられている。

　特に最近わが国ではグローバル化の影響として，経済構造や雇用労働関係，情報手段などが急激に変化しつつあり，一方所得格差等の増大が論じられている。まずはわが国で重要な柱であるフードセーフティに求められていることが，どのような変化の風を受けているのか，はたしてHACCPへの信頼が揺らぐことはないのか，なぜHACCPの普及が長年伸び悩んでいると報じられているのか，などを幅広い視点での検討から始めていく必要がある。

　PL法制定に続いて，わが国へこのHACCPの導入が始まった初期に，アメリカの産官学の第一人者を招聘し，講演会を開催するなどの長い経験があるだけに，筆者は自ら問題の所在を点検する必要性を改めて痛感している。

　HACCPがわが国で順調に浸透していく段階で懸念事項として，当時から海外の識者やわが国の何人かの専門家が共通して指摘したことがある。あえてここに選択して特記する。一つは，HACCPの哲学と中身と，さらに工場の現状分析の理解のうえに立った企業のトップによる明瞭なポリシーがないままにガイドラインが鵜呑みにされ外部の「第三者認証」に依存することが先行していったことである。流通企業やユーザーからHACCPが取り引きの条件とされると直ちにこの目前の「利と圧力の形」に対応してきている。

　今後は関連業種と共同で取り組むことにより高次元のプラスを出していくべき段階にきているのではなかろうか。

　もう一つの指摘は，官民ともわが国では監視，確認の機能が基本的に弱体であるということである。

3.1.2 本格的な「海外輸出」体制へ—今求められる挑戦の課題

　今後とも注視すべきは，アメリカの『食品安全強化法』（Food Safety Modernization Act；FSMA）の実施規則の制定とその運用の動向である。最近数年間に加工食品および生鮮食品にも広域にわたり食中毒が多発し，また中国などから多彩多様な形での食品輸入が拡大の傾向にあり，オバマ政権下で食品安全にかかる制度を抜本的に改革することとした。このFSMA制定の形で行われたその70年ぶりの制度改正には，テロ対策はもとより中国をはじめとした海外からの食品輸入や産品輸入の増大と多様化を受けて，より高い実効性を目標とした検査制度の大改正などが含まれている。したがって，アジアの他の諸国にも大きな影響が出てくることは当

然である。わが国の食品企業や諸団体への影響も決して楽観していてよいものではないと，長年FDAやアメリカの産官学とのコンタクトを重ねている筆者は懸念している。具体的にこのFSMAがどの点で問題となり，輸出への支障となるのか，現在の時点では不明確であり予断を許さない点が多いが，まずわが国のHACCPの運営の在り方を強固な基盤のうえに載せていくことから始める必要がある。アメリカでは，リコール制度が食品安全を確保するためには重要な制度であるが，企業にとっても深刻な問題をはらんでいるため，以前から官と民との間で制度化について激しい議論が展開されてきていた。わが国でもリコール制度では企業の自主回収に重きが置かれているため，運用にあいまいさが付きまとうなど重要な課題である。

ここ数年来，欧米からたびたび調査団が訪日し，わが国の「フードディフェンス」体制について調査しているが，まだまだスタート台にも付いていないという指摘がある。

最近ようやく諸官庁や自治体，食品産業，消費者団体，農業団体などがわが国の食材や食品の海外輸出に本格的に取り組みはじめたところで，食安全の制度や運営が世界の流れに遅れていないこと，あるいは優れていることを対外的に明瞭に主張し証明することの重要性に直面しはじめている状況にある。

3.2 食料安全保障（フードセキュリティ）

数年来，中国その他の新興開発途上国を中心として，農産物の需要が拡大し，気候不順，投機マネーなどによる需給と価格の不安定さなども加わって，フードセキュリティが注目を集めている。アメリカやブラジルなどの主要な穀物生産国において中国の存在感の高まりは顕著であり，海外依存度の高いわが国では食料の量的な確保にかかわる懸念が消費者，市民や国民の間に高まる可能性がある。さらに異物混入問題が過度に加熱されれば，他の食の安全問題に投影されやすい潜在的要因となろう。最近の国際政治と経済情勢の不安定化もフードディフェンスの課題にわが国でも遅ればせながら関心が高まってきている背景として理解するべきであろう。確実に社会全体の不安定化につながる問題となるので，そこをどう対処していくかがこれからのフードセキュリティの根幹である。

これからTPP締結を契機にさらにわが国の自給率が低下するのか，あるいは海外食料輸出をテコにわが国の食と農の産業が国際競争力を強化しうるのかまさに議論が分かれるところである。

3.3 アジアでの拠点を目指して―鍵は人的資源と人材養成

最近アメリカでは，食品の産業と行政における人材養成，特に安全分野における科学教育について大きな展開が図られてきている。また，アジアの教育機関や行政および研究組織のトップ層は欧米での教育や訓練を受けた者の活動が目立っている。わが国の食品企業のアジア進出の歴史は長く，最近は世界的に加工度の高い食材に貿易の比重が高まってきているが，さらにわが国の食品産業の生産拠点をアジアへ移す動きが盛んになっている。

したがって，わが国の食品科学や教育の国際交流の意義はますます高まってきているが，現実にはそのスピードは期待に応えるものではない。一方，農産原料生産や生産環境へも欧米など海外の視点が厳しくなってきている。これらが相まって，「食と農と環境のディフェンス」

に目を向ける必要が国際的に高まっている中でわが国の教育や研究，検査機関等への期待も高まってきている。同時に評価も厳格になる流れになってくる可能性も高まっている。

　予防に重点が移りつつあるため，まずは海外の動向に絶えず目を配ることが大事である。鳥インフルエンザウイルスなど人畜共通感染性の被害は甚大であり，かつ農業および食品産業をはじめとして経済，貿易，その他の産業に広く及ぶ。早期の原因究明が必要だが，経路確認などが困難であるため，感染症的な現象が発生した場合，必ずバイオテロの疑いが伴う。その代表例が口蹄疫ウイルスを家畜や牧場などに散布された場合の巨大な経済被害などであり，アメリカでは最も警戒されている「アグロテロの脅威」である。

　最近は海外からわが国の危機感の低さに対しての警告と同時に，アジアでの拠点を期待して協力を要請する声がますます大きくなっているのが現実である。それに応えるためのわが国の課題は，量的にはもちろん，質的な面でもそれらのニーズに応えられる食と農の安全にかかわる人材の養成である。アメリカの人的資源の政策的努力の中心が特に獣医師の養成と供給，配置に置かれてきているが，わが国では教育の場の新設を認めるべきか否かの議論が産官学とも具体的な結論が出せない状況が長く続いている。

3.4　新しい脅威の克服のために必要な連帯と食品企業主体のガバナンス

　食の安全には経済経営を取り巻く新しい事態に適合できるよう絶えず見直しが必要になる。フードディフェンスで大前提となるのは，まず経営側での企業ガバナンスの問題である。特にフードディフェンスを導入するに当たり，設備投資自体は，決して巨額のものが一律に必要にされることでなく，相当幅のある対応が可能な問題でもある。むしろ問題は従来の慣行的な作業や施設の管理の在り方を変更することが必要になる場合である。わが国では特に点検チェックや監視などの強化が伴うと，長年続いてきた労使間の信頼関係が損なわれるのでないかという経営者側の懸念が強くなる。しかし，筆者が訪問した海外の中小食品工場などでも，わが国以上に経営上の困難に直面しながらも，むしろ職場環境を積極的に改善したり，出身国や人種が多様な従業員などとのコミュニケーションに一層配慮したりするなど懸命の努力を払って対応し，監視強化のマイナス面を克服してきている事例が少なくない。これからの日本企業が参考にすべき点は多いのではと感じている。

　もう一つの組織的な課題として指摘されるのは，多くの他分野の専門家の協力を得ることや異業種・多業種間での協調体制を組むことである。例えば，原料分野や製造工程の物流だけでなく，小売，流通および外食などへの配送，そして宅配などまでの輸送を「絆づくり」共同作業で実行し，地理情報システム（Geographic Information System；GIS）などによる裏打ちをすることである。

　食品テロに対する防御としては，原料生産国における産地貯蔵から港湾まで，それから海上輸送を経て輸入港湾施設などの管理および監視など，国内や国際物流につながる産官にわたるアライアンスが重要な役割を果たしている。輸送資産保護協会（Tranport Asset Protection Association；TAPA）が活発にチェックリスト作成や実行体制の強化措置などを図っていることもぜひ参考にしていただきたい。

わが国の食品企業を取り巻く諸環境に危機管理を強めなければならない事態が進行しつつあることは明らかである。しかし，その事態に対応するため同時に消費者や市民などに理解を得ることが極めて重要であるので教育分野の協力もますます必要である。

さらに実行体制も重要である。日常のコミュニケーションの円滑化や内部通報・内部告発など手法も柔軟かつ創造的なシステムを弾力的に運営しなければならない。整備されたマニュアルが一人歩きし，それさえ順守していれば責任が問われない盾のような存在になってしまえば，かえって危険性が増す。作業現場や製造加工の場での不祥事，職場でのストレス，不満不服などの要因も複雑化し多様化する局面に対応する必要がある。加えて責任所在不明，事なかれ主義がまん延した企業ではその組織風土の改善を進めるのは容易ではないが，厳しいクレームや苦情の申し入れ等の対策が不十分で無防備な状況で放置すれば，それ自体が内部や部外の犯行を誘発するプロセスとなる。

「セキュリティに絶対不可欠な部門の機密性」を維持すると同時に，相互矛盾する「透明性」を図ることは非常に難しい課題である。核心的な内部情報等をより厳しく情報管理を図ることは大事であるが，一方企業の透明性も重要な課題であり，外部関係者や消費者などのステークホルダーの信頼を確保するために，どのように情報公開を行うべきかが問われる。消費者や外部関係者側にも同様に，事態の悪化を防ぐ役割を担ってもらわなければならないからである。企業が必要な情報を収集する一方，対外発信や情報を外部に提供する方法も工夫する必要がある。それらの情報を官，団体，第三者機関等に仲介的な役割を担ってもらい，産官学の緊密な連携のうえに対策を積み上げていく欧米や諸海外の体制には参考にするべきところが多い。

3.5 加速する技術革新と情報化社会，グローバル化社会の中で，これからどうするバイオセキュリティ─破壊的被害を防ぐリスク管理と危機管理の融合

技術革新の加速化などで発生する諸々の危険因子も複雑に絡み合い想像を超える状況をつくり出している。より深刻なことは，被害も大規模化，広域化し，より破壊的になるおそれがあることである。

あらかじめ十分多面的にリスク分析し評価しておくことが重要である。しかしその周到なリスク分析の予測を超え，「予想外」の事象が発生する事態を無視できなくなっている。「あらかじめ十分起こりうる事態」としてその可能な形態を配慮および検討したうえで，いったん危機的状況が発生した場合には，直ちに経営陣や関係者が漏れなく社外，社内との情報を共有し広報会見の場に立つ必要がある。

したがって，アメリカでは「最悪の事態を予測してシナリオを組み立てる」ことを危機管理の大原則として，予兆の段階から探知およびサーベイランスを行う必要性に対して認識が高まっている。すなわち，前兆，予兆の段階からリスクを把握するため，今まで無縁と思われてきた諸々の専門分野の協力も得て，より多方位的な監視し探知できるアンテナを巡らし，監視探知を継続して実行するネットをつくる動きである。その探知結果を直ちに「警報」や「予告」として載せ，さらに医療など事後救済にもつなげていくシステム整備も必要であるとして，防御戦略を図っている。アメリカでは感染症被害であろうと，食中毒や作為的な混入や悪意の攻撃であろうと，緊急事態の対応策を事前に十分検討し，それを地域ごとにGISとして構築し，

地域関係者間でシミュレーションしておく体制が進んでいる。国や自治体レベルでの危機管理体制がどこまで進んでいるのかを常時把握しておくことは，企業のみならず市民個人レベルでの危機管理として意識が高まりつつある。

　最近，サイバーセキュリティについて攻撃と防御両面について革新的科学技術の活動が報じられている。「現代の最大のパラドックスは社会貢献をするはずの先端技術自体が同時に途端にわれわれに向かって牙をむく存在に早代わりしてしまうこと」（アメリカのオバマ大統領のコメント）はまさに至言である。今や政府機関は，民間IT企業の助力を得ながらも国家情報の防衛に懸命であるが，サイバーテロは国境を越えて，政府機関のみならず，民間企業，グループ，個人までも激しく攻撃する新しい脅威として登場している。わが国の食品企業でも，内部外部両面のIT情報化対策を進めざるを得なくなっている。ツイッターなどで内部情報が瞬く間に社外に広く拡散され，売り上げが激減するなど企業の存立が脅かされる，いわゆる「IT炎上」事件がクローズアップされてきた。

　異物混入や食品テロの場合に使用されるおそれのある物質は，今までは農薬化学系など，むしろ日常的に入手可能なものが多い。一方，潜伏期間等がある有害生物の場合は，気が付く前に家庭と職場などへ汚染が広がり，さらには広域流通にのって桁外れの膨大な数の犠牲者を出す可能性が以前から警告されてきている。合成生物や組み換えウイルスのような検定感知が困難な新物質の脅威が国際的な課題となっている。遺伝子組み換え技術などがもたらす利点は巨大であるが，想像を超える規模の害ももたらす可能性をもつ，いわゆる「Dual Use」として国際社会から対応を突きつけられているが，わが国の反応は大きく遅れがちである。

4. おわりに──わが国の企業が直面するこれからのフードディフェンスの実践の課題

　本書は，第一にグローバル化（国際化）などによる所得，身分格差の拡大や，産業および社会の「複雑化」など，第二に「社会の情報化」の2大課題に特に力点を置いて企画されている。そこで，これに海外の先進事例を踏まえて，以下のガイドラインを実践マニュアルとして提案したい。

4.1　情報化と複雑化の中のわが国の現場での脆弱性評価と実行マニュアル──国内，海外の事例を踏まえたガイドラインの提案（筆者作成）

①　人および従業員
- まず採用に始まる。ただし，わが国では職歴，家庭の背景および家族諸事情などの新規採用時の確認に制約があるなかで，一方で長期雇用者の意識の変化も見逃せなくなっているため，その後の継続調査で補う必要がある。正規と臨時，非正規職員の格差，業務委託などの比重が高まり，労働モチベーションの維持の困難さが増すなかで，確認の手法などの改善または向上を図る必要がある。
- 研修および教育：背景，出身，人種の異なる従業員や作業員が既に増加しつつあり，「従来の同質性に加え異質性のなかでのつながり」の維持とコミュニケーションの円滑

化を図る機会をつくる。企業の社会的責任や顧客および消費者のニーズなどの伝達により，前向きの職場の風土を醸成していく。
- 雇用体系の不安定化：経済要因による経営環境への圧力が増す中で，報酬や労働時間等について可能の限り合理性および透明性を確保し，身分に対する不平不満の軽減に努め信頼関係を維持する。

② 施設IT情報の保護管理

重要企業情報への外部からのサイバーテロ的侵入やコンピュータウイルス工作などへの情報防御はますます重要性を増している。一方，モニタリングシステムなどが急速に普及，強化されつつあるものの，ツイッターなどのSNS（ソーシャルネットワーキングサービス）普及で従業員，臨時雇用者，アルバイト等による外部への情報発信などによる過大な被害発生を防止する工夫と従業員のモチベーションを維持向上する格段の努力が必要になりつつある。

③ 進歩する情報機器とソフトへの更新
- 監視カメラの設置については，従来性善説を前提とするわが国の組織風土にあっては，従業員の反発をおそれて導入に踏み切れず躊躇するとされてきた。しかし，最近従業員による不祥事や異物混入事件などが発生しその報道が頻繁となってきたため，企業側の姿勢等が急速に変化しつつある。取引先関係者や消費者やメディアなどでも，明らかに監視カメラなどの積極的設置を求める意見が強くなっている。一方，従業員の態度もむしろ迅速な原因の解明のほうが利点の多いものと発想が転換しつつある。アメリカでは外部からの信頼を確保するため，企業内の安全対策として取り引きのある流通，小売業者や消費者への積極的な公開を行っているところが少なくない。
- 情報ハードおよびソフト共に技術革新は早く，更新に遅れることのリスクは増大しつつある。信頼性の高い外部専門家の活用などが不可欠である。

④ 人およびものの動きを対象とした空間管理と記録
- 職員や部外者ごとに出入りが監視できる管理システムが進行してきている。しかし，最近従業員による意図的農薬混入汚染事件が発生したにもかかわらず，わが国の場合は依然として未整備な組織が残る。「記録」は，PL法制度，HACCP導入時より最重要事項でありながら，わが国の場合は確実な実行が最も難しい事項として長年指摘されている。記録資格者指定から先端機器導入活用まで今後とも幅広い課題が議論の対象となっている。
- 原料または製品の授受，出荷荷受け，貯蔵と倉庫管理，特に輸送および配送における温度管理など，諸安全へ対策と実行（Implementation）とが分離しがちなわが国では，信頼確保上への重大な課題である。今後，海外輸出が本格化する段階で最難題の一つとなる。
- 空間管理にはGIS，GPSなどITシステムが急速に浸透しつつあるが，わが国で食と農の安全確保に活用されている場面は極めて限られている。特に官庁間での縦割りの影響が強いため今後とも特段の努力が必要である。
- トレーサビリティは重要であり，他稿を参考にしていただきたい。

⑤ 組織マネジメントとCSRおよびコンプライアンス―消費者，地域社会，従業員そして

海外からの視点
- フードチェーンが拡大しつつあるので，自らの経済的損害を超えて膨大となる傾向にある。不確かな風評被害も加わり，企業倫理への信頼失墜とイメージダウン等により社会的制裁は複雑化し長期化する。常日頃企業の社会的責任や経営の透明性を発信しシミュレーションなどを行い多様な工夫と工作技術が産官にわたり蓄積されている欧米などの先進事例を参考にする必要がある。
- 消費者および顧客を守る体制は基本であり，ガイドラインでも絶えず格段に強化を図りチェックを続ける必要がある。消費者との重要な接点となる流通業界や自治体等に対して情報提供へのルートはあらかじめ検討し定めておくことが大事である。

食品回収やリコールはこれからわが国では格段に厳しい対応が求められることは必至である。海外では危機管理の最重要ポイントとして実践マニュアルを定めている事例が多く参考にすべきであろう。

- 従業員にしわ寄せや犠牲が及ぶ事例が既に増加し，さらに悪化する可能性が強いものの，従業員の認識はまだ低く，依然としてあいまいである。内部通報システムや責任者へのホットライン，現場からの業務改善提案など従業員の果たす役割を明確化することは今後への効果は少なくない。
- そのための情報管理と幅広い関係者などのステークホルダーとの連絡，さらに保安確保のため警察または保健所および動物検疫などとの地域レベルでの情報交換のルートの確保は，シミュレーションなど多様の工夫や工作の蓄積が産官にわたりアメリカなどの豊富な海外事例を参考にする必要がある。

4.2　今改めて問う―これからの食の危機管理

経済環境の変化とともに社会の複雑化が激しいため，特に消費者，取引先，ステークホルダーの要請は飛躍的に厳しい方向へ変化している。したがって，「フードディフェンスは企業の実施しやすい現実的対応から」を基準にしていくことはもはや許されなくなりつつある。

過去の多くの大きな事件や事故について，もっと早期に予兆を把握できなかったか？　予防は？　原因の解明がもっと速くできなかったのか？　緊急時には別の方途がなかったか？　そうすれば犠牲者の数は各段に減少することができたのではないか？　などアメリカの有力大学の大学院でケーススタディが行われて教育に生かされている事例が少なくない。わが国では失敗から十分学ぶことは苦手とし，すぐに忘れ去りたいとする傾向が他の国と対比して強いとされている。過去の事件から産業的および行政課題や実務的教訓として今後に活用できるものは少なくないと思われる。

一方，国際化が進みまた先端的技術の開発および普及もあまりにも早く，いったん被害が発生した場合の規模が飛躍的に拡大する現在こそ，これからの危機管理対策を考える際に特に留意すべき重要な課題点がある。

第一に，「最悪のシナリオ」を想定し，それを前提とした対策でなければならないこと。しかし伝統的な組織風土が残りがちなわが国の調整型のリーダーシップの下では最も不得意なこととされてきている。「意図的な混入が疑われる事案に対して食品衛生対策のみでは対応でき

ない」ことが関係行政官庁でのコンセンサスとなってきた以上，産業界も消費者もフードディフェンスに挙げて取り組む意識改革が必要である。

　第二に，併せて，危機を完全に発生防止できなかったときの緊急時対策は勿論，損害や被害を軽減し最小化するにはどうしたらよいのか，可能な限り再建を早めるにはどうするのかという視点まで，あらかじめ検討し尽くした内容でなければならないこと。

　第三に，グローバル化時代では，これからは国際基準を常に意識した形で体制を整備していくことが求められる。Codex 規格や適正農業規範（Good Agricultural Practice；GAP）など各種の国際基準づくりに受け身のままできている事態からの脱却が必要である。そのため，わが国の優れた食文化や慣習および伝統などを国際的に強く主張することは大事なこととなるため，そのための体制づくりには今までのレベルをはるかに超えた格段の努力が必要となる。「日本ブランド」「日本型モデル」と安易に自己充足，自己満足体制でとどまることには大きなリスクが伴う。

　第四に，生活の基盤たる「食の事業」は，できるだけ早く打撃から立ち直ることが地域の消費者や取引先の顧客および需要先からも求められる。サプライチェーンがますますグローバル化する現代では，なおのこと再建計画は食の安全を脅かす最悪の事態を予測して，「事業継続計画（BCP）」に沿ったものとする必要がある。このような考え方自体が今や国際基準およびコンセンサスにまで成熟しつつある。格段に経済効率性が高く効果的なハードおよびソフト対策を資質のある専門スタッフの活用により設計実施することは可能である。

　最後に，予知および予防の事前措置から緊急時対応，そして事後処理および復興救済まで，官民連帯する重要さがますます強調されつつある。広範囲な学際と異業種間協力とさらに諸官庁再編も含めた諸官庁連帯を進めるためには，新たな産学官および政連帯の基盤づくりが必要である。これからの「食の安全」が広がるなかで，まさに食品防御「フードディフェンス」とはその問題意識の中心に位置付けるべきではないかと痛感させられている。

第1章 リスク管理とその実際

第2節　異物混入を防ぐ環境改善と衛生管理体制の構築

株式会社消費経済研究所　春田　正行

1. はじめに

　食品を取り扱う事業者にとって、異物混入防止は宿命的な課題である。基本的には単発不良であり、健康危害につながることは極めて稀であるにもかかわらず、食品事故として大きく取り上げられることも多い。いわゆる風評被害により、企業の存続すら脅かす事態が起こっている。異物は単に「クレーム」としてではなく、企業のリスクマネジメントの重要課題であることをまず認識することが重要である。

　原料由来、製造環境由来、流通由来と異物混入の要因や混入経路は多岐にわたり、商品設計段階から原料品質の管理、作業者の衛生管理に至るまで様々な対策が求められる。ここでは、特に自社での混入防止を視点として、維持向上のための体制整備の考え方を中心に述べたい。

2. 異物混入の要因

2.1 異物とは

　「食品における異物とは何か」と問うと、多くの人が「食品以外のもの」と答える。しかしながら"食品"であっても異物となることは周知のとおりである。異種製品が入っていればこれは異物と考えるべきであるし、少しでも変質したものが入っていれば、異物とする人もいるだろう。

　異物とは、「普通とは違ったもの」あるいは「違和感を与えるもの」と考えることができる。ここで重要なのは、人により異物との判断の基準が違うということである。そしてさらに重要なのは、供給側である食品事業者と消費者との感覚にズレがあることである。供給側、特に製造現場の担当者は、概して異物に対して判断基準が甘くなることが多い。工場側としては、「入って当たり前」と考えているものも、人によっては不快感を与えるものとなる。消費者が食品生産現場から離れつつある現状を考えれば、この傾向はさらに強くなるものと思われる。まずは、「異物は消費者が決めるもの」であることを皆が認識することが重要である。

　さらに、食品事故の発生等により消費者の食品安全に対する意識が高まると、異物混入のクレームが増える傾向にある（図1）[1]。健康危害につながる可能性は低いにもかかわらず、消費者は「異物混入＝食品安全を脅かすもの」と捉えているのである。そして、情報ネットワークの拡大に伴い、このことは風評被害や特定企業のバッシングにまでつながってしまっている。異物混入は企業としての「信頼」を大きく損なうものであることも忘れてはなるまい。

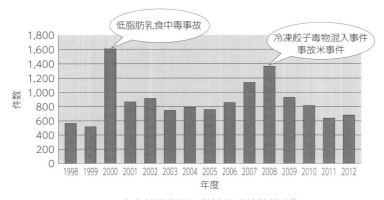

図1　東京都異物混入苦情処理件数推移[1)]

2.2　異物混入の発生状況

消費者からの品質不良に起因するクレームのうち，異物混入についてのクレームは，東京都に寄せられたものでは全体の15%程度，大手量販店では全体の約30%を占める。

混入した異物の内訳をみると，図2に示すとおり，虫や毛髪，ライン汚れなどの混入が多い傾向にある。こうしてみると，相当に発生しているように

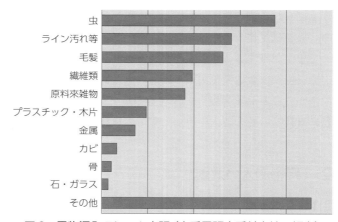

図2　異物混入クレーム内訳（大手量販店受付実績の傾向）

も考えられるが，その発生率をみると1ppmにも満たないことが多い。当然，異物要因別でみればさらに低い。最も多発している「虫混入」でも0.1ppm，1,000万個に1件あるかないか，なのである。これほど低い発生確率をさらに低減させなければならない，これが食品企業に課せられた命題なのである。

2.3　異物混入の要因

では，こうした異物はどのように混入しているのだろうか。異物の場合，大きな事故につながるケースがほとんどないこともあり，その混入経路を科学的に立証したケースは少ないのが実情である。金属やガラス等であれば，その成分や性質から材質を特定することが可能であり，その由来までも特定できることはある。しかし，虫や毛髪などの生物的な異物や食品由来の異物などは，ありとあらゆる場所で混入する可能性があり，とても特定できるものではない。また，同じ環境，同じ条件であっても，異物混入に必ずつながるわけではない。むしろほとんどの場合，混入しないと考えられる。つまり，再現性はほぼないといってよい。発生確率は極めて低いうえ，再現性もないということは，リスクに基づく管理ができないということにつながる。異物混入を減らすためには，混入する「可能性」を洗い出し，一つずつつぶしてい

くしかないのである。

図3は，異物混入の要因を推定し，要因別の発生傾向をグラフに示したものである。

原料に由来する異物（主として夾雑物）や包装資材に付着，混入した異物を除去しきれずクレームにつながってしまうことも少なくはないが，やはり製造および加工段階で混入するケースが多いものと推察される。人や設備を含めた製造環境の維持

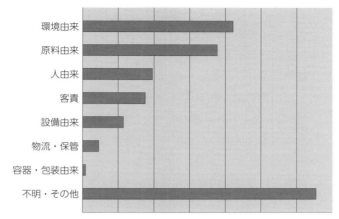

図3 異物混入の要因（大手量販店クレーム実績より推定）

や向上が異物混入防止のカギとなることは間違いない。

3. 異物混入対策の考え方

3.1 まずは2Sから

環境改善の基本は2S（整理整頓）である。これは作業効率を高め，エラーの低減にもつながる。異物のみならず，クレームやトラブルの原因は，技術面や管理体制ではなく，基本的な部分での欠落やミスに起因することが多い。これは，従業員の「意識」による部分が大きい。2Sを進めることは，環境改善につながるだけでなく，こうした衛生意識の醸成にも大きな効果を生む。

3.2 現場の徹底分析

製造環境における異物の混入の要因や経路は，おおむね次のように考えられる。
① 人由来異物の落下混入
② 備品等の落下混入
③ 工場内の清掃不足による虫の発生，工場への虫の侵入
④ 床からの舞い上がり混入（毛髪やホコリ等）
⑤ ラインや器具の汚れ，食品残渣等
⑥ 施設およびライン設備，器具類の破損や部品脱落混入

これらを防除・管理するためには，まず，徹底的に現場を確認・分析することである。

現状の作業方法や取り扱いに問題はないか，ルールは守られているかを含め，異物混入の視点に絞り，長期的に観察をする，あるいは現場担当者を交え討議，分析をすることにより，多くの課題が発見されるはずである。経験上，特にポイントとなるのが以下の点である。一度注意して確認していただきたい。

● 人によるバラツキを把握すること
ルールが明確に示され，順守されていても必ずバラツキは生じる。例えば，帽子は同じで

も頭の大きさや形状が違えば毛髪落下のリスクは異なる。これらのバラツキが混入のリスクを高めていないか，十分に検討する必要がある。
- 作業のバラツキを把握すること
  標準化された作業でもいつも同じように作業が行われているわけではない。特に繁忙時などには例外的な作業も多く発生しているはずである。例えば，仕掛品の一時保管の発生（仮取りなど）や保管場所や方法の変更など，品質上に問題はなくとも異物混入のリスクを高める作業が行われていることは多い。
- 清掃の「盲点」が発生していないか
  設備下部や設備内部，設備のジョイント部など，清掃しづらい，あるいは手の届きにくい箇所は意外に多い。これはそのまま放置される（見て見ぬふりをする）ことが少なくない。全く違った視点から点検することも重要である。防虫業者などに徹底点検を依頼するのも一つの方法である。
- ラインの上部に注意
  ラインはきれいに維持されていても，ラインの上部はおろそかにされていることが多い。設備上にものが置かれている，汚れている，あるいは上部の配管汚れなど意外にリスクとして認識されていないケースがみられる。

3.3 体制づくりの考え方

異物を混入させない製造環境づくりのためには，現状での課題を明らかにしたうえで，少なくとも
① 作業者の管理：人由来異物の防除
② 異物要因の持ち込み，使用制限
③ 作業の管理：保管・取り扱い管理，動線や流れの改善と管理
④ 設備や器具等の管理：サニテーション管理，選定基準，保守管理等
⑤ 作業場の管理：清掃管理，防虫対策，保守管理等

について改善を進めるとともに，ルールを明確に示し，周知徹底を図る必要がある。
　最近では，管理＝チェックリストの風潮が強く，記録を重視する傾向にあるが，特に異物混入に関しては，環境の改善と従業員意識の向上によるところが大きい。チェックと記録だけでは，異物混入は減らないことを十分に考慮していただきたい。分析と討議に基づく現場改善が異物混入を防ぐ最良の手段となると確信している。

4. 異物を混入させない製造環境づくり

4.1 2Sの強化

「2S」はいうまでもなく，整理整頓である。もともとは工業製品等の工場でその導入が進められていたが，昨今では食品工場においても，定位保管などの2Sの仕組みが定着しつつある。ここでは，基本的な考え方，ポイントを述べるので自社の再確認を行っていただきたい。

4.1.1 整理

整理とは，「要るものと要らないものに区分して，要らないものを処分する」ことである。進めるうえでの注意ポイントを**表1**に示す。整理を常に心掛け，実行することは重要であるが，それでも必ず不要品は増える。定期的に行うことが大切である。

表1 整理を進めるためのポイント

〈整理のための確認ポイント〉

1. 分類方法が決められているか（むやみに保管，保存されていないか）
2. 保管期限は決められているか
3. 必要数が決められているか（無駄な予備，無駄な発注はないか）
4. 用途は明確になっているか
5. 仮置きしていないか
6. 物置化している場所はないか
7. 収納限界へ，収納庫購入や増設で対応していないか
8. 不要品が他の場所へ移動されているだけではないのか

4.1.2 整頓

整頓とは，「要るものを所定の場所にきちんと置く」ことにより，「誰でも取り出せる」，「いつでも取り出せる」，「すぐ使える」ようにすることである。そのためには，

① 所定の置き場が決まっている
② きちんと置かれている
③ 「表示」がある

ことが求められる。

整頓を進めるうえでのポイントを下記に示す。

- 対象物の特性を考えて整頓する

  例えば，器具類のように繰り返し使うものと，包材のように消費されてしまうものでは，保管方法が違うはずである。

  繰り返し使うもの：使用後正しく戻せる。戻していないことが確認できる。危険がない。破損がない。衛生的。等（**図4**）

  消費されるもの：間違いなく保管，使用できる。間違いがすぐわかる，衛生的，劣化がない，出しやすい，在庫量が確認できる。コントロールできる。等

- 対象物の特性に応じ，保管用具を工夫する

  使いやすさ等を考え用具を検討する。最も使いやすいものを自分たちの手でつくることも考えたい（**図5**）。

図4 清掃用具の整頓保管例

図5 スライサー刃の整頓保管例

● 動線を単純化し，作業を楽にすることを考える

　異物混入や汚染のリスクは工程や作業が複雑なほど高くなる。できる限りシンプルとなるよう，動線使用頻度や使用場所を考慮し，置き場所や置き方を決める。

● 在庫を減らすことを考える

　在庫が長ければ異物混入や劣化のリスクは高くなる。適正在庫に見合ったスペースを決めておくと，おのずと管理ができるようになるはずである。タイミング等も一目でわかるようにできる。

4.2 作業者の管理

　人は，様々な汚染や異物混入の媒介の要因となる（図6）。体毛や爪など人自体が異物要因となるほか，私物の持ち込みなど異物混入の大きな要因となりえる。これらを防除するためには，

① 守るべきルールを決める
② 適切なハード（着衣等含む）を設置する
③ 決められたルールを守らせる
④ 作業者の資質（衛生意識）を上げる

ことが必要となる。特に個人の意識にかかわる部分が多く，チェックシステム等で管理しきれる事項ではないため，日頃の指導教育が非常に重要である。また，個人のモラルを上げるためにも，設備の整備や定期的な教育等を整備し，企業の姿勢を示すことが大切である。

4.2.1 毛髪対策のポイント

　毛髪混入対策は，今も昔も食品企業にとって大きな課題である。毛髪は黄色ブドウ球菌などの食中毒の要因ともなりかねないが，実際に事故につながったケースは聞いたことがない。人は誰でももっているものだからこそ，他人のものは「不潔」と感じるのであろうか。直接的には大きな問題にはつながらないものの，発生が重なれば取引にも重大な齟齬を生むこともあり，その削減に対しほとんどの企業は前向きに取り組んでいる。頭髪の対策どころか，手の打ちにくい眉毛や腋毛などは剃ってしまおうかなどと笑えない話すら出ているという。

リスク		求める水準	決めるべき主なルール
異物混入（人由来）	毛髪（体毛）	● 人由来病原菌から防除されていること	入室ルール
	その他（爪，歯など）	● 手指等介した交差汚染が防除されていること	● 入退室手順
異物混入（持ち込み）	衣類，装飾品など	● 異物要因の持ち込みがないこと	● 身だしなみ基準
	その他	● 毛髪落下，混入を防止できること	● 手洗いマニュアル
微生物汚染	腸内病原菌	● 外部からの汚染が防除できること	● ローラー掛けルール
	黄色ブドウ球菌		● 持込制限
	感染症		健康管理
	手指等を介した汚染		● 検便ルール
	外部からの汚染持込		● 健康チェック
			● 異常時の対応
			● 海外渡航
			入室制限

図6　人由来のリスクと対策

抜け毛は人が生物である以上，避けられない事象である。それをいかに作業現場に落とさないか，が対策となる。基本的には，落下する前に取り除く（洗髪やブラッシング），落下したものを持ち込まない（粘着ローラー掛けやエアシャワー），落下しないようにする（着帽，袖口等の密閉）などの対策がほぼ一般的となってきている。これらは，別項で詳しく解説しているので参照いただきたい。ここでは，抜けた毛髪はどういう経路で食品に混入するのかの視点から，現状の対策をさらに効果的に進めるポイントを述べたい。

図7　床には毛髪が…

- キャップの適正使用

抜けた毛髪は髪の中にとどまり徐々に落ちる。これにはブラッシングなどが有効ではあるが，頭髪はキャップの中で常に抜け続けており，落下を防ぐことが重要となる。着帽が防御手段であるが，締め付けたキャップであればあるほど，人はどうしても気になりキャップに触れることも多くなる。結果として落下を促してしまうことも考えられる。職場温度を考え合わせキャップ形態を検討する必要がある。また，最近では休憩時でもキャップを義務付けていることも多い。これはかえって抜けを促しているだけのように思えてならない。

- 床からの混入対策

床をよく観察すると驚くほど毛髪が多く落ちている（図7）。これは工場内でも同じである。特に最近は作業場のドライ化が進み，床に落下した毛髪が舞い上がりやすくなっていると考えられる。食品の保管の高さ確保は，水はねによる汚染対策としてのみ指導されているが，現実的には床からの混入対策としても考えるべきことである。

- 落下しやすい作業の対策

人手による作業は，当然落下混入のリスクが高くなる。目視検品などの作業は特に落下しやすいと考えられる。他作業以上に対策を強化すべきであろう。また，床に近ければ近いほど，屈みこむ姿勢となりやすい。一時保管等を含め，高さの確保も考えるべきである。

4.2.2　私物等の持ち込み制限

ほとんどの企業で私物の持ち込みは禁止されている。しかしながら，完全には守りきれていないのが実情である。そうした企業では，持ち込まなくてもよい環境づくりができていないケースが多い。私物のセキュリティや飲食の場の提供など，制限すると同時に会社としての環境整備を進める必要がある。

4.3　異物要因の持ち込み，使用制限

文具類，収納容器，補修用具など製造に直接関係ない備品や用具類は，もともと食品製造用につくられていないものがほとんどであり，多くが異物要因となりえる。実際にクレームとして上がる件数はそれほど多くないものの，食品に関係のないものだけに消費者の嫌悪感は強い。入れない環境づくりが重要となる。特に注意すべきものとしては，次のものが挙げられる。

- テープ類の使用制限強化

文具類などは比較的管理されているが，ガムテープやセロハンテープなどの使用に関しては意外と対処に甘さがみられることが多い。応急補修や掲示貼付などに用いる際確かに便利である。しかし，経時劣化により異物要因となりえるほか，汚れの原因ともなる（図8，9）。何より美観を損なう。基本的には使用しないことを原則とすべきである。使用する場合は，少しでも耐久性のあるフッ素樹脂やアルミテープなどを検討したい。

図8　異物要因となりやすいガムテープ

- 収納容器の選定

収納容器については，コスト重視で衛生面を考慮されていないことが多い。破損しやすい硬質樹脂のものや段ボール箱の二次使用（図10）など，異物要因となるばかりか衛生面にも問題のある容器の使用をいまだに多くの工場で見かける。事務用品ではなく，食品用器具として衛生面，耐久性を考慮し選定すべきである。

図9　ビニール紐も異物につながりやすい

- 文具類の選定

流通などの指導が厳しいこともあり，ホチキスや鉛筆，刃折れカッターなどの持ち込みはほとんどの企業で禁止している。しかし，異物要因として考えたとき，禁止するだけではやはり不十分である。適正なものを「指定」することも考えるべきである。どこまでを異物要因として考慮するのかということは，コストの問題も併せ難しい課題ではあるが，やはり破損や分散などを危惧し，その材質や形態にまで制限を設ける

図10　段ボールの収納容器としての二次使用

べきであろう。特に筆記用具は樹脂製も多く，構造も比較的複雑である。できる限り単純で耐久性のあるものを選びたい。最近は食品工場をターゲットとしたものも出始めている。また，定位保管や員数管理など，散逸しないように管理することも重要である。

4.4　作業の管理―混入機会の低減

異物要因をどれほど制限，管理したとしても，異物要因を工場からすべて排除することなどできるものではない。やはり食品に入らないようにすることが最も重要な課題である。加工中はほとんどが裸状態にある。混入機会を少しでも減らす対策を十分に検討すべきである。

4.4.1　動線および作業の簡素化

ものを動かせば，そこに人や器具が介在し，混入機会は増える。滞留時間が長いほど，混入のリスクは高くなる。当然のことであるが，意外に考慮されていないことが多い。できる限りシンプルな作業に見直すことも考えるべきである。これには現場での作業観察が不可欠であ

る。異物混入の視点から十分な分析を行っていただきたい。習慣的にやってきた作業が実は無駄であるばかりか，かえってリスクを高めていることもある。例えば，汚染対策として行っている区分管理，中間洗浄など過剰な対策になっていることも多い。また，仕掛品の発生を少しでも減らすこともリスクの低減につながる。現状作業が本当に必要か，確認し改善するだけでもリスクは低減できる。

4.4.2 保管および取扱時の管理

作業中や保管時は混入リスクが高いことは周知のことであろう。しかし，どんなリスクがあるかまで考慮されないまま，対策を講じられているケースも少なくないように思える。作業中には器具等からの混入を除けば，やはり人からの混入防御をポイントとして考えるべきであろうし，保管中は，虫などの環境からの異物を中心に考えるべきであろう。ただし，これは一般論では管理できない。前述のとおり，現場でのリスク分析に基づき，管理の方法を検討すべきである。特に注意が必要と考える事項を次に示す。

- 保管や作業の場所

  当然であるが，人の動きがあれば，落下や舞い上がりなどにより混入機会が増える。特に作業場での食材の一時保管には注意が必要である。また，特に包装待ち仕掛品など，裸の状態で保管されるものは作業性の問題から動線近くに保管されることも多い。冷蔵庫内も含め，人の動線を考慮した保管場所を考えるべきである。

- 高さの確保

  毛髪対策でも述べたが，床からの混入対策は重要と考える。できる限り床から離れた高い場所での保管を検討すべきである。また，包装してある食材についても対象とすべきである。包材への付着は当然混入につながる。

- 適正な防御対策

  汚染や混入対策として，カバーが行われることも多い。しかし，基本的には汚染対策が主であり，虫などの混入リスクを考慮したカバーがなされていないことも多い。保管環境が良好であれば，不十分なカバーでの対策はかえって混入や汚染のリスクを高めることもある。カバーを行うのならば，密閉することを考えるべきである。

- 長期保管品の管理

  近年では原材料の持ち込み前にエアーや拭き上げなど行うところが増えてきているが，まだまだ無防備な企業も多い。缶ものや粉もの，包材などは比較的雑に扱われることが多く，倉庫の環境も不十分であるケースが多い。保管場所や方法をすぐに見直すことは難しいが，少なくともこうした原材料については，持ち込み時や使用前にしかるべき対処をすべきである。

4.5 設備や器具等の管理

設備や器具類における異物混入の要因を**表2**に示した。これらは当然，その特性や取扱品目等によって大きく異なる。設備ごとや器具ごとにリスクを分析し（**表3**），改善点や管理の方法を明らかにする必要がある。

表2 設備，器具類における主な異物混入要因

		想定される主な異物混入要因
製造機器の保守管理不良	危険異物（金属等）	部品等の脱落 金属部分の摩耗，削れ 樹脂やガラス部分等の破損 ネットコンベヤー等のほつれ 針金等による補修部分の劣化，脱落
	その他異物	パッキン等の劣化，摩耗 塗装の剥がれ コンベヤーの剥がれ，ほつれ テープや紐などによる補修部分の剥離，ほつれ グリスの付着や油分等の汚れ 貼付物の劣化，剥がれ
器具類の保守管理不良	危険異物	硬質樹脂品や木製品の破損，劣化
	その他異物	布製品や清掃用具のほつれ，損傷 樹脂製品のささくれ テープなどによる補修部分の剥離，ほつれ
サニテーション管理不良	危険異物	薬剤の残留
	その他異物	異種製品の残留 食品残渣，汚れ 虫の発生 においの残留

表3 工程設備の汚染や異物混入のリスク分析（牛乳ライン例）

工程	設備	汚染・混入要因	防止措置
原料乳搬入	ローリー	●洗浄不足による微生物の増殖	洗浄マニュアル
清浄化冷却	クラリファイヤー 冷却プレート 配管	●洗浄不足による微生物の増殖	CIP管理手順書
貯乳	貯乳タンク	●洗浄不足による微生物の増殖	CIP管理手順書
均質化	ホモジナイザー	●洗浄殺菌不足による微生物の増殖	CIP管理手順書 殺菌機メンテナンスプログラム ストレーナ管理手順書
殺菌・冷却	殺菌・充填ライン 送液ポンプ ストレーナ	●洗浄不足による微生物残存 ●CIP薬剤の残存 ●パッキンの劣化による汚染，異物混入 ●ストレーナ破損による異物混入	
充填	充填機	●洗浄殺菌不足による微生物残存 ●CIP薬剤の残存 ●シール不良による微生物汚染（シール部メンテナンス不良） ●クリーンブース整備不良による汚染エアーの流入 ●水滴の落下による汚染 ●部品落下，樹脂部破損による異物混入 ●グリスの付着	CIP管理手順書 充填機メンテナンスプログラム
保管	冷蔵庫	—	

CIP (Cleaning In Place；定置洗浄)

4.5.1 サニテーション管理

設備等の汚れ対策については，微生物汚染やアレルギー物質等のコンタミネーションの観点からも極めて重要な事項となるため，基本的な管理体制はほぼ整備されている。ここでは比較的管理に抜けが出やすいポイントについて述べることにする。

- ●異種製品の混入対策

  製造側からみれば「同じ食品」と考えられがちなためか，意外にも現場でおろそかにされやすい事項である。しかし，異種製品は「期待をはずされた」感を引き出すためか，苦情につながることは多い。また，場合によっては未表示アレルギー物質の混入にもつながる。清掃のプログラム化や製造順序などの対策を講じることはもちろんであるが，特にコンベヤーの継ぎ目，ホッパーなどの盲点となりやすい箇所を洗い出し，開始前の点検を習慣付ける必要がある。と同時に，異種製品が「異物」となることを十分に作業者に認識させることが重要である。

- ●移り香対策

  異種製品からの移り香についても考え方は同様である。しかし「におい」の場合，人によりその判別能力に大きな差があることが問題となる。精度の高い官能チェックも必要ではあるが，なによりにおいの残らない製造および洗浄プログラムを組むことが重要となる。特に追加発注などで製造順序に例外が発生した場合のプログラムや官能チェックの体制を確立しておくことが大切である。

- ●洗浄，清掃プログラム

  食品汚れや変質したもの等については，誰でも混入させていけないことを理解しているはずである。しかし，固化したものやコゲなど，工程上で「発生して当たり前」のものについては，「これぐらいならば異物とはいわないだろう」と判断があいまいになりやすいものである。製造側の「当たり前」が消費者には「当たり前でない」ことを認識させ，清掃すべき「汚れ」の度合いをできる限り同じ目線としたうえで，プログラム化することが重要となる。

4.5.2 保守管理

保守管理については，異物対策としてだけではなく，生産性や品質を制御するうえで極めて重要な事項といえる。しかしながら，食品においてはやや遅れているといわざるを得ない。ISOやHACCPの導入拡大に伴い，プログラム化は進んできているが，形式の域を出ていないのが実情のように思う。

(1) 設備の保守管理

これらの基本的な防除策として，始業時点検が主として行われているが，実際，作業前に落下可能性のあるすべての箇所を点検することが果たして可能であろうか。これらは，異物対策としてのみ考えるべき事項ではないはずである。設備保守は各担当が意識をもって常に心掛けるべき課題であり，チェックリストはその補佐役にすぎない。機器の正常稼働を主眼とし，保全活動としての取り組みにより，保守管理意識の醸成とプログラム化を進めるべきであろう。

(2) 容器および器具の管理

　破損や傷の発生しやすい容器や器具についても基本的な管理の考え方は同じである。しかし，これらは使用量が多いためか，コスト意識がはたらきやすく，更新までそのまま放置したり，破損をテープで補修したりするような行為もよくみられる。これらは習慣化しやすく，使用前のチェック記録などでは制御しきれないと考えるべきである。従業員教育はもちろんであるが，責任者による巡回等の継続的な指導が必要と考える。

(3) その他混入防止対策の注意事項

　ライン上などの異物対策としてよく行われているのが「カバー」である。流通などによる監査での指導も多い。カバーには異物の防御策としての意味はあるとは思うが，反面，大きなリスクを生む場合もあることを忘れてはならない。カバーによる盲点の発生，清掃不足，カバー内での結露の発生，カバー自体の破損など，場合によってはそのリスクのほうがはるかに大きいというケースすら見受けられる。カバー設置については，本当にそこにカバーが必要なのか，別のリスクが生じないか，十分に検討することが必要と考える。

4.6　作業場の管理

　工場施設に由来する異物の混入要因としては，経年劣化に伴う壁や床材等の破損や塗装の剥がれ，鉄材のサビなどの保守不良，虫の侵入および製造不良等による虫の発生などが挙げられる。なお，防虫対策については別節で詳しく解説されているので，ここでは取り組みの考え方についてポイントを示す。

4.6.1　施設の保守管理

　床の剥がれやサビの発生など施設の経年劣化により，環境は必ず日々悪化する。特に補修期間をとることすらままならない食品工場では，常に劣化との戦いを強いられているといっても過言ではない。改善には投資が伴うことも多いため，リスクを認識されてはいてもそのまま放置され，何の手も打たれないケースも少なくない。当然ではあるが，良好な環境では許容されることも，不十分な環境下では大きなリスクとなることも多い。施設に不備があり混入リスクが認められるのならば，少しでも食材に混入しないよう，その管理を強化すべきである。計画的な投資も重要ではあるが，環境に応じ管理の方法を見直すことが最も重要であると考える。

4.6.2　防虫対策―防虫業者の有効活用

　IPM（総合的有害生物管理）の考え方は普及しつつあるが，やはり「防虫は業者任せ」をいう企業は多い。防虫業者は，防虫に関する対策（モニタリング，点検と改善提案，駆除等）の一部を委託され実行する位置付けであることを十分に認識したうえで活用する必要がある。そのためには，以下の点が重要と考える。

　●防虫業者への委託事項を明確にしておく

　　どこまでを任せるべきか，よく検討しておく必要がある。コストのかかる事項であり，コスト削減により，対策が不十分になることも十分に考えられる。委託を削減するならば，自社の負担が増えることを認識すべきである。自社（経営者）を制御するためにも，明確

```
（略）
3．専門業者への委託
  (1) 下記事項については，原則として専門業者に委託する．
    ① トラップの設置とその保守管理
    ② 捕虫状況等の定期モニタリング
    ③ 侵入・発生防止のための現場点検
    ④ 駆除（薬剤散布等）
  (2) ①保守管理および②③は，月1回を基本とする．
  (3) モニタリング，点検等の結果については，作業終了後都度報告を受ける．
（略）
```

図11　防虫業者への委託事項に関する規定文書例

に示しておくことが必要と考える（**図11**）．

● 結果報告を必ず受ける

業者の点検後，必ず報告会を設ける．報告書の提出までにはかなりの期間を要する場合が多く，その分後手に回る．点検後はできるだけ早く報告会を設け，改善策も含め，十分に討議すべきである．これにより，よくいわれる「質の低下」もある程度は防ぐことができる．

● 知識を吸収する

業者任せにせず，とにかく「質問」することである．彼らは専門家であり，その知識を吸収することが，双方のレベルアップに間違いなくつながる．

■ 文　献

1) 東京都福祉保健局健康安全部食品監視課編：平成10～24年度「食品衛生関係苦情処理集計表」．
2) 緒方一喜ほか：異物混入防止対策，中央法規，東京（2003）．
3) 佐藤邦裕ほか：人を動かす食品異物対策，サイエンスフォーラム，東京（2001）．
4) 横山理雄ほか：PL法対応 食品異物混入対策辞典，サイエンスフォーラム，東京（1995）．
5) 藤井健夫ほか：食品におけるGMP・サニテーション，シーエムシー出版，東京（2013）．

第3節　異物混入対策における総合的有害生物管理（IPM）の実際

環境生物コンサルティング・ラボ　平尾　素一

1. IPMはアメリカの農業から始まった

　IPM（Integrated Pest Management）という表現が初めて使われたのは1959年のことで，カリフォルニア大学V.H. Hagenらが，大学の紀要でIntegrated Controlという生物的防除と化学的防除を結合，統合した応用害虫管理の手段として提案したのが最初である。その後，1970年代の基礎研究，1980年代後半の実用試験の成功を経て，農業分野からスタートした。1980年代になり，都市の害虫防除にもこの考えを適用すべきとの議論が大学研究者の間で取り上げられるようになった。1980～90年代には，ゴキブリ防除に清潔環境はどうはたらくのか，殺虫剤と他の物理的手段をどう組み合わせることでより効果が出せるのかなど，20を超える論文が発表された。その頃より，ペストコントロール技術者向けのテキストや大学の講義も徐々にIPMへと切り替わっていった。防除業界ではIPMはいいことだと頭の中ではわかっているものの長年使い慣れた殺虫剤を補助的に使用するという手法になじめず，なかなかIPMに踏み切れなかった。そのようななか，1993年，当時のアメリカ環境保護庁（EPA）は連邦政府の約7,000の建物でのペストコントロールをすべてIPMで行うよう義務付けた。さらに全米11万の公立の学校の害虫管理にIPMの採用を推奨した。これらが契機となり，IPMは徐々に建物の害虫管理にも普及していった。

2. 日本の都市IPMは『建築物衛生法』の改正から始まった

　1990年代に入り，日本では人々の健康志向が急速に高まり始めた。その関心はまず，農薬や化学物質に向けられ，健康に悪影響があるのではないかと問題になり始めた。1991～92年のゴルフ場での農薬使用による水質汚染疑惑，化学物質過敏症，シックハウス症候群，環境ホルモンなど次々に問題が提起され，やがて国会でも取り上げられるようになった。これらはさらなる詳細な調査研究の結果，問題はないことが判明し，さらに法規制で一部は解決し一段落している。建物内でも害虫防除に殺虫剤を使用することから，時代の風潮を受けて平成15年に『建築物における衛生的環境の確保に関する法律』（略称，建築物衛生法）の施行規則の一部が改正され，害虫防除は「6か月以内ごとの調査とその結果に基づく措置を行う」ということになった。定期的な薬剤処理から調査結果に基づく防除という本来の姿である害虫管理に一歩近づいた決定がなされた。しかし，この改正では，調査方法が具体的に示されていないことや措置をする場合の判定基準も示されていないという問題も指摘された。2003～2005年にかけ，厚生労働科学研究による「建築物におけるねずみ・害虫等の対策に関する研究」が行われ，そ

の中で建物害虫に対するIPMが提案された。2007年には厚生労働省による「建築物環境衛生管理要領等検討会」が開催され，管理面全般に検討が加えられ，パブリックコメント後，防除に関してはIPMに基づく「建築物環境衛生維持管理要領」が示された。具体的な内容については「建築物における維持管理マニュアル」として2008年1月25日に都道府県宛て通達が出された。

その中で，建物のIPM施工法は以下のように定義された[1]。

① 生息調査法が定められていること。

単にネズミや害虫がいるかいないかだけでなく，どの程度か，その生息密度を何らかの方法で示すこと。

② 標準的な目標水準を設定し，それをもとにしかるべき措置を行うこと。

調査から得られる捕獲指数等をもとに水準を3段階に分け，それぞれに応じた措置を行うことが示された。

- ●許容水準：環境衛生上良好な状態
- ●警戒水準：放置すると今後問題になる可能性がある状態
- ●措置水準：ネズミや害虫の発生を目撃することが多く，すぐに防除作業が必要な状態

参考までに，「建築物における維持管理マニュアル」では3段階の目標水準を**表1**[1]のような捕獲指数で設定している。

③ 人や環境に配慮した方法で防除を行うこと。

特に薬剤の使用に当たっては，種類，薬量，処理法，処理区域について十分な検討を行

表1 特定建築物におけるIPMのゴキブリとハエ，コバエの維持管理水準[1]

対象生物	許容水準	警戒水準	措置水準
ゴキブリ	1. トラップによる捕獲指数が0.5未満 2. 1トラップに捕獲される数は2匹未満 3. 生きたゴキブリが目撃されない	1. トラップによる捕獲指数が0.5以上1未満 2. 1トラップに捕獲される数は2匹未満 3. 生きたゴキブリが時に目撃される	1. トラップによる捕獲指数が1以上 2. 1個のトラップに捕獲される数が2匹以上 3. 生きたゴキブリがかなり目撃される
ハエ，コバエ	1. ハエはトラップによる捕獲指数が1未満。コバエ類はトラップによる捕獲数が3匹未満 2. ハエは1トラップに捕獲される数が3匹未満。コバエ類は1トラップに捕獲される数が4匹未満 3. 生きたハエ，コバエが目撃されない	1. ハエはトラップによる捕獲指数が1以上5未満。コバエ類ではトラップによる指数が3以上5未満 2. ハエは1トラップに捕獲される数が3匹以上5匹未満。コバエ類は1トラップに捕獲される数が4匹以上10匹未満 3. 生きたハエ，コバエがわずかに目撃される	1. ハエはトラップによる捕獲指数が5以上。コバエ類はトラップによる指数が5以上 2. ハエは1トラップに捕獲される数が5匹以上。コバエ類は1トラップに捕獲される数が10匹以上 3. 生きたハエ，コバエ類が多数目撃される

ゴキブリ用の調査トラップは捕獲粘着面が8×20 cm程度のものを発生の多いところでは5 m²に1個，あまりいないところでは25〜50 m²に1個を7日間配置する

ハエ，コバエはリボントラップを使用する

い，日時，作業方法などを建物利用者に周知徹底させること．
④ 有効適切な防除法を組み合わせること．
⑤ 評価をすること．
対策の評価，IPM 導入の結果について，標準的な水準に照らし合わせて行うこと等が示された．

3. 食品工場における IPM による害虫管理

3.1 食品工場の IPM への歩み

日本の食品工場では 1980 年代の中頃から実質 IPM 的な管理手法で，ネズミ防虫管理が行われてきた．それ以前の食品工場では，病原微生物の媒介者であるネズミやゴキブリ，ハエについてはその対策が示され，保健所による指導の対象になっていた．しかし，食品工場にいる食品害虫，飛来侵入虫，内部に生息するその他の虫類については，混入すれば異物混入にはなるが，直接健康に関係しないことからその対策についての指導はなく，食品工場での防除に関する研究もほとんどなかった．

医薬品業界では，1976 年に日本もいよいよ GMP（Good Manufacturing Practice）に取り組む必要が生じ，「医薬品の製造及び品質管理に関する基準」に基づく行政指導が始まった．法のねらいの一つである異物混入防止対策でもある防虫についての対策は確たるものがなかった．筆者は 1978 年から，当時開発された粘着シート・トラップを使用し，虫混入が問題となる各種工場で混入防止対策立案のための調査を行っていた．その手法を利用し，国内の多数の医薬品工場内で昆虫類の調査を行ってきたが，その結果を 1980 年の「第 3 回医薬品の製造と品質管理シンポジウム」（(財)日本科学技術連盟，(社)日本薬剤師会共催）で発表，併せてその防止対策についても提案し，好評を得た．

その方法は建物内部の床面で活動する昆虫類に対し粘着トラップを設置して捕獲，飛行する昆虫類に対してはリボントラップを吊り下げ捕獲するというもので，1 週間後に回収し，捕獲された虫類を科レベルまで調べた．ライトトラップを設置しているところではその捕獲数も参考にした．トラップで捕獲された昆虫類をその発生源，行動様式，生息条件などをもとに以下の五つに分類し，図 1[2] のように示した．

① 内部に生息し，そこで世代を繰り返す昆虫類（ルート 1）
② 建物外周の緑地で発生し，ドアの隙間から歩行侵入する虫類（ルート 2）
③ 工場の排水系から発生する昆虫類（ルート 3）
④ 飛来侵入する昆虫類（ルート 4）
⑤ 外部から資材等とともに持ち込まれる昆虫類（ルート 5）

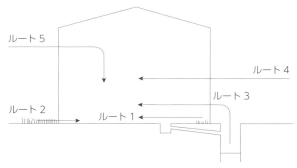

図 1 工場への虫の侵入ルート[2]

⑤は存在することは予想が付くけれども，実際にどの虫がそれに相当するかの判定は事実上困難であるため，侵入するルートとして考えられるのは②，③，④となり，内部生息性の①と合わせ4ルートとした。

各トラップに捕獲された虫の数を1日1トラップ当たりの指数（捕獲指数）で表すことにより，どの程度の防虫レベルにあるか，どこまで下げることができるかなど，管理水準設定や重点対策箇所の指摘が可能となった。その後，この手法が数多くのセミナーや出版物で紹介され，今日では多くの食品工場での防虫対策のスタンダードになっている。

『食品衛生法』では人の健康を損なう異物が混入していた場合は回収命令が出ることになっており，ハエ，ゴキブリといった衛生害虫，ネズミおよびそのフンや毛などがそれに該当するとされている。一般の虫類は健康を損なうものではなく，単に不快だけの異物であるが，今日では多くの場合，自主回収につながっている。そういう意味では食品取扱施設ではすべての虫類を防除の対策とする必要性がある。

建物内のトラップ等による調査で施設内の問題箇所を把握し，捕獲された虫類の捕獲指数をもとに管理目標を定める手法は，［2.］のIPMの①と②を満たすものである。③や④の，人や環境に配慮した様々な手法を組み合わせることにも相当する。ルート2と4は主に物理的な対策になる。ルート1では食糧源となる食品残渣の除去が主なる対策で，やむを得ない場合のみ殺虫剤を限定的に使用している。かつては夜間定期的に殺虫剤を噴霧する工法もあったが，今では考えられない方法である。特に2006年に施行された「ポジティブリスト制度」以来，製品への薬剤汚染の危険性をなくすため，製造施設内での殺虫剤の使用はあまり行われなくなった。

2007年に，期限切れの原料使用に端を発した某メーカーの不祥事発生の際，事件の解決策の一つとしてアメリカで広く普及しているAIB（アメリカ製パン研究所）の国際検査統合基準が㈳日本パン技術研究所により日本にも導入された。徹底した施設内の清掃により食品残渣のないようにすることが大きな特徴の一つであった。清掃による食品残渣の徹底除去は日本の食品工場では画期的な出来事であったと筆者は考えている。

ルート3の対策は主に排水溝の清掃であるが，場合によれば，昆虫成長制御剤（Insect Growth Regulator；IGR）などを使用することもある。ルート5は主に資材，原料メーカーに対する防虫対策の依頼事項となる。［2.］の⑤の検証は，多くは年数回の防虫会議で検討されPDCAサイクルの向上に役立っている。

従来，食品取扱施設の衛生管理は，「食品等事業者が実施すべき管理運営基準に関する指針」で運営されてきたが，そこでは「年2回以上，そ族及び昆虫の駆除作業を実施し，その実施記録を1年間保管すること」のみ定められていた。それが，平成26年5月12日に従来法とHACCP的管理との二者択一に改正され，多くの県，政令指定都市では平成27年4月1日から実施されている。その防鼠防虫管理は，従来の方法を選ぶか，「建築物において考えられる有効かつ適切な技術の組み合わせ及びそ族および昆虫の生息調査結果を踏まえ対策を講ずる等により確実にその目的が達成できる方法であれば，その施設の状況に応じた方法，頻度で実施することとしても差し支えない」と追加された。

3.2 食品工場における昆虫調査法
3.2.1 昆虫相調査

虫混入によるクレームをなくすために，工場内の虫の数を減少させ，混入問題の発生しないレベルにまで引き下げるには，「どこにどんな虫がどれくらいいるか」「それは内部で生息するものか，どこから侵入したものか」「全体の生息レベルはどれくらいか」などを知らなくてはならない。そのためには一定の手法で調査をすることが必要となるが，施設内の微生物汚染レベルを測定するような公認調査法は虫類については見当たらない。筆者は1967年よりこのような調査を数百の工場で行ってきた。いろいろな手段を試みたが，実用的な方法として床面およびその付近で活動する虫を捕獲するため粘着トラップを利用した。室内のドア付近，壁際ラインに沿って5～10mおきに，暗く通風のよくないところ，配電盤のような閉じられた空間，配管など外部と通じているところなど，虫の活動しそうなところに配置した。リボントラップは室内のドア付近の内側，換気孔の内側などに吊り下げた。1週間後すべてのトラップを回収し，捕獲虫を検定し，推定侵入ルートにより分類し，1日1トラップ当たりの捕獲数も算出した（捕獲指数）。これらのデータと，異物トラブル数とを勘案し，工場の防虫計画立案の参考とした。どの程度まで下げれば混入が起こらないかの基準は，理論的には0匹であるが，実際には不可能である。製造している食品の種類，混入の可能性のある工程の面積や露出度等々，複雑な要因が絡んでいる。飲料関係では密閉系で生産され，フィルター，パイプ等で移動するため，虫混入は極めて少ない。しかし，加熱後の放冷工程の多いところでは飛来虫の落下混入の可能性は高くなる。このように施設ごと違いのあるなかで基準を定めることは困難である。そこで，まず春から秋にかけ3回（1回7日間），トラップを一定数設置し捕獲数を調べる。これを通常「昆虫相調査」と呼び，1トラップの平均捕虫数をもとに相対的な捕虫指数を算出し，年間の製品への虫混入発見数と比較して目標値を定め，調査結果を参考に建物の改修を加えさらに侵入を減少させ，満足すべき防虫レベルを維持することが望ましい。

3.2.2 モニタリング調査

昆虫相調査で設置したトラップのうち，捕獲が多かったところ，製品への混入につながりそうな箇所，侵入を常に監視したいところなどに，トラップを通年設置し，定期的に回収，捕獲数と問題害虫（例えばゴキブリ）の捕獲などをモニタリングし，問題があれば，直ちに必要な対策をとる。通常最初の昆虫相調査の1/3～1/5程度のトラップ数を使用する。

3.3 ルートごとの対策
3.3.1 ルート1：内部で生息する昆虫類

内部に生息し，そこで繁殖，世代を繰り返している昆虫類は製品への混入の可能性は高く，駆除の必要性も高い。主なものはゴキブリ類，各種食品害虫類，チャタテムシ類である。床置きタイプの粘着トラップで多くの種類は捕獲できるため，モニター用に通年設置されている。ゴキブリでは通常，トラップを7日間あちこちに設置し，調査している。食品害虫は穀物を取り扱う工場では必ずといっていいほど発生している。製造機械類から飛び散った穀物粉が，床面，機械内部，作業台の下，設備内部，壁の鉄骨，配管パイプ，窓枠，照明器具の上などに溜

まり，これが食品害虫の発生源となっている。

ここから発生した成虫は，再びこの残渣に産卵するので生息数は増加していく。小指の先位の粉の塊から数十匹のタバコシバンムシが発生した例がある。工場では日常的に清掃は行われているが，食品屑が目に付くところだけの清掃が多く，目に付かないところに溜まった残渣はそのままになっていることが多い。清掃回数は，その粉末の堆積度合いにより決定されるが，その清掃間隔は，

- 毎日の清掃（House Keeping）
- 昆虫のライフサイクルに合わせた清掃（Periodic Cleaning，通常月1回）
- 1年1回のアクセス困難な箇所の大清掃（Deep Cleaning）

と分けられ，場所に合わせたクリーニング計画を作成し，実行することが必要である。

食品害虫については，メイガ科マダラメイガ類，タバコシバンムシ，ジンサンシバンムシ，コクゾウムシ，キマダラカツオブシムシ，ヒメカツオブシムシ，ヒメマルカツオブシムシ，コクヌストモドキなどにはフェロモントラップがあり，発生のモニタートラップとして現在では広く使用されている。

これら内部生息性の昆虫類に対する防除対策には，

① 発生源の年間計画に基づく定期的なクリーニング
② クリーニング後の問題箇所への薬剤のスポット処理，ゴキブリベイト剤の処理

がある。

3.3.2 ルート2：外周から歩行侵入する虫類

建物外周緑地から歩行侵入する虫で，主なものは**表2**に示した。侵入経路は主としてドア，シャッター，鉄扉の下の隙間である。ドアの下には数mmの隙間があり，体の厚みが5mmまでの昆虫や小さい生き物にとっては十分な出入り口になる。エアカーテンなどの防虫装置も役立たないことが多い。侵入する虫の多くは夜間活動性で，昼間は周辺の工場緑地に潜伏しているが，夜になると活動し，一部は建物内に侵入する。特に気温の急激な変化や乾燥時に侵入することが多い。対策としては，外周緑地に接するドアの下の隙間をなくすことで，パッキン，パイル，ブラシなどが使用されている。外周の廃材，古い機材などを除去し，周辺整備も行う。できれば緑地は建物から5m以上離して設置することが望ましい。これができない場合は，建物周りの緑地に一定幅で定期的に地中に殺虫剤を散布することもある。

表2 歩行侵入する虫類

綱	目	科
昆虫綱	バッタ目	コオロギ科，カマドウマ科，ケラ科
	ハサミムシ目	ハサミムシ科
	コウチュウ目	ゴミムシ科
ヤスデ綱	オビヤスデ目	ヤケヤスデ科
甲殻綱	ワラジムシ目	ワラジムシ科，ダンゴムシ科
ムカデ綱	ゲジ目	ゲジ科

3.3.3 ルート3：工場の排水系から発生する昆虫類

工場内の排水路，排水溝，浄化槽などから発生するチョウバエ類が主なものであるが，排水

路の乾燥度合いにより，ノミバエ類，クロコバエ類なども発生することがある。

特にチョウバエは多くの食品工場で捕獲上位を占めている。汚泥の上に少し水が溜まったようなところ（5 mm 程度）に幼虫が生息し，成虫となって室内を飛び回る。食品に混入しても虫体が軟らかいので崩れて何かわからなくなるが，白い豆腐やクリームなどに混入した場合はクレームになりやすい。

発生源が不潔なところだけに防除の必要性は高い。対策としては，
- 開渠になった溝では，デッキブラシなどを使用し，汚泥を洗い流す
- 暗渠になった溝では，IGR を流し駆除する。縦型の配管や複雑な配管では IGR を起泡剤で泡状にして流し込む

などが挙げられる。

3.3.4 ルート4：飛来侵入する昆虫類

建物に飛来した虫は，ドアの開閉，開口部，建物隙間などから侵入する。建物内で捕獲される虫の大部分はこのルート4の虫が大部分を占めている。夜間灯火を求めて飛来するもの，昼間，においなどに誘引されてやってくる虫もいるが，圧倒的に夜間に飛来するものが多い。**表3**に主な誘引源とそれに集まる虫の種類を示した。これらの主な発生源は雑草地，工場緑地，水田，森林，畑，河川，池などである。しかし，発生源を除去したり，殺虫剤を処理したりすることはできないため，対策としては建物自体の遮断性を上げること以外にない。そのためには次の三つのステップで侵入を防止することである。

(1) 建物になるべく近づけない
(2) 近づいても入れない
(3) 入ったものは早急に捕獲か駆除する

(1) 建物になるべく近づけないために

においに誘引されて侵入するものがいる。生産に関係する溶剤臭，アルコール臭，エステル臭などに誘引される種類がいる。しかし，このにおいをなくして誘引を防ぐことは工場を操業するうえで実際上不可能である。一方，光に誘引される昆虫類を減少させることは可能である。その方策は，
- 黄色系の照明を外周や出入り口に使用する

表3 飛来侵入する虫とその誘引源

誘引源	主な昆虫類
においに誘引 （食品，溶剤，エステル類）	クロバエ，イエバエ，ヒメイエバエ，オオイエバエ，ショウジョウバエ，キノコバエ類，キンバエ類，ニクバエ類，ハマベバエ類，ミズアブ類
照明，灯火	ヨコバイ類，ウンカ類，ナガカメムシ，トビケラ類，ヤガ類，スズメガ類，シャクガ類，メイガ類，ゴミムシ類，ハネカクシ類，コガネムシ類，アリ類の有翅虫，クロバネキノコバエ，ガガンボ類，ニセケバエ類，タマバエ類，ノミバエ類，ユスリカ類
その他	チャタテムシ類，アザミウマ，コバチ類，キノコバエ類

- 外部の照明は極力少なくし誘引を防ぐ
- 内部から出る光は窓で遮断し外に漏れないようにする

などである。図2に昆虫と人間の光に対する反応曲線を示した。夜行性昆虫が最もよく見える波長域は365 nmをピークとするが、人間がよく見える波長域560 nm付近では、昆虫類は反応しない。この領域の光は黄色系の照明であり、純黄色系蛍光灯、スーパーナトリウム灯、高圧ナトリウム灯がこれに相当する。純黄色のもとでは製品の色の判定が困難なため、建物内部では使用できないが、外部の光源を黄色系に切り替えるとよい。

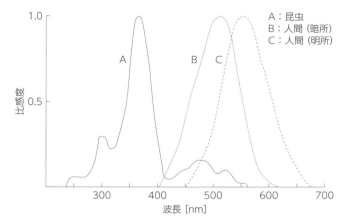

図2 波長と昆虫の感応度[3]

(2) 建物に近づいても入れないために

虫の侵入数は建物の立地条件、開口度合い、人の出入り回数、レイアウトなどによって左右される。一般に侵入箇所としては、出入り口、シャッター、鉄扉、非常口、ドアのガラリ、窓サッシの隙間、排水溝、排気口、配管パイプと壁の隙間などである。見たところ隙間がないようでも1〜5 mmの隙間は存在し、ここから侵入することが多い。

まず外壁隙間を探し、コーキングシーラント充填、発泡ウレタンの吹付、ゴムパッキンなどを取り付ける。次に出入り口である。昆虫相調査の結果を参考にし、使用頻度の少ないドアは非常用とし、出入りを制限する。人の使用する出入り口は二重ドアか前室を設置する。資材や製品の搬入搬出口は高速シャッターや前室化が望ましい。出入り口付近の照明は黄色系の照明とする。

(3) 入ったものは早急に捕獲か駆除する

建物内に侵入した虫は製品に混入する可能性が高いだけに、できるだけ早く駆除しなくてはならない。侵入した虫の中でもユスリカやチョウバエのように1〜2日しか生きられないものから、ウンカ、ヨコバイのように5〜7日生きるもの、甲虫やチャタテムシのように数カ月生きているものなど様々である。いずれにせよできるだけ早く駆除することが必要である。夜間飛来侵入する虫は走光性の昆虫が多く、ライトトラップに誘引される。

そのため、入り口付近で捕獲し、さらに廊下で捕獲、製造場の入り口付近で捕獲するといったディフェンスラインを形成するような設置の仕方が望ましい。ライトトラップで捕獲された虫は貴重な防虫のための情報となる。捕獲された虫の種類、頭数を一定期間ごとに調べることにより、いつ頃に多いのか、侵入路の推定などに役立つ。

前室がある場合、そこにピレスロイド剤の自動噴霧装置や蒸散剤等を取り付け、侵入したものを駆除する方法もある。

3.3.5 ルート5：外部から持ち込まれる昆虫類

工場に持ち込まれる資材，原料，運送資材（パレット，コンテナ，スキットなど）や人などにより工場内に虫が持ち込まれることがある。表4に主な資材と可能性のある虫類を示した。問題となるのは木製パレットで，コンクリートの床に置くと，周りに活動するチャタテムシなどがより住み心地のよい木製パレットに集まってくる。また，あちこちを巡回し，たっぷりと虫を含んだ木製パレットが工場に戻ってくることもある。もう一つは段ボールで，コルゲートの中ではチャタテムシが，湿度条件が合うと突然大発生し，段ボールから出て製品の上を歩行することがある。そうなるとその倉庫のものはすべて出荷一時停止ということになる。対策としては，入荷時に社内専用パレットに積み替え，外部から持ち込まれたものは直接工場内に入れないことである。納入業者には，自社と同程度の防虫対策を採用するよう依頼することも大切である。

表4　持ち込まれる可能性のある虫類

材料		虫類
資材	段ボール	チャタテムシ，シミ，食品害虫の蛹
	パレット	チャタテムシ，シミ，食品害虫，ヒメマキムシ，クモ
	容器類	クモ，チャタテムシ
食品原料	砂糖	サトウダニ，ノコギリヒラタムシ，シミ，コクヌストモドキ
	乳糖	コチャタテ，ノシメマダラメイガ，ノコギリヒラタムシ
	豆類	ノコギリヒラタムシ，コクヌストモドキ，タバコシバンムシ，アズキゾウムシ，ノシメマダラメイガ，スジマダラメイガ
	乾燥野菜	コクヌストモドキ，ノコギリヒラタムシ，ジンサンシバンムシ，ノシメマダラメイガ

4. 防虫管理の検証

検証とは防虫管理が計画に従って行われたか，計画に変更すべき点はないか，修正が必要かなどを判定するために行われる。通常，「各種データの点検」「防虫効果の確認」「モニタリング方法の適切度の確認（頻度，ポイント，担当者）」「社内発見異物と消費者からの苦情データとの照合」「防虫管理の全体的な見直し」などが防虫委員会の形式で年数回開催され，必要に応じ計画が変更される。PDCAサイクルを正しく回し，年々防虫管理レベルを高めることが必要である。

■文　献

1) 建築物環境衛生維持管理要領等検討委員会：建築物における維持管理マニュアル，厚生労働省（2008）．
2) 平尾素一：医薬品工場における防虫対策の実際，第3回医薬品の製造と品質管理シンポジウム抄録，29-32 (1980)．
3) 緒方一喜ほか編：最新の異物混入防止技術，265-299，フジテクノシステム，東京 (2000)．

第1章 リスク管理とその実際

第4節　食品製造工場におけるリスク管理の実践と現場教育

株式会社日本能率協会コンサルティング　廣田　正人

1. はじめに

　食の安全および安心はわれわれの生活において欠くことのできないものであり，サプライチェーン全体を通じた保証が求められている。なかでも食品工場は，安全および安心を保証するための中核であり，多くの工場が安全および品質に関する様々な仕組みを構築してきた。ハード面では製造設備の衛生設計や洗浄システムの高度化，検査機器の機能向上，ソフト面ではHACCPやISO22000，FSSC22000といったマネジメントシステムの導入に代表される。
　一方，安全および安心にかかわる大小様々な事故は途絶えることもなく，表示や規格の不適合，異物混入などによる製品の回収は後を絶たない（㈱農林水産消費安全技術センターの統計をみても，食品の自主回収は2014年度1,000件を超える水準となっている）[1]。また昨今では，製品への意図的な異物混入や薬物汚染などフードディフェンスといった観点での対応が求められるケースも目立ち始めている。安全および安心を損なう事故は様々な情報メディアを通じて社会の隅々まで伝播し，事故対応の不備や消費者への説明不足は企業に大きなダメージを与える結果ともなっている。
　食品工場において安全や品質維持を確実なものとするための基本的な考え方は「未然防止」にある。クレームや工程内の品質トラブルに対する，「結果の後追い的」な対応から脱却し，未然防止型の管理体制を実現するためには，「リスク管理の仕組みづくりと現場での実践」を欠かすことができない。本稿では食の安全と品質にかかわるリスクの考え方を整理し，そのうえで，「リスク管理の実践と現場教育の在り方」について論じたい。

2. 食品製造工場におけるリスクのとらえ方

2.1 対象とするリスク

　本稿では，食品の安全や品質を損なうリスクを対象に考える。例えば，製品への異物混入や微生物汚染，化学物質汚染，外観や形状の規格逸脱，表示違いといった事象をリスクとしてとらえるが，その発生を大別すれば，以下のように偶発的なリスクと，意図的なリスクに分けることができる。
　① 偶発的に安全や品質を損なうリスク（フードセーフティの領域）
　② 意図的に安全や品質を阻害するリスク（フードディフェンスの領域）
　食品工場はこれら二つの観点からリス管理を進めることが期待されており，まさに複雑化する昨今の社会情勢に対応すべき両輪というべきものである。

以下,発生件数が圧倒的に多い偶発的なリスクを対象にリスク管理の在り方を述べる。なお,リスクという用語は,「目的に対する不確かさの影響(ISO31000:2009, ISO Guide 73:2009)[2)3)]と定義されるが,本稿では必要に応じ,リスク事象,リスク要因という用語を以下の意味合いとして使用する(その他基本的な用語はリスクの定義も含め ISO Guide 73:2009[3)]に従う)。

- リスク事象:製品の安全と品質を損なう事象をいう
- リスク要因:リスク事象を発生させる要因をいう

2.2 安全や品質を損なうリスクの具体例

安全や品質を損なうリスクは,製品のあるべき品質(製品が備えるべき安全および品質特性)を損なうものであり,実に多くの事象が存在する。

工場のリスクをとらえる勘どころの一つは,リスク事象をいかに網羅的に抽出するかという点であろう。リスクはやみくもに抽出するのではなく,[3.]に述べるリスクアセスメントの一環として体系的に特定する必要がある。その入り口として,製品のあるべき品質状態を明確にし,その状態を損なう事象をリスクとして挙げること,過去のトラブル事例を振り返り,類似の事象を推定すること,今は起こっていないが,もし,工程の管理状態が現状のままであれば発生するかもしれない不具合事象を検討すること,さらに,工程内の作業や各種の製造条件が変化する場合に想定される不具合事象を取り上げることなど,「網羅化」が基本である。

ある加工食品工場の例では,上記のような観点からリスク事象を抽出したところ,外観系(箱破損,汚れ,印刷不良など),物理系(重量過不足,中身違い,シール不良,異物混入,内容物変形など),疫学や化学系(微生物汚染,化学物質汚染など),および表示違いなど,100件以上のリスク事象が上がった。これら事象の代表例を大きく五つの領域に分けて分類したものが図1である。

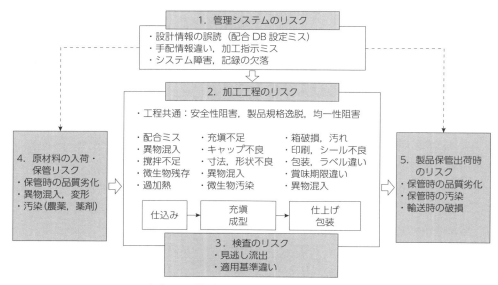

図1 安全や品質を損なうリスク(五つのリスク領域)

2.3 現場の日常作業におけるリスク管理の必要性

多くの食品工場では既にISO22000やFSSC22000の導入を行い，HACCPに即した安全管理を推進していよう。しかし図1に示すようなリスク事象はHACCP的な方法論のみで撲滅できるものではなく，むしろHACCPの土台としての一般衛生管理や工程の4M（Man, Machine, Material, Method）管理がしっかりと行われその管理のなかに日常的なリスク管理をビルドインすることで実現できると考えている。

図2では食品工場の現場展開が期待される様々な活動とその狙いを階層構造として示すが，本稿では，この階層における「品質リスク管理」に焦点を当てその進め方を解説する。ここでいう品質リスク管理の特徴は工程ごとの仕上がり品の品質を定義し，その状態を損なう事象をリスクとして丁寧に洗い出し，安全や品質を阻害するリスクを工程単位で撲滅するという思考に基づいている。これを「自工程完結」と呼ぶが，例えば，図3に例示するような練り物系の食品であれば「原料処理－混練－成形－焼き－包装－箱詰め」に至るそれぞれの工程が自工程完結を実現し，その工程が連鎖することによって最終製品までの一貫したリスク管理を行い，未然防止型の安全および品質管理体制をより確実なものにしようという考え方である。

この自工程完結を維持するためには現場が日常作業のなかで日々変化する状況に対応していかねばならない。製造現場では新製品が投入され，設備が更新され，製造条件も変化し，新人が入るなど，常に4Mの変化が起こっている。これらの変化

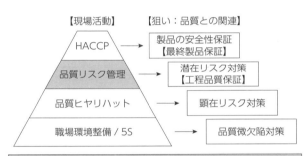

図2　安全や品質にかかわる活動

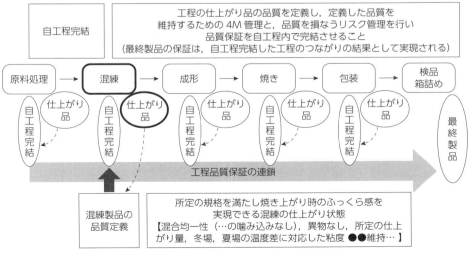

図3　自工程完結による工程品質保証

に潜む安全や品質面のリスクを未然に押さえ込むためには現場に根付いたリスク管理が期待される。

このような観点から，食品工場において未然防止型の管理体制をより強固にするためのポイントは，いかに日常的にリスク管理ができるか否か，という点にある。

3. 品質リスク管理の進め方

3.1 リスクアセスメントの実施

［2.］で述べた品質リスク管理を行うためには，入り口としてリスクを抽出および評価するためのリスクアセスメントを実施する必要がある。リスクアセスメントを展開する基本はISO31000にも記載されているが，品質リスク管理では自工程完結に向けたアセスメントを行うため，その進め方には工程ごとに仕上がり品の品質を定義してリスク評価を行うという特徴がある。

(1) 実施準備
- リスクアセスメントチームの編成と活動目的の共有化
- 対象工程範囲の決定と関連資料（レイアウト図，QC工程表，手順書類，危害分析表等）の準備
- 過去のトラブル記録等の振り返り（顕在化したリスク事象の洗い出し）

(2) 工程ごとの仕上がり品の品質定義
- 工程ごとの仕上がり品の特定とその品質定義
- 「工程品質チャート（詳細は［5.2.1］参照）」の作成

(3) リスク事象の洗い出し
- 過去トラブルの振り返り（発生箇所の現場確認）
- 潜在リスクの洗い出し（現在は発生していないが，定義した仕上がり品の品質を損なう可能性のあるリスク事象を抽出する。抽出に際しては現場の実態を確認しつつ，What-If分析（詳細は［5.2.2］参照）を行う。作業方法や順序の適切性や加工条件の妥当性，管理基準の逸脱可能性など，仕上がり品の品質に関連する要件を一つひとつの品質特性と紐付けて丁寧に確認する

(4) リスクの要因検討と評価
- リスク事象の発生要因検討とリスクアセスメントシートの作成（例，**図4**）
- リスクの定量評価〔例えば，RPN (Risk Priority Number) というような算定を行うことが一般的である〕
  RPN例＝「発生可能性（5段階）」×「被害の大きさ（5段階）」
  （5段階の場合，リスク最大値は，$5 \times 5 = 25$）

(5) リスク対策の検討
- 評価結果に従った対策の重点見極めと，対策計画の策定および実施（重点はRPNで判断）
- 対策結果でどの程度リスクが低減したかの再評価（対策後のRPNが許容範囲内に収まることを確認する）

第1章 リスク管理とその実際

No.	リスク事象	過去の発生の有無	由来層別					リスク要因（直接要因）	事象の発生可能性					影響度					RPN指標	対策の方向		対策決定実行計画	対策結果の確認
				人作業	設備	材料	環境	方法		日常的に発生	度々の発生	中程度	稀に発生	ごく稀に発生	甚大な影響	大きな影響	中程度	軽い影響	影響はほぼなし		ハード	ソフト		
										5	4	3	2	1	5	4	3	2	1					
1	外形不良（キズ,汚れ；単袋）	有	○			△		保管,マテハン※1時の扱い不備				●					●		4				
2	印字かすれ	有		○				印字プリンターノズル不良				●				●			6				
3	テストピース混入	無	○					テストピース保管不備※2			●					●			9				
3	包装フィルム剥がれ	有		○				フィルムセット不備			●						●		6				
					○			シール温度低下					●				●		2				
4	異物（毛髪）混入	有				○		作業前の除去不備,防止のかぶり方不備			●						●		6				
5	…																						

※1 マテリアルハンドリング
※2 現在のテストピースは作業時の保管位置があいまいで金属検知機上に置かれることもあり，落下した場合，最悪製品に混入する

出典：当社内研究会資料

図4 リスクアセスメントシート

3.2 現場日常管理（自工程完結）としての定着化

［3.1（1）～（5）］の展開によりリスクアセスメントは終了するが，その後，現場で発生する様々な4M変化に対応するために，リスク管理を現場の日常作業に組み込むことが必要である。そのためには，工程ごとにリスク管理ができるよう，定義した仕上がり品の品質を維持するために必要な作業条件や製造条件を維持すること，また，リスクを「見える化」し常にリスクを認知できるようするためリスクマップを作成することが期待される。リスクマップは，新たに特定したリスク事象や対策が完了していないリスク事象を工程レイアウト上にプロットしたものであり，このマップを日常的に確認し現場作業を進めることでリスクに対する日常管理の定着化を図るものである。

4. 食品製造工場におけるリスク管理の実践

4.1 リスク管理の向上を目指す現場改善活動

食品製造企業S社は練り物系の加工食品を扱い国内2工場で生産を行っている中堅企業である。その工場ではかねてより「品質に強い現場作り」を念頭に改善活動を進めてきた。活動

表 1　品質保証機能の 5 段階成熟度レベル

レベル	名称	成熟度状態（機能イメージ）
5	最適化	品質が工場運営の根幹と見なされ常に次世代品質を議論している状態 （従業員個人の行動が，品質重視の行動指針のもとに実行されている。原材料から消費まで一貫して安全および品質管理された製品が，顧客への品質啓蒙も意識して提供され，工場はその中核として機能している）
4	未然防止	リスクが特定され安全および品質不具合が未然に察知され防御されている状態 （製品品質/プロセス品質ともに，品質リスクとしての視点が定着しており，結果からさかのぼる解析ではなく，予測する活動と対策を実施できる。リスクの評価は未経験領域についても実行されている）
3	再発防止	安全および品質のマネジメントシステムが確立し PDCA が回っている状態 （ISO 規格等のマネジメントシステムに準拠した PDCA のサイクルがしっかり回っている。品質不具合やトラブルに対し源流段階（開発および設計）からの改善が検討され現場 4M 管理の確実化と不具合に対する確実な再発防止が機能している）
2	結果対処	安全および品質の管理機能/ルールは整備されているが部分的な状態 （クレーム，工程不良に関する再発防止は検討されるが，個別対応にとどまっている。源流段階での対策や，4M の管理状態にかかわる議論が少ない。取り扱われる不具合は大きな問題が中心である）
1	不確実	過去の経験や成り行きを拠り所とした状態 （クレーム対応は行うが，現象対処型で要因追究が不十分なため同じトラブルが再発している。問題解決に向けた管理体制が乏しく，何とかしなければならないという意識はあるが，具体的行動は乏しい）

出典：当社内研究会資料

の拠り所として**表 1** に示すような工場の品質保証機能に関する 5 段階成熟度評価を導入し，2 年間で未然防止のレベル 4 を達成しようというものである。品質に強い現場とは「トラブルの未然防止が管理されていること」という認識に立ち，製造現場が主体となって「品質リスクの撲滅活動」を進めてきた。その活動の一端を以下に述べる。

4.1.1　工場一丸となり自工程完結を目指す活動

S 社は既に ISO22000 の認証を取得しており HACCP も 10 年以上の運用実績を有している。食品安全という観点では確実な管理体制を構築しているが，現場では設備の数分程度の停止（いわゆるチョコ停）や製品の品質不良がしばしば再発し，市場クレームも異物混入など払拭しきれていなかった。現場としても再発防止という観点から是正活動や教育を展開してきたが，潜在的な品質リスクにメスを入れる体系的な活動は不十分であり，外部機関で診断された品質保証の 5 段階レベルでも 2.5 というレベルであった。そこで改めて現場が主体となった品質リスクの撲滅活動を主体に，未然防止型の管理体制実現に向け，工場一丸となった活動を開始した。

活動の特徴は HACCP の土台として自工程完結の機能をビルドインするものであり，そのために「原料処理－混練－成形－焼き－包装」といった工程ごとにその仕上がり品の品質状態を改めて定義したことである。品質の定義ができなければ，その品質を損なうリスクも特定できないという発想に基づいており，例えば，「混練の工程」では仕上がり品の品質を「混合物の均一性，異物なし，所定の仕上がり量，粘度…」といった複数の項目で定義している。そのう

えで定義した品質を損なうリスク事象は何か？　過去のトラブルや現場作業上の問題はないか？　といった確認を行いつつリスクの洗い出しを行った。その結果，工程全体で約200件近くのリスク事象を特定し，さらに，これらの事象を層別し，要因を追究し，対策の優先度を付けて体系的にリスクの撲滅を展開したことで，品質トラブルの発生を1年間で半分以下に抑え込むことが可能となった。

4.1.2　品質リスクを撲滅する活動

　S社の活動において品質リスクを撲滅するために効果を発揮した具体例を述べれば，大きく以下の三つの事項に要約される。

(1) 根拠のあいまいさを払拭する

　品質リスク撲滅に効果を発揮した一つ目の活動は，「根拠があいまいなところにリスクあり」を合言葉に，現場が一丸となって，製造条件や作業手順，現場内の点検項目や方法等について見直したことである。その進め方は決して難しいものではなく，QC工程表と基準書および手順書に沿って，「なぜ」の問いかけを徹底して行うものであった。「なぜその温度なのか，なぜその時間なのか，なぜその投入順序なのか，なぜその洗浄方法なのか，なぜその点検項目および頻度なのか…」。この，なぜが明確にならず，昔からやっていたからとか前任者から引き継いだからといった事項を見直し，潜在化したリスクを洗い出そうというものである。品質に強い現場とは，作業担当者や責任者が，上記のような「なぜ」に答えられることであり，「なぜ」に答えるためには，管理基準や手順の妥当性が確認されていなければならないという思考に基づいている。

　バリデーションは妥当性確認と訳されるが，これは様々な管理基準や条件値が，客観的証拠（科学的データや根拠）をもって設定されたことを確認することであり，ISO22000でも要求事項として組み込まれている[4]。S社の活動との兼ね合いでいえば，バリデートされていない基準や条件値にリスクが潜むという考え方であり，これを「根拠があいまいなところにリスクあり」という表現でわかりやすく現場展開していったものである。このような活動を実践することで「定義した仕上がり品の品質」を自工程で作り込むための諸条件について，あいまいさ，不安定さを払拭することが実現できたと考えている。

(2) 4M変化点を管理する

　品質リスク撲滅に効果を発揮した二つ目の活動は，現場の変化点管理を徹底して見直したことである。リスクは現場の4M変化点にあるといっても過言ではなく，その管理の手薄さは品質トラブルの発生に直結することになる。S社でも「変化があるからリスクがある」という認識のもと，今まで部門ごとに経験的な取り組みであった4M変化点管理を，工場全体の統一的な活動となるよう見直した。その進め方としては，以下のとおりである。

- 変化点の棚卸しと層別（現場にどのような4Mの変化点があるか，現場担当者による洗い出し）
- 変化点に対するリスク評価（What-If分析等によるリスクの見極め）
- 変化点の管理方法の一貫した整備（チェックリストの整備，変化点前後の現場確認要領等工場としての統一化）

工程	4M 変化点内容		責任者コメント※1	
混練	● 4M 区分：人 ● 変更前　作業者：3名体制 ● 変更後　作業者：4名体制 　　　　　　　　（新人増員：1名）		● 変更実施日時：　20××年10月15日（1カ月間フォロー） ● 変更結果：　職場長の1カ月間の判定結果を確認した新人，Gさんの作業遂行は問題なしと判断する 　　　　　　　（次回工程点検の際に状況をフォローする）	

4M		チェック内容	合格判定	合格のエビデンス※2	判定者氏名：（以下コメント）
原材料 (Material)	品質				
	量対応				
作業者 (Man)	スキル				
		作業手順を理解したか？	○	手順書きと実地作業確認	小型混練機作業にて確認
		品質・安全の管理ポイントを理解したか？	○	〃	準備・洗浄作業も含めて確認OK
		技量は十分か？	○	指導社員確認，同上	大型については今後指導
	健康				
		健康への負担は発生していないか？	○	本人ヒアリング	勤怠も問題ないことを確認
	意識				
		食品安全の意識をもって行動しているか？	○	指導社員ヒアリング	
方法 (Method)	手順				
		手順の変更は必要ないか？	○	14年8月小型混練機手順	指導社員が実地指導しておりOK
		手順書きは改訂されているか？	○	〃	最新版であることを確認
		安全な手順が維持されているか？	○	実地確認	問題なし
		品質は維持されているか？	○	指導社員確認	問題なし
	効率		—	〃	現在は安全重視のため効率は勘案せず
	環境				
設備・治具	性能				
	衛生・安全				
	メンテナンス				

※1　変化点の判定者に加え責任者の確認コメントを残す
※2　単なる合否判定ではなく，なぜ合格したかのエビデンスを記載する

図5　4M変化点チェック表（事後フォロー版）

　最終的には変化点管理を日常の定常業務として行えるレベルまで徹底した。その例として，変化点のチェックリストでいえば，事前と事後のチェックを行うとともに，チェックは，レ点のチェックではなく，変化が工程内でどのような状態か，その確認の「エビデンス（証拠）」を残し，リスクが確かに防御されたことを明確にしようというレベルまで高めたことである（事後チェックリスト例，図5）。

　このような記録を残すことで，トラブル発生時の振り返りを容易にし，さらにリスク管理を徹底するためのノウハウとして蓄積されることで，品質に強い現場の実現につながると考えている。

(3) 品質リスクを見える化しリスク管理を日常化する

　品質リスク撲滅につながる三つ目の活動は，品質リスクを見える化し，日常管理に落とし込んだことである。見える化の手法としては品質リスクマップを活用した。リスクマップにはい

第1章 リスク管理とその実際

工程：混練	品質定義	所定の規格を満足し，焼き上がり時のふっくら感を維持できる混練製品 【混合物の均一性，異物なし，所定の仕上がり量，粘度…】					
工程レイアウト		リスク事象	潜在	顕在	層別	リスク要因	対策の方向性
原料保管 計量② 計量② 制御盤④ ① ③ ④ ⑤ ⑤ 制御盤④		① パウダー（少量補助剤）の投入漏れ	●			段取りと投入にシフトにシフトのズレが発生した場合は…	
		② 自動計量機の設定値間違い		●		風袋の値変化に対応して設定値を変える必要がある…	
		③ パウダーパックに付着した異物混入		●		工程受け入れ前のパックの運搬パレットが社外と…	
		④ 混合機の設定値ミス（時間・温度条件）	●			新人が作業を実施する場合，手順書の記載内容が…	
		⑤ 攪拌機構の機能低下	●			小型混合機の攪拌機構は…	
		：					
【リスク検討会メモ】						リスクマップコア部分	

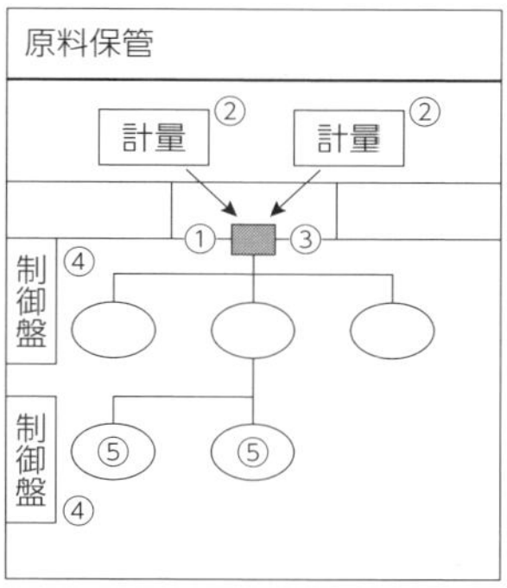

図6　品質リスクマップのイメージ

ろいろなタイプがあるが，今回は，イメージ図6に示すように，工程のレイアウト上に顕在化したトラブル事象や潜在的なリスク事象（根拠のあいまいなところ，変化点，その他現在の作業や管理の在り方では，もしかすると発生するかもしれない事象）をマップ化したものを作成している。このリスクマップの狙いは，リスクの見える化であり，作業担当者間のリスクの共有化である。例えば，日々の作業開始前に作業者全員が自工程のリスクを確認し作業を進めることで，リスクへの認識をより確実なものにしようという意図である。リスクマップは固定ではなく，新たなリスク事象に気が付けばマップ上に表示し，対策が取られればマップから外すという方法でマップを更新するように位置付けている（S社では毎月リスクマップの更新記録をもとに品質リスク検討会を開催しリスク対策のフォローを行っている）。

　リスク管理は一過性のものではなく，現場に根付くことが重要である。S社でも，前述のように日常作業にリスク管理がビルドインされて初めて「未然防止型の品質に強い現場」が実現できると考えている。

4.2　リスクに対する感知力の醸成

　S社では，一連の活動のなかで従業員一人ひとりのリスク感知力を高めることも意図してきた。特に，「品質に強い現場作り」に向け，最後に期待されるのが，やはり人の意識であり，未然防止に向けた「リスク感知力」の醸成である。リスク感知力とは，現場の4Mの状態について「何か変だ，これは通常と違う，昨日の状態とは違う」という気付きであり，そのまま放置すれば品質トラブルや製造条件の逸脱を発生させるかもしれない，異常の「芽」や「予兆」を察知する力である。この力量は一朝一夕に養えるものではないが，まず大切なことは，自工程での仕上がり品の品質を理解し，その品質を実現するための手順や基準の正しい状態とその根拠を理解することである。S社でもこの理解のなかから，品質を損なうことになるリスク感知

力を身につけるという活動をスタートさせてきた。また，専門家の指導および教育を並行させつつチェックリストやリスクマップ等のツールを導入してきた。そのうえで自社にふさわしい活動の在り方を見極め，従業員一人ひとりのより高いリスク感知力醸成を図るための，品質リスク検討会といった勉強の場を積み上げている。

5. 現場教育について

5.1 リスク管理と現場教育

リスク管理は工場全体で推進することにより大きな効果を発揮するものであり，特にその実践を担う現場従業員への教育は大変重要である。

教育の直接的効果としては，従業員一人ひとりのリスク感知力を高め，自らの作業においてリスクの未然防止を実践できる人材を育成すること。そのためには，リスク管理に関する基礎知識の教育，リスクマップやWhat-If分析等ツールの教育，これらを活用し効果を上げるための現場実践教育など，自工場の目指す人材育成プランに沿った組み合わせが必要である。

また教育の効果を単に従業員個々の人材育成のみにとどめるのではなく，組織の力として未然防止の機能が向上するよう導く展開も期待される。

5.2 現場教育の実践例

5.2.1 品質リスク管理の導入

未然防止の原点は「従業員一人ひとりのリスク感知力向上」にあるといえるが，この感知力を高めるためには，自らの工程，自らの作業に即してどのようなリスクがあるかを理解することが入り口と考える。ここでは，品質リスク管理の出発点となる基礎研修について紹介する。先にも述べてきたが，品質リスク管理では「自工程完結」に向けた活動を行うため，その骨格となる，各工程の品質定義からリスクを抽出するまでの展開と自工程完結の必要性を理解するための導入研修を設定している。研修は各工程の管理監督者，品質保証部門のメンバー，技術部門のメンバーが集まりグループ討議を行う形式で展開することが一般的である。

研修で使用するワークシート（工程品質チャート）のイメージ例を図7に示すが，このワークシートは模造紙大のものであり，カード（付箋等）を使用してブレーンストーミングを行いつつ，「工程系列→工程ごとの仕上がり品特定→その品質定義→品質を保証する作業条件（青カード）の洗い出し→今まで発生したトラブル（赤カード），潜在的に発生可能性のあるトラブル（黄色カード）の抽出」まで行い，工程全体が横並びで比較できるように作成するものである。このワークシートを策定する過程で研修参加者には以下のような理解を促している。

- 改めて品質を定義することで，その状態を維持するためにどのような作業手順や条件（現在の手順や条件で十分なのか）を再検証する必要があること。
- 定義した品質を損なうものをリスクとして挙げる必要があること（黄色カード）。リスクは盲目的に上げるのではなく，製品の正しい品質状態を理解し，その状態を損なうものとして網羅化すべきであること。
- 今まで発生したトラブル（赤カード）は再発していないどうか検証する必要があること。

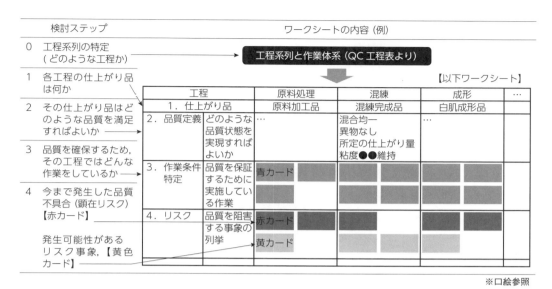

図7 ワークシート例（工程品質チャート）

再発していれば真の原因に手が打たれていないと考え，原因追究を再度行う必要があること。
● 後工程で発生したトラブルの原因は他の工程（特に前工程）の管理条件に起因する場合があり現象の発生工程と要因が潜む工程の関連を解きほぐす必要があること（この解きほぐしを行わないと，一貫した工程品質保証は実現しにくい）。
● この解きほぐしの結果も踏まえ，自分の工程を一つの工場（または企業）と見立てて，徹底して品質のつくり込みを行い，リスクのある仕上がり品を後工程に流さないことが「自工程完結」の基本であること。
● 自工程完結の工程連鎖が未然防止型の管理体制構築に欠かせないこと。

これらの理解を得ることで品質リスク管理を活用した未然防止の考え方を短期的に習得することを意図している。

5.2.2 品質リスク管理のレベルアップ

品質リスク管理のレベルアップを図る教育は，まさに未然防止の活動を具現化するものであり，より現場活動に即した実践的なものとなる。教育の受講窓口として各工程（職場）にリスク管理のリーダーを設置することが望ましい。工程のリスク管理リーダーがツールの活用や進め方を理解することで，工程単位の未然防止活動がより確実なものとなる。指導は食品安全チームや品質保証部門の専門スタッフがOJT（On the Job Training）的に教育することが適切である。ここでは，教育に関連して品質リスク管理をレベルアップするための三つのツール「品質リスクマップ，What-If分析，バリデーション監査」を紹介する。これらのツールは導入段階で専門家の指導を受けることはあっても，最終的には工場内で使い込んでいく中から自らの組織に見合ったものとしてつくり上げていくものである。

1番目は品質リスクマップであるが，これは現場が日々のリスク管理に活用する道具であり，その作成から使い方に至るまで，先の図6の説明のような実践的理解が求められる。このリス

クマップを導入するポイントは，まずモデル工程（職場）を設定しその工程で自工場に見合った運用を見極めることである。モデル工程での運用そのものが組織的な研修であり，その結果，自工場なりの横展開が行われることを期待している。

2番目のWhat-If分析は**図8**に示すようなガイドワードをもちいて，想定外のリスクにもメスを入れようというものである。例えば「もし流量が増えたら」，「もし温度が下がったら」，「もし電源が切れたら」など，製造諸条件の変化を強制的に想定し，品質にどのような影響を与える

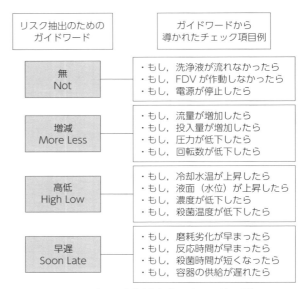

図8　What-If分析（ガイドワードの例）

かを検証するものである。この「もし…ならば」という思考を身につけることで，日常作業における微細な現象についてもリスクの見逃しを減らすことが可能となると考えている。例えば，開封作業で「もし手袋に紙粉が付着したら…」，撹拌作業で「もし撹拌機回転部の固定が不十分であったら…」というような，細かい内容についても意識を配ることで新たなリスク事象の発見に役立つものとなる。

最後にバリデーション監査であるが，これは啓蒙教育と理解したほうが適切といえる。要は未然防止に欠かすことができない「基準や手順の根拠のあいまいさを払拭すること」を，監査を通じて組織に浸透させることにある。バリデーションは殺菌工程などCCPの管理基準について丁寧に実施されているが，課題としては，バリデーションを難しくとらえすぎるため，現場に考え方が浸透しきれていない点である。ここでいうバリデーション監査はあくまでも現場の目線で基準や手順の根拠を問うものであり，「なぜその手順や基準値なのか？」「手順や基準の根拠は何か？」を問いかけるものである。この「なぜ」を理解し自らの作業行うことで，手順や基準の順守をより確実なものとし，さらに，異常の「芽」や「予兆」の察知をより迅速にしようというものである。このような啓蒙教育を通じ，組織全体の力として未然防止の機能が向上するように導くことが重要である。

5.3　品質保証部門への期待

品質保証部門には，前述したような人材育成についての積極的な関与が期待される。特に，未然防止型の管理体制実現において必要となる人材や力量の明確化とその教育体系の策定，各種ツールの導入企画，社内外からの専門家の招へい，自らが講師となったリスクマップの展開，バリデーション監査による現場啓蒙など，人材育成にかかわる総合的な運営管理を担っていただきたい。さらに，このような人材育成が組織全体の成果として未然防止機能の向上につながるよう導くことも望まれる。先の表1に示した品質保証機能の5段階レベルは，品質保証

部門が今述べたような組織の機能向上を導くためのモノサシであり道具である。2年先，3年先を見据えた組織の機能レベル向上を計画立て，そこに向かって工場を導く司令塔的な役割を果たすことが品質保証部門に期待されている。

6. おわりに──未然防止型の安全および品質保証体制実現に向けて

今まで述べてきたような「品質リスク管理」の展開には，工場トップのリーダーシップも欠かすことができない。特に未然防止型の安全および品質保証体制を実現するためには，工場トップの方向付けのもと，工場全体の活動として体系的な品質リスク対策を進めることが重要である。また，活動を進めるなかで，現場だけは解決できない設計課題や調達課題も発生する。このような課題に対処するためには，より大きな視点から，設計，調達および製造を横串でつなぐ部門間連携の在り方を再検討することも必要である。工場トップにはこのような部門間連携の強化を念頭に置きつつ，「未然防止型の管理体制実現」を積極的に目指すことが期待される。

■文　献

1) 農林水産消費安全技術センター，平成26年度（平成26年4月1日～平成27年3月31日）食品自主回収品目別原因別件数：http://www.famic.go.jp/syokuhin/jigyousya/200904/2014_FY.pdf
2) ISO規格 ISO31000：2009 リスクマネジメント：原則及び指針，日本規格協会，東京 (2010).
3) ISO規格 ISO Guide73：2009 リスクマネジメント：用語，日本規格協会，東京 (2010).
4) ISO規格 ISO22000：2005 食品安全マネジメントシステム，日本規格協会，東京 (2005).
5) 矢田富雄：ISO/TS22002-1：2009 実践的解釈，幸書房，東京 (2013).
6) 川端俊治ほか監訳：食品の安全品質確保のためのHACCP，中央法規出版，東京 (1995).

第1章 リスク管理とその実際

第5節　外食産業におけるリスク管理と現場教育の実践

特定非営利活動法人衛生検査推進協会　前田　佳則

1. はじめに

　今，外食業界は時代や社会の変化とともに，かつてない「安全」「衛生」などのリスクにさらされている。われわれは特定非営利活動法人衛生検査推進協会（以下，当協会）として，外食業界の衛生管理向上のお手伝いをさせていただいているが，まずはこの社会的企業を設立し，今に至る経緯について少しふれたいと思う。

(1) 設立に至る背景

　当協会は，2010年11月12日に当時の監督官庁であった内閣府（現在は，法改正により本部のある東京都）より認可を受け，同年12月1日に「特定非営利活動法人衛生検査推進協会」として法人登記した。

　設立の動機は，外食産業のボトルネックともいえる衛生管理について，外食産業出身の筆者自身が抱いていた疑問が発端となっている。

　筆者がある飲食チェーン店の店舗に勤務していた頃，そのチェーンでは店舗の衛生検査を外注していた。毎月，検査会社の調査員と呼ばれる方が店舗に来店し，粛々と採点し帰っていく。店舗にいるわれわれは数週間後に提出されるレポートを見るのだが，これで月額数万円…。

　店舗が忙しく立ち会うこともままならず，時折立ち会うことができても，調査員の話の内容が理解できず，また知識の不足もあり素直に受け入れられないことが多かった。

　そのようななかで，担当業務，役職が変わり，店舗や事業に対して責任を負う立場になると，検査費用についても費用対効果が気になり始める。数十店舗の運営指導を担当するようになり，思いがけずチェーン店全店舗の衛生管理を担当することになった。この機会に衛生管理について学んだ筆者は，飲食店（企業）にとって真の意味で必要な，効果のある衛生管理体制は何かということを考えるようになった。ただの形骸化した習慣ではなく，きちんとした費用対効果のある衛生管理体制はどのようなものであるべきかということである。

(2) 飲食店（企業）と衛生関連企業との壁

　筆者が飲食店（企業）の立場で感じた問題点をつくり出していた原因の一つは，飲食店（企業）と衛生関連企業とのいくつかの壁ではないかということに思い至った。

① 店舗の店長と衛生検査員との間に，衛生管理に関する知識と経験の差が大きく，効果を生むコミュニケーションが成立しづらい。

② 検査結果による指標（点数や評価など）を管理者がうまく活用できていない。また活用方法がわからない。

③ 検査内容が現場の実情に合っていない場合も多く，「ムリ」「ムダ」「ムラ」がある。

以上が，飲食店舗に勤務している側からの問題点であると考えた筆者は，これらの問題を解決するために様々な衛生関連企業に相談したのだが，納得のいくスキームや解決策をもち合わせている企業は存在しなかった。また，それら衛生管理に通ずる営利企業と接していくにつれて，そもそも営利企業の枠の中では，問題点を解決することは非常に難しいという結論に達した。ただその過程において幸いにも，営利企業の中にも飲食店（企業）と接するうえでの問題点を同様に認識している企業があり，いくつかの衛生関連企業と問題意識を共有することができた。その問題点を解決するために，それぞれの企業がもつノウハウを共有することで，飲食関連市場をより健全なものにでき，それぞれの企業が適正なメリットを確保することが可能ではないかということで双方合意し，協業の取り組みを始めるに至ったのである。

(3) 当協会の特徴

　そもそもなぜ「特定非営利活動法人」という法人形態を選択したかということについて，特定非営利の部分，特定の人に対して利益を供与する必要がない，つまり株式会社でいうところの株主が存在しない法人形態であるという理由が一番大きいものであった。出資金や役員の数によって判断される法人形態であると，いろいろな企業のノウハウを中立的に活用させていただき，飲食業界全体の安全な運営に寄与することが難しくなると考えたためである。

　目的はシンプルに，「外食という身近なレジャーを安心できるものにしたい」，「飲食業を安全な事業として，たくさんの働く人々に対して安定した雇用環境をつくるお手伝いをしたい」，「消費者に，衛生的で安心できる店はどこか，またどのような状態なのかをお知らせしたい」とし，それらを実現するために当協会は存在している（**図1**）。

(4) 当協会の衛生調査の特徴

　当協会では次に示す三つの特徴をもった衛生調査を実施している。

- 検査内容は，容易であること，安価であること，わかりやすいこと，法定管理基準に沿った内容であること。
- 検査基準は，利害関係に左右されない独自のものであること，定期的であること。
- 関係営利企業，消費者（顧客），当協会の3方向にメリットが明確に存在すること。

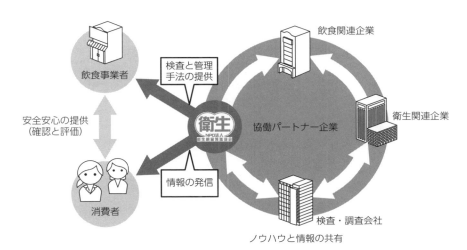

図1　当協会の協業状況と使命

2. 外食産業における衛生的リスク

次に，現代の外食産業における衛生リスクについて，要素を挙げてみる。一つ断っておきたいのだが，この論点は『食品衛生法』による規制があいまいな「飲食店舗の衛生管理」を軸に考察されている。同じ外食産業でも，大規模加工工場のような施設には当てはまらないケースもあるのでご容赦いただきたい。

2.1 外食産業は，パート，アルバイトに支えられている業界

ご存じのように，多くの人の手を介する外食産業は，労働集約型産業の典型であるといえる。従業者に占めるパート，アルバイト比率に至っては，9割前後とのデータがある（図2）[1]。

こうした流動しやすい労働力が多くを占めるため，常に一定程度の非熟練労働者が従業員として業務を担う構造となっている。

また，多くの業態で，年齢的に20～30代への依存度が高く，今後の日本における人口ピラミッドからみても容易にわかるように，人材不足はますます深刻化することになる。一方で，このような社会的環境の変化から外国人雇用が進んでいる（図3）[1]。

外国人雇用が進むことについては何の問題もないのだが，生活習慣や考え方の違いが，飲食店舗において衛生管理を構築，維持するうえでの妨げとなる可能性が考えられる。

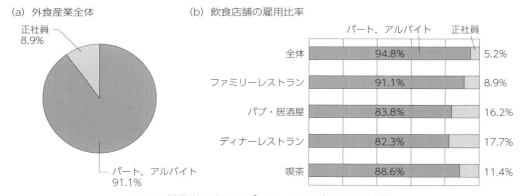

図2 従業者に占めるパート，アルバイトの割合[1]

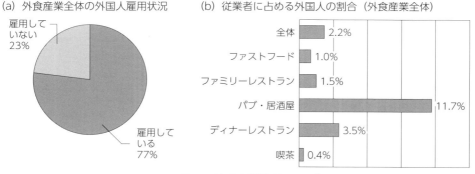

図3 外国人労働者の雇用[1]

2.2 経営者による"教育"の必要性の認識と理解

　これまでの，日本の飲食店（企業）の衛生管理は，日本人の勤勉さや清潔感に依存して成り立ってきた側面があることは否定できない。

　当協会も，様々な業種業態の実地調査を行っているが，衛生管理面において課題が多く見受けられるのは，特定の環境におかれている店舗である。

　これらの問題を解決するための方法として重要なのは「従業員教育」であるということは，議論の余地もないであろう。衛生管理は，一部の正規雇用社員のみではなく全員ができて初めて効果の出るものであり，全員に衛生管理に関する教育が行き届くことが必要である。

　では，実態はどうであろうか。飲食店はビジネスである。つまり収益を上げない限り事業を継続することはできない。「教育をする＝費用が発生する」となることから，収益構造に安定性や問題がある店舗については，図4の①にあるように，効果が見えづらいと，つい取り組みが後回しになってしまうテーマであるといえる。

　そこで，当協会では，ご相談いただいた飲食店（企業）に対して，まず，「効果」すなわち「何を目指すのか」を明確にしてもらっている。つまり，商いをやるにあたって，消費者に何を提供したいのか，ただのおいしい料理なのか，安全でおいしい料理なのかということをはっきりとさせることで，企業の方針として社員全員が同じ考えのもと日々の業務に取り組めることになる。

　経営者が衛生に関する"教育"の必要性を認識し，理解するかしないかは，飲食店（企業）の衛生管理リスクに重大な影響を与える要素となる。その認識，理解を促すには，効果（衛生管理レベルの向上と収益向上の関連性など）をきちんと理解してから，取り組みを進めることが重要だと考えている。

　飲食店（企業）のホームページなどを比較するとよくわかる。収益的に優れた運営環境下にある店舗については，必ずといっていいほど，「安全」「安心」の取り組みについて，詳細に記載されている。

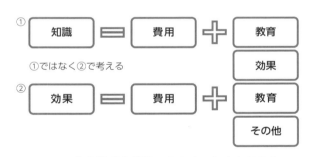

図4　衛生管理を維持，向上するための考え方

2.3 情報化に伴う対応

　近年，世界的に広がったソーシャルネットワーキングサービス（SNS）は，飲食業界においても様々な変化をもたらした。店舗認知度を上げるためのサービスや，口コミサイトの広がりを受け，飲食店舗運営にとっては，資本力を必要としていた広告宣伝費が軽減されたり，勝手に取り上げられて大繁盛したりというケースも多々見受けられる。また，受発注や，顧客対応に関しても様々なサービスが登場し，人手不足を補っていると思われる。これらインターネットを介したサービスは，企業規模にかかわらず飲食店舗に恩恵をもたらしている一方で，個店の情報の流出という新たな問題も生み出した。

記憶に新しいところでは，大手チェーン店の従業員が，SNS内で店舗内部の状況を暴露したケースや，問題と思われることを，関係者以外に安易に相談することで大事となったケースも増加している。

これら，情報の取得しやすさや，発信のたやすさは，[1.2]でもふれたが飲食企業にとっても対策が必要な分野である。具体的には，SNSの利用について，従業員に教育し，パート，アルバイト従業員については，契約の際にもその取り扱いについて明記する必要がある。

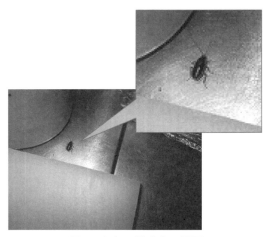

図5　とある飲食店の厨房

わかりやすい事例を一つ上げてみよう。写真（図5）を見ていただきたい。

多くを記述する必要はないが，飲食店舗の厨房内の一瞬を切り取った画像である。

どのようなイメージをもつであろうか？　おそらく，よいイメージをもつ者はいないと思うが，この写真1枚で衛生管理が悪いかそうでないかを判断できるであろうか？

この本の読者であれば，おわかりだと思うが，害虫はほぼすべての飲食店舗にいるものである。よって，この写真1枚だけでは，この店舗が衛生管理を行っていないかどうかは，判断できないはずである。しかし，消費者は，そうは思ってくれない。余計な風評により事業の存続が危ぶまれる状態にならないように情報管理をしっかりと行う必要がある。

ただ，現実的にパート，アルバイトの雇用比率が高い業界で，すべての情報をコントロールすることは難しく，情報統制が厳しければ厳しいほど，反発も予想される。まずは，日々食品事故予防活動に取り組み，そしてそれを仕組み化して記録し，できる限りの努力をしていることを，しっかりと開示できる体制づくりが必須である。

3. 飲食店（企業）にとっての実効ある衛生検査とは

衛生管理は，外食産業全体に課せられた責任である。法人，個人，企業規模にかかわらず，命をつなぐ糧を，プロの技術とおもてなしの心と店舗空間にて楽しむ貴い仕事だと考える。だからこそ，特定企業のみの努力だけでは意味がないし，形式だけの衛生検査，衛生管理では店舗（企業）の経営を揺るがす事態に発展しかねない時代である。「おもてなしの国」なのであればこそ，飲食店（企業）は消費者に安心を届ける必要があり，安心とは，企業の安全な経営によってもたらされる。

3.1　飲食店（企業）が衛生管理に取り組む意義を確認する

衛生管理とは，一言で表すと，提供した食品商品にて，お客さまに迷惑を掛けないための活動だと理解する。法律において定められていること，食中毒予防の3原則，食中毒菌やウイル

スについては，ここでは説明しないが，今やインターネットに膨大な資料が掲載されている。例えば，カンピロバクターとは何か知りたければ，PC で検索したり，手持ちのスマートホンに話しかけたりするだけで的確な答えが返ってくるし，衛生管理マニュアルを作成したければそれもたくさん掲載されている時代である。これら"知識"は，情報化が進むにつれて，「安易に入手できるもの」として価値がどんどん低くなり，代わりに，正しい知識をもとに行動するための"知恵"が必要な時代になったのではないかと考える。

営利目的企業である飲食店（企業）が，衛生管理体制の構築や向上を進めるに当たり，再確認すべきポイントを紹介する。

- 事故の責任は経営トップにある。
  現場が発生源であっても，責任は経営トップにあり，経営トップがいなくなるような事態は，企業経営にとって大きな損失となる。
- 清掃の行き届いた施設である。
  きれいな店舗は，消費者満足度を向上させることで再来店要素になりえる。
- 食材の取り扱いを清潔・迅速に行う。
  食材を清潔に取り扱うことは，食材の無駄をなくし，原価によるロスを軽減する。
- 食材の温度管理をしっかりと行う。
  食材や加工品（販売商品）の保管方法を適切に行うことで，品質を高い水準で維持できる。
- 調理器具の取り扱いを清潔にする。
  必要な備品を明確にすることで，必要な経費の基準を算出でき，無理のない運営が可能になるとともに，備品を正しく大切に使用するようになる。
- 緊急対応方法を確立しておく。
  初期は，苦情であることが多い，クレームになると多くの人的工数を要する。あらかじめ発生状況に応じた対応方法を定めておくことで工数削減になるとともに，お客さまへも安心感を提供できる。

以上がおおまかな内容である。

お気付きであろうか。そうである，すべては，「衛生管理」のポイントでありながら，同時に飲食店（企業）が日々気にかけている「利益創出」のポイントと見事に重なるのである。

衛生管理は，理屈よりも実際の行動が重要である。そのために，筆者は普段，事業者と話をする際には彼らの立場にたって話をするようにしているのであるが，この「衛生管理」＝「利益創出」は最も重要な論点となる。事業者にとって，上記のポイントをクリアしていくことが，利益の創出につながり，将来の多店舗展開を可能にし，「利益」「運営の仕組み」の両面で大きな支えとなる可能性があることを認識していただくように努めている。

事実，当協会の調査結果からも，売り上げが高い（より多くの消費者に来店してもらっている）業態においては，衛生管理面においてもしっかりと仕組みが整っていることがわかる（図6）。

3.2　衛生体制を維持，強化するための三つの活動

① 従事者（経営者・従業員）の"知識"充実のための活動

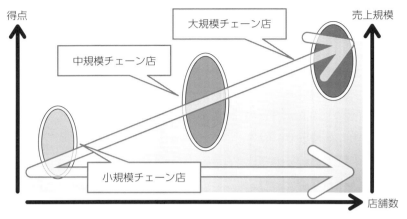

図6 企業規模と衛生調査結果と相関図

行動指標：教育（集合教育と実地訓練）
- 品質に関する企業ポリシーの明文化
- 細菌やウイルスの知識
- 食材の取り扱い
- 個人の衛生規範
- 洗剤など道具の使用方法
- 緊急時の対応方法の設定　等

② 従事者（経営者・従業員）の"意識"醸成のための活動

行動指標：正しい目標設定をする
- 適度な競争環境を設定する
- 考課査定に組み入れる

③ "知識"と"意識"の活動のバランス取り（仕組み化）（図7）

行動指標：第三者機関による定期的な評価の実施
- 簡単なテストなどを活用し，知識の確認と考課査定にリンクさせる
- 衛生管理の評価は，専門的な知識が必要である。内政化するより費用面で有利である
- 評価指標を外部におくことで，評価対象に「公平性」を担保する

図7 知的と意識のバランス取りが重要

3.3 ATP検査方法を活用した意識醸成の例

　当協会が実施している調査にて採用しているATP検査[※1]データの一部を公表させていただく（図8）。

　われわれはこの検査を，「店舗の衛生管理状況」を数値化し，「見える化」するためのツールとして使用している。

　実施方法は，事前告知なしにて店舗内数カ所，清掃済みの検査対象を拭き取り検査するとい

※1　ATP検査においては，検出数値が小さいほど汚れの残渣が少なく，清潔な状態と判断する。図中の参考データについては，平均値の推移を参照されたい。

第1章　リスク管理とその実際

うものである。

実施期間に，不定期な間が空いているのは抜き打ちでの検査となるためである。つまり調査を受ける側からするとどこが検査対象か，いつ検査が入るのかわからない状況となる。

データ対象は，全国で100店舗ほど飲食店舗を展開している企業である。

回数を重ねるにつれ，汚れの指標となる数字が小さくなっていくのがおわかりになると思う。事前告知なしでランダムに拭き取り検査を行うため，店舗では検査対象のみに絞って対策を取ることはできない。あくまで，日頃からの清掃に対する意識が正しい方向に変化し，実際の行動に移されていなければ成果は数値に表れない仕組みである。

検査対象も膨大にあるため，改善は特定のスタッフ（例えば店長）の意識が変わるだけでは成果が表れず，多くのスタッフの協力が必要になる。

また，このように報告書に結果が点数化されていることによって，店舗間で競い合う環境も構築できることも成果につながりやすい理由である。

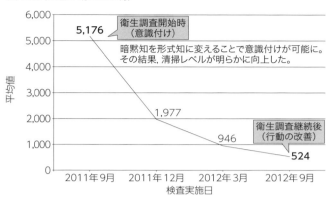

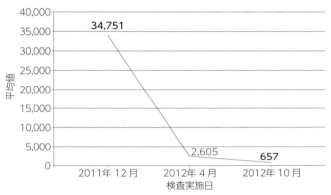

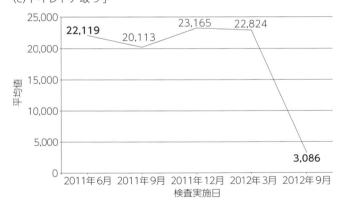

図8　実店舗のATP検査数値

この店舗では検査期間を通して，ほぼ同じ従業員メンバーが，同じ時間を働いていた。その結果である。意識を正しい方向性に醸成できれば，労働力は増やさなくても衛生管理は向上することがわかる。

— 69 —

4. おわりに――衛生管理は，恐怖と強制か？

「衛生管理を徹底するためには，恐怖と強制が必要」という見解を耳にすることがある。確かにその考え方も少し前までは当を得ていたのだと思う。しかし，人手不足や情報が氾濫する現状では，恐怖と強制が通じる環境を構築するために，多額の費用が必要になる。例えば，とあるチェーン店では，厨房にすべて監視カメラを設置しているそうである。確かに一定の効果は見込めると思うが，設置カメラの費用，それを監視する人の費用等，多くのコストが発生し，すべての施設に導入できる可能性は非常に少ないと思う。

また，そうした体制を構築する場合，従業員の主体性が育ちにくいのではないであろうか。企業の大小を問わず，人が主役の飲食業において，そこで働く人々の意識を正しい方向に向けるためには，そうした大規模な設備投資は必要ない。もちろん，知恵と工夫は必要であるし，例えばわれわれのような調査機関に依頼する場合，多少の費用は必要になる。ただ，それによって「衛生管理のポイント」が改善され，それに呼応する「利益創出のポイント」の改善につながっていくこと，また従業員全員の理解と主体的な取り組みを推進するという効果も合わせれば，衛生管理が飲食店（企業）の運営に及ぼす影響の大きさはおのずと理解されると考えている。

事業としての発展や安定した経営を続けていくためには，消費者の信頼が必須である。「衛生管理」は，単なる「リスクヘッジ」にとどまらず，飲食店（企業）にかかわるすべての人々（経営者，従業員，消費者）の利益と幸せにつながるものなのである。

■文　献
1) 日本フードサービス協会：外食産業の雇用状況について（JFアンケート調査結果より）(2006).

第6節　食品製造工場向け食品防御ガイドラインの策定

一般社団法人日本冷凍食品協会　山本　健

1. はじめに

　(一社)日本冷凍食品協会（以下，当協会）は，設立翌年の1970年に，「冷凍食品の品質・衛生についての自主的指導基準」を定め，この基準に基づく認定制度を立ち上げた。本制度は時代の変遷に伴い，少しずつ改定を繰り返してきたが，2007年に発生した天洋食品事件を踏まえ，従来のものより内容を大幅に変更した「冷凍食品認定制度」を2009年度から施行した。

　認定制度では，食品防御の要素を冷凍食品認定工場（以下，認定工場）に対する基準要求事項に組み込んでいるが（表1），2013年12月に明らかになった冷凍食品への農薬混入事件を契機として，科学的な手順で組織的に構築する食品防御対策の必要性を痛感した。

　しかし，食品防御の対策は，認定工場の業態や規模に違いがあるため，一律の基準を策定し適用することは適切ではない。そのため，当協会として，会員および認定工場に対して，食品防御に対する理解を深めるとともに，個別の企業，工場の実情に応じた適切な措置や対策が実施できるよう，「食品防御ガイドライン」（以下，ガイドライン）を定めることとした。

表1　冷凍食品製造工場認定基準と食品防御との関係

	冷凍食品製造工場認定基準	食品防御に関する内容
Ⅰ. 品質・衛生管理体制にかかわる基準	1. 関係法令の理解と順守	企業理念の公表，コンプライアンス順守，問題発生時の対応等
	2. 責任と権限の明確な組織	食品安全方針の周知，品質管理責任者任命，内部監査とマネジメントレビューの実施等
	3. 従業員に関する管理	作業衣等，持ち込み禁止物の規定等
	4. 従業員の品質管理・衛生教育	食品安全に関する教育等
	5. 品質検査・衛生検査体制	検査体制の確立と実施，毒劇物の取扱規定等
	6. クレームへの対応と再発防止体制	クレーム対応としての原因究明，統計処理，製造現場へのフィードバック等
	7. 原材料の管理	原材料メーカーの選定，受入基準と検査の実施，保管管理等
	8. 製品管理	製品の保管管理，トレーサビリティの確立等
	9. 工程管理基準の整備と運用（HACCP的管理手法の導入）	危害分析，作業手順の作成と実施等
	10. 冷凍食品製造工場で実施すべき，その他の衛生管理項目	衛生管理，保守点検，回収プログラム等
	11. 文書および記録管理規定	記録の保管等

(つづく)

表1 冷凍食品製造工場認定基準と食品防御との関係（つづき）

	冷凍食品製造工場認定基準	食品防御に関する内容
Ⅱ. 施設・設備にかかわる基準	1. 工場敷地内環境	侵入者対策と施錠管理等
	2. 作業場施設の構造	
	3. 工場内設備の要件	用水管理等
	4. 原材料保管施設	
	5. 製品保管施設	
	6. その他の施設	化成品の保管施設等
	7. 機械器具および搬送装置	異物除去装置の設置等
	8. 品質および衛生管理施設	

〈ガイドライン策定までの当協会の対応〉

　当協会は，農薬混入事件が発生したことから，2014年2月の理事会で，400余りの認定工場における食品防御への取り組みの現状を調査したうえで，会員および認定工場向けのガイドラインを作成することを決定した。

　実情にあったガイドラインを策定するため，その現状調査や会員および認定工場向けの講習会で出された意見等を考慮するとともに，農林水産省の「食品への意図的な毒物等の混入の未然防止等に関する検討会」報告書（平成26年6月27日），厚生労働省研究班の「食品防御対策ガイドライン（食品製造工場向け）」（平成25年度改定版）等も参考にして，2015年3月にガイドラインを策定した。以下，当協会が策定したガイドラインについて，概説する。

2. ガイドラインの目的と基本的な考え方

2.1 ガイドラインの目的

　食品防御は食品安全とは異なり，これを実施するための法体系や行政機関の関与は整備されておらず，食品事業者は自ら手探りで食品防御の対策を構築する必要がある。そのためガイドラインは要求事項の位置付けではなく，認定工場が食品防御対策を講ずるに当たって理解しておくべき考え方，対策が有効かつ効率的に実施できる組織体制，採るべき対策の選択肢等を提示し，それぞれの認定工場が個別の事情に応じて適切かつ有効な食品防御体制を構築するための参考となることを目的とした。

　また，ガイドラインは，認定工場自らが，その規模や業態により必要に応じて取捨選択できる内容と，その趣旨を生かして改変適合されることが望ましいと考えた。

2.2 ガイドラインの範囲

　ガイドラインは，主に認定工場の施設・設備に対する直接の加害事件や，認定工場において製品に混入された異物や薬物により消費者の健康被害を引き起こす事件をその範囲と考え，このような場合の未然防止と，いわゆる事件に加え，食品事故が発生するおそれがある場合，あるいは発生した場合の危機管理体制の構築について言及している。

なお，食品テロや流通段階での事件，企業恐喝等への対策については，食品メーカー内での対応を超えることから，ガイドラインの対象範囲とはしていない。

2.3 ガイドラインの基本的な考え方

事件の未然防止・拡大防止のためには企業としての姿勢・ガバナンスが重要であり，各企業は経営・本社機能として全体の方向性を示すとともに，その具体化を図ることが必要である。また，製造機能である認定工場は，その方針のもとで「よい製造現場」をつくり上げることが重要で，これは食品安全や従業員の労働安全にもつながるものである。

ガイドラインでは，食品防御の対策はそれが独自に存在するのではなく，ガバナンス，食品安全，労働管理等の方針や施策が総合的に発揮されたものの延長線上にあり，食品防御のための個別の対策，施設・設備は重要ではあるが補助的なものと考えている。

同時に危機管理についても，食品防御のみのために行うのではなく，食品安全における重大事故，あるいは事業所での大規模災害など，企業が陥りうる様々な危機への対応を想定した基本共通的なものをベースに，個別の危機管理を組み立てることが必要である。

なお，当協会の会員および認定工場の規模や業態が様々であることから，その実情に応じた適切な措置や対策を実施できる内容も含めている。

3. 予防・未然防止の考え方

3.1 事件を引き起こす心理

事件を引き起こす心理は，単なる悪戯，何らかの悪意，確固とした害意（食品テロや企業恐喝など）等が考えられる。ここでは悪戯と悪意への対処を適用範囲とし，事件の予防・未然防止の考え方を示す。

3.2 未然防止の三つの側面

3.2.1 心理的な未然防止―意図的な加害行為をしたいと思わせない職場の風土

予防・未然防止のためには，事件を起こそう・起こしたいという心理状態にさせないことが重要である。そのためには，①企業を取り巻く利害関係者からみて企業・工場が敬意や好意をもたれていること，②加害行為の実行が困難であること（発見の容易性），③結果責任や制裁（社内に限らず法的措置が伴うものを含む）が重大であると理解させること，の3点が有効である。

3.2.2 物理的な未然防止―意図的な加害行為が実行し難い環境

加害行為を実行できなくすることが必要である。具体的には，管理区域に立ち入らせない，対象物に近付かせない，加害物が存在しない環境にする，加害物を持ち込ませない等の「できなくする」対策に加え，製造現場の見通しを良くする，監視機器を導入する等の「見つかりやすくする」対策を併せて実施することが必要である。なお，この対策は心理的な未然防止策と重なるものである。

3.2.3 予兆による未然防止—事故・事件は芽のうちに，社内のうちに

重大な事故・事件が起こる際には何らかの予兆があることが多い。予兆は一つだけとは限らず複合している場合もあり，予兆に気付き，取り上げる仕組みが必要である。予兆を観察することで，潜在している問題を顕在化し，対処することで未然防止ができる。

3.3 未然防止策の考え方

3.3.1 敬意や好意をもたれる企業・工場

社外の利害関係者（消費者，近隣地域社会，取引先，配送者等）に，社内の都合や論理ではなく，顧客満足（CS），企業の社会的責任（CSR），消費者重視，コンプライアンス重視等を示すことにより，企業活動に対する理解・共感を得る必要がある。

従業員には，会社や仕事への誇りと愛着をもたせるとともに，各種の基準・ルール等について理解を得られるように努め，適切な意識規範・行動規範を維持することが必要である。人は何らかの不満をもつものであり，その軽減には従業員とのコミュニケーションの質が重要であり，一方的な伝達や押し付けにしない工夫が必要である。

3.3.2 加害行為の実行を困難にする

許可や権限のない人物を対象物に近付けないことが重要である。そのため，入場制限，立ち入り制限区域の設定や施設・設備の施錠等の管理，製造工程での作業者の管理や，工程の閉鎖系化等による食品との物理的な接触を制限することが有効である。

また，加害物となりうる薬剤等の厳重管理とともに，場内への持ち込みを制限すること，原材料等の搬入時に搬入物の安全性の確認を行うこと，原材料の手順にのっとった受領・検収の実施，入場者の身元確認，搬入作業時への立ち合い等も必要である。

3.3.3 加害行為の発見を容易にする

食品安全で求められる工程や製品の異常監視機能は重要であり，死角のないレイアウトに加えて，要員配置，作業エリア，作業手順等の順守・徹底が有効である。また監視に当たっては，監視装置の設置等に加え，作業の効率化等による要員の削減も有効である。

3.3.4 「よい製造現場」をつくる

加害行為の実行を困難にすることは食品防御上の重要な対策だが，その有効性は現場の良し悪しで決まることから，食品防御対策には「よい製造現場」を構築することが重要である。「よい製造現場」では，指示・命令系統である職制との縦のコミュニケーションと従業員同士の横のコミュニケーションが適切で，職場の規律・規範が正しく維持され，従業員の労働安全と製品の食品安全に優れている特徴がある。またこのような工場では，すべての職制が積極的に製造現場に入る等，製造現場重視の運営が行われていることが多い。

3.3.5 事件の結果の重大さ，制裁の大きさを理解させ，協力を得る

経営者，従業員ともに，企業や工場で事件が発生した場合，どのような深刻な状態に陥るの

かを理解し共有化すれば，食品防御の施策に対する抵抗感を軽減し，適切な説明により協力を得ることが可能となる。

規律・規範の維持には，逸脱・違反行為に対する措置・罰則を制定し，適切に運用することが必要であり，食品に対する加害行為には重大な制裁が行われると，従業員の理解を得ることも重要である。また，事件の予防のために，食品防御の実施を公表し，その理由や目的等を適切に説明し，社外の利害関係者に理解と協力を求めることも必要である。

4. 食品防御ガイドライン

4.1 ガバナンス

ガバナンスの実態は個々の企業の規模や形態により大きく異なるが，経営の意思が適切に具現化されていく体制を構築することが必要である。食品防御上のガバナンスにおいては，経営者が企業理念・方針，組織体制，運営体制を明確にし，そのうえで食品防御に取り組むことを経営者自身が宣言する必要がある。

4.1.1 企業理念・方針

食品防御に重要な消費者重視やコンプライアンスの順守を含む企業理念を作成し，社会に公表することで企業への信頼等を高めるとともに，従業員に企業理念を周知し，理解させる必要がある。

経営者は，食品防御意識を向上させなければならない。食品防御対策は企業やグループだけでなく利害関係者にも及ぶので，経営者のその意志と関与が必要で，社外関係者にも協力を仰ぐため，食品防御方針と取り組みを社内外に公表することが重要である。また，食品防御だけでなく，食品安全，労働安全に必要な「よい企業風土，よい製造現場」をつくる施策が講じられるように指導・監督しなければならない。

4.1.2 組織体制

食品防御は悪意や犯罪に対するものであり，従来の食品安全の体制だけでは対応が困難である。食品安全に加え，食品防御にかかる専用の体制として平時より，重大な事故・事件といった危機管理にかかる組織体制，迅速に機能する組織間の連携体制を構築する必要があり，経営も積極的に関与しなければならない。

食品安全や食品防御にかかる事故・事件の影響は企業やグループ全体に及ぶため，緊急時に責任体制・執行体制が一元化され，有効に機能するように，個別企業およびグループ会社に対し，平時からその関係性を明確にしなくてはならない。

4.1.3 運営体制

経営者は，社内外に対し，コンプライアンスやCSRを意識した，透明性の高い企業運営を行い，事業所ごとに食品防御にかかる食品防御責任者を設置して，「安全で良質な食品をお届けすることや消費者を重視することについての事業者の使命感」をもたせるよう徹底するとと

もに，有効な食品防御活動が行えるように，事業所ごとに適切な指導・監督を行う必要がある。また，グループ経営や本社以外に複数の事業所のある場合には，方針および運営の統一，情報の一元化のために本社等に全体を統括する統括食品防御責任者を置く必要がある。

さらに，顧客・消費者への対応窓口より，意見，要望，苦情等とそれに対応する結果について，適切に経営に伝える仕組みを構築し，情報共有化を図る。

4.2　食品安全・食品防御に関する危機管理

事故や事件の予防・未然防止や，発生した場合の拡大防止，早期終息のために，平時より危機管理体制を構築して，事故・事件の芽を早期に発見し摘み取ることが重要である。一方，消費者が重篤な状態に陥るような非常事態では，通常とは異なる非常事態の危機管理体制（クライシス管理体制）に移行して，収拾に当たる。クライシス管理体制に移行するためには，あらかじめ組織体制や対応手順を構築しておく必要があるが，非常事態の際は消費者の安全を最優先とし，積極的に正確な情報を公開し，行政や関係先の協力を得て被害の拡大防止に努めることが最も重要である。

4.2.1　組織体制および組織運営

(1) 組織体制

食品安全（事故）と食品防御（事件）は消費者の健康被害という観点からは共通点も多いが，食品防御では食品安全でカバーできない点もあるので，その違いを理解し，明確にしたうえで，食品防御についての平時と非常時に分けた危機管理体制を構築する。

特に非常時では，平時以上に迅速かつ適切な対応が求められるため，緊急対策本部等を設置して，情報や指示・命令の伝達系統を一元化することが必要である。また，そのうえで消費者への適切な対応，外部への正確な情報の発信を行うことが重要である。

(2) 平時における組織運営

重大な事故や事件には何らかの予兆があることが多く，これを把握，評価して適切な対応をとれば（予兆管理），事故・事件の未然防止が可能な場合もある。そのためにも，顧客・消費者からの苦情等には迅速に対応し，原因調査のうえ，関係部署へ連絡する必要がある。

関係部署間では危機管理情報を共有化し，必要な措置をとる仕組みをつくり，シミュレーションにより実際に機能することを確認するとともに，経営の関与のもとで適切な評価と更新を行う必要がある（平時の危機管理）。必要な措置には，事故・事件の発見，調査，公表，回収等の判断に至る手順（危機管理の手順）が定められ，これには初期対応マニュアル・手順の整備と非常時の連絡先およびその内容を含み，機能することが確認されていなければならない。

(3) 非常時における組織運営

非常時は通常の危機管理体制では対応できないので，経営最高責任者（社長）の宣言で事前に定めたクライシス管理体制に移行する。社長は，事故・事件対応の最高責任者（対策本部長）を定め，部門責任者による対策本部（緊急対策本部）を設置する。部門責任者は，各部門（品証，製造，営業，総務・法務，広報，消費者窓口等）の実務担当者を組織し，非常時対応とし

て情報収集と発信管理を行う。対策本部は，消費者の安全を最優先として対応方針，対策を決定する。なお，事態の進行により，適切に対策の追加や変更を行う。

4.2.2 危機対応のプロセス
(1) 初期対応

事故や事件が発生したら，手順（初期対応の手順）にのっとり，発生原因と状況を把握し，人体危害（毒性・物理的危険性×最大摂食可能性量）の有無および拡散性の大小（対象商品の範囲，販売期間，出荷状況等）等について評価することにより，クライシス管理へ移行の必要性の有無を提言し，経営最高責任者（社長）はクライシス管理へ移行するか否かの判断を行う。

クライシス管理体制では，緊急対策本部に発生原因やその事件性の特定，是正措置等を連絡する。また，OEMを委託・受託している場合には，相手先に連絡し，公表および回収に関する意思決定を共同で行うための体制を構築する必要がある。さらに，行政とも平時より意思疎通を図り，適切なアドバイスを受けられる関係を構築しておく。健康被害が疑われた時点で保健所へ，事件性が疑われた場合には警察に連絡するのがよい。

もし，クライシス管理体制へ移行しない場合でも，発生原因に対して直ちに是正措置を取り，事故・事件品が再生産されないことを担保しなくてはならない。

(2) 事態の拡大防止

緊急対策本部は，初期対応で定めた対応方針の遂行状況を逐次把握し，不具合があれば手順を変更するとともに，社内外の状況を確認，評価し，必要に応じて方針や対策を修正・変更する。そのために，各部門では集めた情報を整理し，リアルタイムで緊急対策本部へ報告しなければならない。

事故・事件の公表および回収を行う場合は，判断の科学的な根拠を明確にし，危害や拡散性の評価，回収理由，回収対象商品，回収方法，送付先等を正確に公表する。また，重大な健康被害が発生する可能性がある等，迅速な回収が必要な場合では，記者会見等を行い回収の進捗情報を公表する（追加告知）など，回収が促進されるよう努めることが必要である。

回収規模が大きい等，社会的に関心が高い場合は，問い合わせや苦情が集中するので，それに対応するため顧客・消費者窓口部門の陣容を強化するとともに，ホームページ等で逐次状況の説明を行うことが望ましい。また健康被害が発生している場合には，適切な医療行為が受けられるような情報の発信や配慮，措置を行う必要がある。

(3) 収束・終結

事故や事件の終結の判断基準は一様ではないが，緊急対策本部の活動の目標として終結点を示す必要はある。集結には原因特定，原因排除，再発防止策の実施は最低限必要で，健康被害が発生し，回収が行われた場合は，これらに健康被害事案の鎮静，回収作業の終了等が加わる。必要に応じ，初期段階から行政（保健所，警察等）に相談，報告するが，その場合には終結においても，行政の助言・指導に従って判断することが望ましい。

終結時には事故・事件の総括を行い，緊急対策本部を解散し，危機管理を平時の体制へと戻すが，終結を公表した場合は，終結に至る経緯と根拠，再発防止策等をあらためて公表（終結宣言）して，消費者や社会の理解を得ることが望ましい。

終結後は，被害者に対する措置や再発防止措置のほかに，実行した危機管理対策について検証および評価を行い，必要に応じて危機管理体制を含めた見直しを行う。また，第三者による検証委員会を開催することも有効である。

4.3 認定工場における食品安全と食品防御対策

　工場の労働安全や食品安全が優れていれば，食品防御も潜在的に優れている。工場では個別の対策を優先するのではなく，「よい製造現場」を構築することが食品安全だけでなく食品防御の対策としても有効にはたらく。しかし個別の食品防御の対策も重要であり，工場の実態に合ったものを適切に実施すべきである。

　さらに，従業員の食品防御に対する理解を深めることも重要で，その際，食品防御の対策は，従業員を守るためのものであり，潔白証明になるという考えも理解させる。

4.3.1 「よい製造現場」の構築

　従業員採用時には，可能な範囲で身元確認を行い面接で人物を確認する。労働条件や待遇はその地域，業種との比較においても納得できるものであることが望ましい。

　従業員には適切な規範意識をもたせる一方，誇りももたせ，職場ではお互いを見守り支え合う製造現場重視の職場環境にする。職制上のコミュニケーションは伝達になりがちだが，双方向となるようにして現場での良好な関係を築き，報告・相談，指示・命令も適切に行われるようにする。

　また，職場の食品安全，労働安全にも十分配慮し，製造現場の死角を減らし，常に整理整頓されていることも重要である。さらに，食品防御における脆弱性分析を行い，課題を把握し対策を行うことも必要である。

4.3.2 従業員への教育

　人事・労務制度は透明性のあるものとし，適切な説明により従業員に理解，納得させることと，労務管理を適切に行うことが必要である。

　従業員には，労働安全・食品安全・食品防御の教育に加え，消費者重視の企業理念や方針等を周知させ，趣旨や内容を理解させる必要がある。また，教育の際には意見交換の機会をつくり，質問，意見等には責任者が真摯に回答し，一方通行にならないようにする。

　賞罰規定を周知し，従業員に逸脱行為があった場合には，処罰も含め，適切に処置して規範遵守を明確にする。従業員が規範やルールを逸脱したときは，直ちに注意・指導することも必要であり，黙認してはいけない。

　事件が発生した場合，従業員の勤怠記録や雇用管理は調査・潔白証明に必要となるため，適切に行う。また，入場権限やコンピュータシステム等へのアクセス制限も適宜更新する。

4.3.3 社外利害関係者との関係

　食品防御の有効性を高めるために，取引先等，社外の利害関係者へも食品防御を実施していることの説明に加え，協力を仰ぐ必要が生じるが，協力を得られない場合は，その取引関係を

見直す等の措置を行うことになる。そのため，コンプライアンスに基づいた取引・応対をする。
　また，工場の周辺や関連する地域の関係者の理解や支援も必要であり，そのために，地域社会や周辺環境への配慮等を行い，関係性を高めていくことも重要である。

5. おわりに

　当協会が策定したガイドラインは，「Ⅰ　食品防御ガイドラインの目的と基本的な考え方」，「Ⅱ　予防・未然防止の考え方」，「Ⅲ　食品防御ガイドライン」の3部構成となっており，最後のガイドラインに「A　ガバナンス」，「B　食品安全・食品防御に関する危機管理」，「C　認定工場における食品安全と食品防御対策」の3章が含まれている。
　本書では，他の筆者により具体的な対策や取り組み事例が紹介されていることから，内容が類似するⅢ-Cに関しては一部を除き割愛し，協会が食品防御対策を講ずるに当たって理解しておくべき考え方を中心にまとめた。以下，割愛した内容の項目のみ記載したので，参考にされたい。

- 入場管理，施設・工程への侵入防止・接触制限
- 不要物および加害物の持ち込み防止
- 加害対象物の暴露性の低下，堅牢化
- 搬入物の安全確認
- 機器による食品防御対策
- 出荷後の体制

　当協会が策定したガイドラインが，食品工場における食品防御体制構築の参考になれば幸いである。

第 1 章　リスク管理とその実際

第 7 節　食品リコールへの備えとリコール費用

東京海上日動リスクコンサルティング株式会社　栁瀬　慶朗

1. はじめに

　本稿では，製造・販売した商品に問題があり食品リコールを実施することになった場合に，効果的かつ効率的にリコールを行うとともに対応費用を必要最小限に留めるための，食品関連企業における平時からの準備措置について述べる。

2. 食品リコールとは

　食品リコールには法律等による明確な定義はないが，本稿では，食品に関する何らかの欠陥や不良等により，出荷および販売済みの商品に対して，事業者が無料で回収，交換，返金を行うことをいうものとする。
　食品リコールには，食品関連法令に基づく行政の回収命令によるものと，法令に基づかない，食品等事業者自らの判断によるものとがある。行政の回収命令を規定する食品関連法令としては，『食品衛生法第 54 条』，『食品表示法第 6 条第 8 項』等がある。

3. 平時におけるリコールへの準備措置

　平時（リコールを実施していないとき）におけるリコールへの準備措置としては，経済産業省の『消費生活用製品のリコールハンドブック 2010』（以下，ハンドブック）[1]が参考となる。本ハンドブックは，題名のとおり消費生活用製品のリコールを対象としており，食品リコールは対象外であるが，その考え方や枠組みは，食品リコールにも通じるものである。
　ハンドブックでは，「速やかなリコール実施のための日頃からの準備措置」として，以下の 4 点が挙げられている。
　①　製品の販売経路，追跡情報を把握するための体制整備
　②　対応マニュアルの作成
　③　リコールを円滑にするためのサポート機関への相談
　④　リコールに要する費用の確認・確保
　以下，上記 4 点に沿って，食品リコールへの平時からの準備措置について述べる。

3.1　食品トレーサビリティ体制の整備

　迅速かつ的確なリコールを実施するためには，リコール対象の商品の所在（今どこにあるか）

を把握できることが重要となる。商品がある店舗や倉庫，商品を購入した消費者が特定できれば，各所に直接連絡（リコール告知）を行えばよく，新聞社告のような高額な費用もかからず，また，高い回収率も期待できる。

　商品をインターネット通販等で製造者等から直接消費者に販売しているような場合を除き，商品購入者を特定することは非常に困難であるが，少なくとも，自社商品が出荷後にどのような流通経路をたどり，消費者の手に渡っているかは，可能な限り把握しておくのがよい。このように，出荷した商品がどこにあるかを追跡することを，「トレースフォワード」という[2]。

　まずは，自社商品の販売経路をどこまで把握できるかを一度確認し，その先まで追跡する余地があるかを，検討するのがよいだろう。商品の販売経路は，時とともに変わる可能性があるため，定期的にこれを確認する。

　なお，消費者への商品の販売場所まで特定できた場合，その周辺地域でリコール告知を行うことが考えられるが，例えば空港や駅の土産物店で販売されている場合などは，全国を対象範囲としてリコール告知を行うことを検討する必要がある。

　また，迅速かつ的確なリコールの実施のためには事故等の原因を速やかに特定/推定し，リコール実施有無の判断，リコール対象製品の特定を行う必要がある。そのためには，商品が，いつ，どこで，どのような原材料を使用し，どのような条件で製造または加工されたか等を確認できるようにしておかなければならない。このように，商品の生産加工履歴をさかのぼって確認することを，「トレースバック」という[2]。

　トレースバックが可能な体制を整備するためには，商品の識別単位（ロット）ごとに商品や原材料の生産加工にかかわる情報を記録し，商品・原材料の識別記号（ロット番号）と紐づけることである。記録が必要な情報としては，例えば以下のようなものがある。

① 原材料仕入れ先に関する情報
- 原材料仕入れ先の名称，所在地
- 原材料の仕入れ年月日
- 原材料の仕入れにかかわる保管・運搬業者名

② 工程管理情報
- 製造記録（作業者，使用機械・器具，原材料等）
- 温度管理情報（加熱温度，保管温度等）
- 検査情報（固形異物検査，残留農薬検査等）

③ 原材料等の情報
- 生産地域
- 製造業者
- 収穫/製造時期
- 農薬等使用履歴
- アレルギー物質の有無

3.2　リコール対応マニュアルの作成

　いざ食品リコールを実施するという段になって，何をどうすればよいかを考えていたので

は，迅速・的確なリコールの実施は望めない。このため，あらかじめリコール対応の手順・基準を検討・整理し，マニュアルとして整備しておくのがよい。

リコール対応マニュアルにおいては，以下のような項目を規定する。
① 対応メンバー(関係部門，責任者)と役割・権限
② 報告・調整を要する機関等および連絡先
③ リコール実施の判断基準
④ リコール告知方法
⑤ 具体的実施事項および実施手順

3.2.1 対応メンバー(関係部門，責任者)と役割・権限

リコールにかかわる実施事項について，「誰が」「何を」行うのかを明確にしておくことは，リコール対応を円滑に進めるための重要なポイントである。

リコール対応は事故やクレームの情報の入手から始まるため，既にクレーム対応規定を策定している企業においては，その内容との整合が求められる。クレーム対応規定を策定していない企業では，事故やクレームの受付，社内報告から，担当体制を事前に決めておく必要がある。

またリコール対応においては，リコールを実施するか否か，リコールの内容・方法(告知媒体等)，リコールの終了等について意思決定する必要があるため，誰がこれらを最終的に判断・承認するかを定めておくことも重要である。

リコールの検討および実施にあたっては，リコールにかかわる作業や判断を行う者による対策本部を設置することとなる。対策本部の組織およびメンバーの権限の例を，図1に示す。

3.2.2 報告・調整を要する機関等および連絡先

リコールを実施するにあたっては，消費者以外にも，様々な関係機関等への報告，調整が必要となる。そのため，あらかじめ，どのような機関等への報告，調整が必要かを検討・整理し，当該機関等の連絡先を確認しておく。報告，調整を要する機関等としては，例えば次のような先が挙げられる。

図1 対策本部の組織およびメンバーの権限の例

(1) 行政機関

　食品リコールについて報告を要する行政機関は，管轄の保健所等である[※1]。この際，対象製品の製造施設がある地域の保健所等だけでなく，本社・事業所のある地域の保健所等にも報告が求められるケースがあるため注意が必要である。

　個別に「自主回収報告制度」を設けている自治体も多くあるため，事業所等が所在する自治体についてあらかじめ確認しておく。例えば東京都の自主回収報告制度では，事業者は「自主回収着手報告書」や「自主回収終了報告書」を，管轄保健所等に提出することが求められている。

(2) 取引先

　リコールの実施にあたり，対象商品の関係取引先（販売業者，流通業者等）への連絡，協力要請を行う必要がある。関係取引先に対しては，リコール対象商品の詳細の連絡とともに，当該商品の所在の確認，流通在庫・店頭在庫の流通・販売停止および返送の依頼，消費者へのリコール告知の協力要請（店頭へのポスター掲示等）を行う。取引先への連絡の様式をあらかじめ作成しておけば，緊急時にも迅速に対応することが可能である。

(3) 従業員

　リコールの実施を決定した場合，自社従業員にも速やかに伝達することが望ましい。従業員への情報共有により，無用な不安や混乱を回避し，誤った情報の流出を防ぐためである。この際，従業員が個人のブログやSNS（ソーシャルネットワーキングサービス）等によりリコール情報を社外に発信することがないよう，あわせて指示しなければならない。

(4) 保険会社

　リコール保険等に加入している場合，リコール実施の可能性が生じた時点で保険会社に連絡し，加入している保険の内容や適用範囲等を確認のうえ，必要に応じて保険会社と協議しながら対応を進めることが望ましい。リコール保険については後述する。

(5) 専門家およびサポート機関

　リコール対応の中で法的責任の判断が必要となった場合は，弁護士等に連絡・相談する。また，リコール時の消費者からの問い合わせ対応において外部のコールセンターサービスを利用する場合，委託するコールセンターサービス会社に連絡する。商品の回収方法や告知方法等の検討，消費者からの個別の問い合わせへの対応にあたり，コンサルティング会社に連絡し相談するケースもある。リコール実施にかかわるサポート機関については後述する。

(6) マスメディア

　新聞，テレビ等のマスメディアへの対応および調整が，リコール告知の実施，記者会見実施や取材対応等において必要となる場合がある。

※1　「食品等事業者が実施すべき管理運営基準に関する指針（ガイドライン）」（平成16年2月27日付け食安発第0227012号別添，最終改正：平成26年10月14日付け食安発1014第1号）Ⅰ危害分析・重要管理点方式を用いる場合の基準の第2食品取扱施設等における衛生管理の15食品取扱施設等における食品取扱者等の衛生管理の(3)参照。

3.2.3　リコール実施の判断基準

リコールの実施検討にあたり，速やかに判断を下すため，リコール実施基準をあらかじめ定めておくことが肝要である。

リコール実施の判断基準に絶対のものはないが，一般的には，人への危害またはその可能性，食品衛生法等の法令違反および事故等の拡大可能性の有無等が考慮される。判断にあたっては，今後の人的被害（けが，健康被害）の発生防止を第一に考えなければならない。人的被害がない場合も，社会的要請があると判断されれば，リコールを実施することがある。例えば食品への異物混入を例に考えてみると，金属片などでなく昆虫が混入していた場合，たとえ人的被害はなくとも，社会的要請を鑑み，リコールを実施するケースもある。

近年の食品リコールの実施理由では，「表示不適切」（期限表示，アレルギー表示等）が最も多く，他に「規格基準不適合」（指定外添加物の使用等），「品質不良」，「異物混入」，「容器・包装不良」等がある。

3.2.4　リコール告知方法

自社商品の特性や販売形態を考慮のうえ，消費者への告知方法，告知内容等を検討し，定めておく。

商品購入者の情報が不明な場合の告知方法（媒体）の例を以下に示す。
- 報道機関に対する発表（プレスリリース）
- 新聞社告
- テレビ/ラジオCM
- 雑誌広告
- 自社ホームページ
- 公的機関のウェブサイト
- 民間のウェブサイト
- 折り込みチラシ
- 販売地域指定郵便
- 家庭への直接投函
- 店頭告知（ポスター掲示等）

事業者から提供のあったリコール情報を掲載している公的機関のウェブサイトとしては，「消費者庁リコール情報サイト」や農林水産省の「自主申告一覧」などがある。

新聞社告やホームページ上で告知を行う場合の告知内容については，農林水産省作成の「食品のリコール社告記載例」（**図2**）[4]等を参照先として対応マニュアルに記載しておくとよい。

3.2.5　具体的実施事項および実施手順

[3.2.1～3.2.4]に挙げた事項を含め，リコール対応における具体的な実施事項と手順について，マニュアルに規定しておく。食品リコールの一般的な実施事項・手順を以下に記す。
① 食品事故・クレーム情報等の収集・評価
② リコール実施有無の判断，関係機関への相談

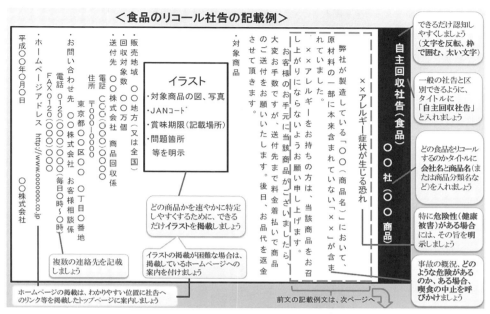

図2　食品のリコール社告記載例[4]

③　対策本部の設置
④　リコール内容（告知方法等）の決定，関係機関への報告
⑤　商品回収時の措置の決定
⑥　対外対応方針の作成・配布
⑦　リコール告知
⑧　回収率の測定，リコールの有効性評価
⑨　リコール終了の判断

3.3　サポート機関への事前相談

　[3.2.2（5）]では，リコール実施時の専門家やサポート機関への連絡・相談についてふれたが，平時から，こうした先を検討・確保しておくとともに，助言を受ける等の準備をしておくことが有用である。

　リコール対象商品の流通数が多かったり，ニュース等で話題になったりした場合，消費者等から非常に多くの問い合わせが入ることがあり，自社の問い合わせ窓口では対応しきれないケースもある。例えば2013年に冷凍食品に農薬が混入された事案では，回収対象数が640万個と多く，また報道で大きく取り上げられたこともあり，ピーク時には1日に10万件を超える入電があったとされている[5]。

　入電数が自社で対応できる許容量を超える場合，外部のコールセンターサービス会社を活用することが考えられるが，コールセンターサービス会社も，大規模な対応窓口を早急に整えるのが難しい場合もあるため，事前にコールセンターサービスの内容を検討し確認しておくのがよい。

また，リコール実施の際，回収方法や告知方法等について相談にのってくれる専門家やコンサルティング会社を確保するとともに，日頃から，リコールの準備措置等に関する助言を受ける等の準備をしておくことが望ましい。

3.4 リコール費用の想定と確保
3.4.1 リコール費用の想定
リコールには多額の費用を要することも多いため，あらかじめリコールに要する費用を想定し，確保しておく必要がある。リコール実施に伴い発生する費用としては，以下のようなものがある。

- 社告費用（新聞，テレビ，雑誌，ラジオ等）
- 回収品/代替品の輸送費用
- 代替品の製造原価/仕入原価
- 消費者への返金
- 回収品の一時保管のための倉庫/施設賃借費用
- 管理費（対応メンバーの人件費，出張費および宿泊費）
- 回収品および出荷前在庫品の廃棄費用
- 通信費用（電話，FAX，郵便等）
- 原因調査費用（異物検査・分析費用等）
- 信頼回復のための広告費用
- 記者会見実施費用
- 外部のコンサルタント，支援サービス等の利用費用
- 再発防止対策費用

この他，間接的な費用として，販売量の減少や営業停止に伴う利益喪失がある。また，健康被害等が発生した場合は，被害者への見舞い金品の費用や損害賠償費用（治療費，休業損害，慰謝料等），争訟費用（弁護士費用等）が生じることもある。

上記のうち，主要なリコール費用について以下に概説する。

(1) 社告費用（新聞）
新聞社告は，わが国におけるリコール告知方法の代表的なものとなっている。

表1に，全国紙5紙の全国版朝刊にリコール社告（お詫び広告）を掲載する場合の料金を示す。全国紙5紙に12 cm×2段（約7 cm）の社告を掲載した場合，表のとおり，1回で約1,460万円の費用が発生することとなる。

なお地方紙・ブロック紙の場合，1 cm×1段の社告掲載費用は平均で約2.1万円であり，12 cm×2段の場合，平均で約51万円となっている。

表1 全国紙のリコール社告掲載料金（2015年7月現在，各社ウェブサイトより，金額は税抜き）

	1 cm×1段	12 cm×2段
読売新聞	179,300円	4,303,200円
朝日新聞	176,000円	4,224,000円
毎日新聞	119,000円	2,856,000円
日本経済新聞	80,000円	1,920,000円
産経新聞	55,000円	1,320,000円
5紙計		14,623,200円

(2) 回収品/代替品の輸送費用

消費者から商品を回収する場合，料金着払いで返送してもらうこととなる。仮に，回収対象数が10万個，回収率10%，送料を平均800円とすると，回収品の送料は，式(1)のように計算される。

$$
\begin{aligned}
(商品返還送料) &= (回収対象数) \times (回収率) \times (返送料) \\
&= 10万個 \times 10\% \times 800円 \\
&= 800万円
\end{aligned} \tag{1}
$$

前述の，冷凍食品に農薬が混入した事案では回収対象数が640万個であったが，この数量で計算すると，5億円超の金額となる。

消費者に対し代替品を送付する場合，輸送費用は倍額となる。

(3) 消費者への返金費用

食品リコールの場合，商品を回収したうえで，代替品の送付でなく返金を行うケースが多い。[3.4.1 (2)]と同様，仮に，回収対象数が10万個，回収率10%，商品代金を500円，送金コスト（送料または振込手数料等）を平均500円とすると，消費者への返金費用は，式(2)のように計算される。

$$
\begin{aligned}
(代金返還費用) &= (回収対象数) \times (回収率) \times (商品代金 + 送金コスト) \\
&= 10万個 \times 10\% \times 1{,}000円/個 \\
&= 1{,}000万円
\end{aligned} \tag{2}
$$

返金費用も，回収対象数の多寡により金額はかなり変動する。

(4) 通信費用（電話）

臨時のお客さま相談窓口として，社外のコールセンターサービスを利用した場合の費用を想定する。コールセンターの設置期間を30日間，初期10日間の回線数を15回線（ブース），残り20日の回線数を8回線（ブース），対応時間を8時間/日，ブース単価を3,500円/時と仮定すると，コールセンター業務委託費は，式(3)のように計算される。

$$
\begin{aligned}
(コールセンター業務委託費) &= 3{,}500円/時 \times 8時間 \times (15ブース \times 10日 + 8ブース \times 20日) \\
&\fallingdotseq 870万円
\end{aligned} \tag{3}
$$

上記のように，自社製品でリコールを実施した場合に発生する費用を試算してみるとよいだろう。

3.4.2 リコール費用の確保

前述のとおり，リコール費用の負担は事業者にとって小さくなく，リコールの規模によっては巨額の特別損失（製品保証引当金）を計上することとなる。

リコール実施による自社の負担を軽減する手段としては，他社への求償（例えば，仕入れた原材料に問題がありリコールを実施することとなった場合の仕入れ先への求償）や，リコール保険（保険商品名は提供する保険会社・代理店によって異なる）の活用などが挙げられる。

[4.]で，一般的なリコール保険の内容について記載する。

4. リコール保険の内容

以下に，一般的なリコール保険の内容について述べる。なお，保険の内容は保険会社によって異なるため，実際の内容は保険会社または保険代理店に確認されたい。

4.1 保険の対象となるもの

被保険者（保険の対象となる企業）が製造，販売または供給を行った食品，添加物，容器包装等が対象となる。

各社の保険により，保険期間開始日（始期日）以降に製造，販売等を行った商品を対象としているもの，保険期間開始日の1年前以降に出荷された商品を対象としているものなどがある。

4.2 保険金が支払われるケース

被保険者が製造，販売等を行った食品の瑕疵を理由として，当該食品の回収等が行われた場合に，被保険者が被る損害に対して，保険金が支払われる。ただし，回収等の実施が以下などにより客観的に明らかになった場合に限られている。
- 新聞等による社告
- 行政庁に対する届出および報告
- 行政庁による回収命令

ここでいう食品の瑕疵とは，以下などをさす。
- 表示不適切（消費期限，賞味期限の表示漏れ，表示誤り，アレルギー表示の欠落等）
- 異物混入
- 食品衛生法の規格基準違反（残留農薬，指定外添加物の使用，大腸菌群陽性等）

リコールが被保険者以外の者（納入先等）によって実施され，その費用を被保険者が負担することによって被る損害については，各社の保険によって，補償対象となるもの，一部補償対象となるもの，補償対象とならないものがある。

また，昨今，悪意のある第三者や内部犯による異物混入等（フードテロ）のリスクが話題となっているが，こうした第三者等による犯罪行為（含む脅迫）を理由とするリコールの費用についても，各社によって補償内容が異なっている。

リコール実施を原因として被保険者の営業が休止または阻害されたことにより生じた喪失利益等については，各社とも補償を提供している。

保険の補償対象となる損害の例は，**表2**のとおりである。

4.3 保険金が支払われないケース

リコール保険では，リコール実施にかかわるすべての費用が補償されるわけではない点に注意が必要である。例えば，次のような費用・損害は，補償対象外となる場合がある。

表2　補償対象となる損害の例

損害の種類	内容
社告費用	新聞，雑誌，テレビ，ラジオ等による社告費用
通信費用	電話，FAX，郵便等による通信費用
確認費用	回収品か否か，または瑕疵有無について確認するための費用
代替品の原価	回収品と引き換えに代替品を給付する場合の代替品の製造原価または仕入原価
返還代金	回収品と引き換えに返還する代金（利益を控除した額）
輸送費用	回収品または代替品の送料
倉庫/施設の賃借費用	回収品の一時的な保管のため臨時に借用する倉庫または施設の賃借費用
残業代等	リコールの実施により生じる人件費のうち通常を超える分
出張・宿泊費	リコールの実施により生じる出張費および宿泊費
回収品の廃棄費用	回収した食品を廃棄するための費用
在庫品の廃棄費用	出荷前の在庫品を廃棄するための費用
信頼回復広告費用	リコールの実施によって失われた信頼の回復のために行う広告宣伝費用
コールセンター設置費用またはコールセンター業務委託費	コールセンターを設置するための通信機器や設置場所の賃借費用，コールセンター業務を外部委託する費用
コンサルティング費用	事故の事実確認，調査や回収方法，告知方法の策定のためのコンサルティング費用

- 第三者の身体障害や財物損壊についての損害賠償費用（消費者に健康被害が生じた場合の治療費など）[※2]
- リコール対応の失敗等により通常のリコール費用以上に要した費用
- 商品の自然のかび，腐敗，変質，変色等を理由とするリコールの費用

補償対象となる損害であっても，契約で設定した自己負担額（免責金額）の部分および支払限度額を超える部分については，被保険者の負担となる。

4.4　保険料

リコール保険の保険料は，業種，年間売上高，支払限度額，特約の有無，過去のリコール実施状況等により決定される。具体的な保険料については，保険会社や保険代理店に問い合わせられたい。

■文　献

1) 経済産業省ホームページ：http://www.meti.go.jp/product_safety/recall/handbook2010.pdf
2) 農林水産省ホームページ：http://www.maff.go.jp/j/syouan/seisaku/trace/pdf/tebiki_rev.pdf
3) 内閣府ホームページ：http://www.cao.go.jp/consumer/doc/201308_food_recall.pdf
4) 農林水産省ホームページ：http://www.maff.go.jp/j/syouan/hyoji/pdf/recallsyakoku260404.pdf
5) 農林水産省ホームページ：http://www.maff.go.jp/j/syouan/seisaku/kiki/kentoukai/pdf/01report.pdf

※2　主として生産物賠償責任保険（PL保険）の補償範囲となる。

第1章 リスク管理とその実際

第8節　企業に求められるフードディフェンス対策とFSSC22000

株式会社レジェンド・アプリケーションズ　小川　賢

1. FSSC22000とは

　FSSC22000とは，「Food Safety System Certification 22000」の略であり，EU食品・飲料産業連合（CIAA）の支援のもと，FFSC（Foundation for Food Safety Certification）によって開発された認証規格である。このFSSC22000は，国際標準化機構（International Organization for Standardization；ISO）が発行しているISO規格であるISO22000とISO/TS22002-1にFSSC22000の追加要求事項を組み合わせて構成されている。

　日本国内において，FSSC22000認証規格が発行されて以来，認証取得食品会社は急速に増加し続けている。多くの食品会社がこの認証の取得に向かうのには二つの大きな理由がある。

　一つ目の理由として，大手の流通小売業者の多くが，FSSC22000の規格要求事項をそのまま食品工場に対する監査の際の「監査チェックシート」にし，さらにはFSSC22000認証取得工場に対して監査免除を実施し始めていることが挙げられる。このことによりISO22000の認証取得に対しては見向きもしなかった菓子やアルコール等を製造する食品会社までが，取得に向けて動き始めている。

　もう一つの理由が，フードディフェンス対策を取ることを流通小売業者が各食品会社に対して強く要求し始めたことである。2013年12月に起きた「農薬マラチオンの混入事件」を契機に性善説をベースに成り立っていた日本の食品事業者の安全神話は崩壊し，食品会社にとってフードディフェンス対策は大きな課題となっている。そして食品会社がフードディフェンス対策を取る際にFSSC22000を認証取得するのは，その対策が一定基準のレベルを満たしていることを第三者からの評価として示すことができる手段となっているからである。

　本稿においては，これらの状況を踏まえ『FSSC22000認証規格が要求するフードディフェンス対策』について解説をしたうえで，実際にどのような取り組みを行っていけばよいかを実例も含めながら述べていく。

2. FSSC22000認証規格が要求するフードディフェンス対策

　FSSC22000の構成要素であるISO22000とISO/TS22002-1においては，直接フードディフェンスにかかわる要求はわずかであるが，実際に認証取得に向けて環境構築をしていく際には，各要求事項からフードディフェンスとの関係性を読み取り，対策を取っていく必要がある。ここでは直接的または間接的にフードディフェンスとの関係が大きい要求事項の解釈と要求事項に照らし合わせた対応手段について解説する。

2.1 ISO/TS22002-1 が要求するフードディフェンス対策

ISO/TS22002-1 の具体的な要求事項は，技術仕様書内の 4～18 章までの 15 の章に記述されている。

各章は以下のような構成となっている。

4 章　建物の構造と配置
5 章　施設及び作業区域の配置
6 章　ユーティリティ―空気，水，エネルギー
7 章　廃棄物処理
8 章　装置の適切性，清掃・洗浄及び保守
9 章　購入材料の管理　受入れ材料の要求事項（原料/材料/包材）
10 章　交差汚染の予防手段
11 章　清掃・洗浄及び殺菌・消毒
12 章　有害生物（そ族，昆虫等）の防除
13 章　従業者の衛生及び従業員の為の施設
14 章　手直し
15 章　製品のリコール手順
16 章　倉庫保管
17 章　製品情報及び消費者の認識
18 章　食品防御，バイオビジランス及びバイオテロリズム

各章のタイトルから，直接フードディフェンスにかかわる要求だとわかるのは 18 章のみである。

他の章においては要求事項がどのような目的をもっているのかを理解し，そのなかからフードディフェンス上の問題点を検討し，解決する必要がある。また，ISO/TS22002-1 では，要求事項に対して適合できていない事項について，ISO22000 の 7.4 章の手順（発生可能性と重篤性から重要度を導き出す）に沿って危害分析を実施し，対応策を検討することが要求されているので注意が必要である。

以下，フードディフェンスとのかかわりが深い要求事項について，対策方法について解説を行う。

2.1.1　建物と敷地エリア『18 章　食品防御，バイオビジランス及びバイオテロリズム』

この章における要求事項は以下の内容である。
- 施設の中の潜在的に注意を要する区域は識別され，地図にし，アクセス管理しなければならない
- 実行が可能な場合，アクセスは鍵，電子カードキー，またはシステムの利用によって物理的に制限されることが望ましい
- 脆弱な箇所と対策を図面化する

食品工場では人や車両が工場内に入場できるのは明確な目的がある場合だけに制限し，不法侵入者を侵入させないようにする。さらに，万が一侵入された場合に備えて，モニタリングす

るシステムを確立しておく必要がある。大規模な食品工場では敷地への入門の際に守衛を配置しているケースもあるが，旧来，守衛を配置していない食品工場では監視カメラでのモニタリングやICカードを利用して，入場制限を行うケースが増えてきている。

　外部からの侵入に対して，食品工場がフードディフェンス上対策するべき具体的な項目は主に以下のような内容となる。
- 入退場管理（入場許可証，入退場記録等の確認）
- 従業者の確認（社員証，ICカード等の確認）
- 車両確認（車両へのドライバーの身元確認。社員証，免許証の提示。車両への訪問。目的カードの掲示確認）
- 訪問者の確認（訪問リストへの記載，社員証や名刺の提示。訪問先ごとの腕章の掲示等）

2.1.2　施設エリア『6章　公共施設—空気，水，エネルギー』

　この章における要求事項は以下の内容である。
- 加工および保管区域周辺へのユーティリティ（水，空気，エネルギー）の備蓄および供給ルートは，製品汚染のリスクを最小にするように設計されなければならない
- ユーティリティの質は製品汚染のリスクを最小にするために監視されなければならない

　食品工場では原料や包材，薬剤が保管されているが，これらを保管している貯水槽，サイロ，原材料貯蔵タンク，原料保管庫，製品倉庫，薬剤保管庫等は，人の出入りが少なく目が行き届きにくいため，悪意をもった者にとっては攻撃対象にしやすい場所だといえる。こういった場所に対しては危険物混入防止の仕組みを確立し，監視，管理することが重要である。

　食品工場がフードディフェンス上対策するべき具体的な項目は主に以下のような内容となる。
- 薬剤保管庫，貯水槽，サイロ等の施錠管理（取扱者の特定を行う）
- ドア，窓の施錠
- 施設区域の監視（監視員，パトロール，証明等）

2.1.3　製造エリア『13章　従業者の衛生及び従業員の為の施設』

　この章における要求事項は以下の内容である。
- 従業者の衛生および行動に関する要求事項は確立され，文書化されること
- すべての従業者，訪問者，契約者は文書化された要求事項に従うこと

　食品工場では内部犯行や誤混入による事故を未然に防ぐために従業者が製造現場へ入場する際の持ち込み品を制限するとともに，従業者の作業エリアを明確化し，担当エリア以外の作業エリアへの侵入を禁止し，危険物混入リスクを防止することが必要である。

　従業者の管理としてフードディフェンス上対策するべき具体的な項目は主に以下のような内容となる。
- 従業者ならびに外部からの訪問者に対する施設や製造現場への入室時の持ち込み品管理
- 担当エリア外への移動の制限と管理
- ロッカーでの保管品の管理（抜き打ちチェック等）

2.1.4 製造加工工程エリア『10章 交差汚染の予防手段』

この章における要求事項は以下の内容である。
- 交差汚染の防止プログラムは，汚染を防止，管理，検知するために行うこと。物理的，アレルゲンおよび微生物学的汚染を防止するための手段が含まれていること

特に外部からの侵入者だけでなく，悪意をもった従業者が内部犯行を犯すことも含めて考えた場合，原料や中間製品に接触可能な工程において薬物や異物，工程にないはずのアレルゲン原料等を故意に混入させることは非常に実行しやすい行為だといえる。それらの対策として，意図的な危険物の混入防止対策を確立し，監視，管理する必要がある。

製造現場において従業者や外部からの訪問者に対し，フードディフェンス上対策するべき具体的な項目は主に以下のような内容である。
- 従業者が食品に接触する可能性がある計量，投入，混合等の手作業工程，原料や中間製品が露出している工程，タンク等の開口できるハッチ等の製造工程が，監視されているか（相互確認，監視カメラ等）
- 露出場所（ベルトコンベヤー上等）は監視，カバー等されているか
- 製品，中間製品，原料等を監視されていない場所に放置しない
- 化学薬剤の管理（施錠，使用方法，保管ルール）

2.1.5 原料，資材エリア『9章 購入材料の管理 受入れ材料の要求事項（原料/材料/包材）』

この章における要求事項は以下の内容である。
- 配送者は荷降ろし前および荷降ろし中に，輸送中の間に材料の品質安全性が維持されていたことを検証するために，検査すること（例えばシールが無傷であること，虫がいないこと，温度記録があること）
- 材料は受入前，あるいは使用前に検査，試験，分析証明書などで確認すること

工場で使用する原料や包材は受入前に危険物を混入される可能性もある。原料や包材の受け入れの際には，供給元保管庫や輸送途中に危険物混入が混入されなかったことを確実にするために確認を徹底する必要がある。

原料や資材の受け入れの際に，フードディフェンス上対策するべき具体的な項目は主に以下のような内容である。
- 原料，資材の受入時検品作業の徹底（大袋やフレキシブルコンテナバッグであれば包装の傷みや穴がないことの確認，ローリー車であれば封印シールの確認やサンプル品のチェック）
- バルク原料受け入れの際の立ち会いやサンプル品の確認

2.2 ISO22000が要求するフードディフェンス対策

世界中で一早くフードディフェンスやフードテロについて大きな組織として検討を開始したのはアメリカである。アメリカにおいては2001年9月11日「同時多発テロ」が起きた際にアルカイダが食品を使ったテロを検討していたことが判明したのをきっかけにフードテロ，フードディフェンス対策が必要である，との認識が強まっていった。その後，2002年6月に『公衆

の健康安全保障ならびにバイオテロへの準備および対策法』(通称,バイオテロ法)が制定され,USDA(農務省),FDA(食品医薬品局)において組織的に取り組みが始められた。その後,2007年にFDAが「CARVER＋Shock脆弱性評価プログラム」を発行した。

国家テロという背景の影響を受けて発行されたこのプログラムの内容は各検討項目のスケールが大きすぎて一般の食品工場がプログラムの内容をそのまま導入するには,どうしても違和感があるものといえる。

さらに,アメリカ以外のほとんどの国では,当時まだフードディフェンスはそこまで重要視されていなかった。そのため,同じ時期に,アメリカの背景とは関連性がないまま,2005年に発行された「HACCPを骨格とした食品会社全体での食品安全マネジメントシステムであるISO22000」には,フードディフェンスに対する直接的な要求事項は含まれていない。この頃はまだ日本でもフードディフェンス対策の必要性はあまり認識されていなかった。筆者がコンサルティングを実施した食品会社の多くでは,2008年に中国で「冷凍餃子へのメタミドホス混入事件」が起きて混乱していたその最中でさえ,他山の石としてとらえていて,国内では起こるわけがない,と判断していた。当時はフードテロやフードディフェンスに対する市場での認識も低く,多くの食品工場では対応するべき事項からははずされていた。

しかし,現在フードディフェンス対策は必要不可欠な検討材料となり,そのなかでも内部犯行をどのように抑止していくかは非常に重要で,構築の際には慎重に検討していく必要がある。

ISO22000は以下の構成になっており,その中でフードディフェンス上で検討するべき事項を[2.2.1]より解説していく。

1章～3章　適用規格,引用規格,用語及び定義
4章　文書化に関する要求事項
5章
　1　経営者のコミットメント
　2　食品安全方針
　3　食品安全マネジメントシステムの計画
　4　責任および権限
　5　食品安全チームリーダー
　6　コミュニケーション
　7　緊急事態に対応する備えおよび対応
　8　マネジメントレビュー
6章
　1　資源の提供
　2　人的資源…従業者の認識
　3　インフラストラクチャー
　4　作業環境
7章
　1　一般
　2　前提条件プログラム

3　ハザード分析を可能にするための準備段階
  4　ハザード分析
  5　OPRP の確立
  6　HACCP プランの作成
  7　PRP，HACCP プランを規程する事前情報ならびに文書の更新
  8　検証プラン
  9　トレーサビリティシステム
  10　不適合の管理…危機管理体制
8 章
  1　一般
  2　管理手段の組み合わせの妥当性確認
  3　モニタリングおよび測定の管理
  4　食品安全マネジメントシステムの検証…検証体制
  5　改善

2.2.1　従業者の認識『6 章 2.2　力量，認識及び教育・訓練』

　ISO/TS22002-1 技術仕様書には「悪意のある汚染に対する予防手段は，この技術仕様書の範囲外である」と記述されている。ここでの予防手段は主に内部犯行に対する予防措置をさしている。つまり ISO/TS22002-1 のなかでは，従業者の不満の解消やモラル教育によってフードディフェンスを予防するという考え方は定義されておらず，予防的措置については本章が該当しているといえる。
　この章におけるフードディフェンスに関連する要求事項は以下の内容である。
- 組織の従業者が，食品安全に貢献する際の，自らの活動のもつ意味と重要性を認識することを確実にする
- 効果的なコミュニケーションを行うための要求事項が，食品安全に影響がある活動に従事する従業者すべてに理解されることを確実にする

　内部犯行によるフードディフェンス事件の主な発生原因は，犯行者が食品工場内で阻害されたことや，職場や労働環境に対して失望したことに起因する。このような事件を防止するためには，管理者と従業者が十分なコミュニケーションを取り，阻害感を与えないようにし，工場の状況や考えを理解してもらうことが必要である。と同時に，周辺でおかしな行動をしている従業者がいた際に，周囲の従業者がその行動を見逃さず，管理者に報告をする体制を構築しておくことも重要である。
　食品工場がフードディフェンス上対策するべき具体的な項目は主に以下のような内容である。
- コミュニケーションを取り，ストレスや不満を溜めさせない仕組みをつくる
- 従業者のモチベーションを上げる

　この項目については，[4.] にて再度解説する。

2.2.2 危機管理体制『7章10.4　回収』

この章におけるフードディフェンスに関連する要求事項は以下の内容である。

- 出荷後に安全でないと明確にされた最終製品のロットの完全かつタイムリーな製品回収を可能にし，促進する

この要求事項の本来の趣旨は，迅速に対応できる回収手順を確立したうえで，「異物混入」「菌汚染」「化学薬剤汚染」「アレルゲンのコンタミネーション（コンタミ）」等を原因とした製品回収が起きたということを想定して模擬の製品回収訓練を定期的に実施し，手順に不備が見つかった場合は改善を行うことで，万が一，製品回収事故が発生した際のダメージを最小限に抑える，というものである。ただし，近年の世相を考慮すると不慮の食品安全事故だけではなく様々なフードディフェンス事件を想定して同様の訓練を行うことも検討するべきであろう。その訓練の場をフードディフェンスについて考える場としても活用していただきたい。実際に，私がコンサルティングを実施している食品会社においても，フードディフェンス事件にかかわる事例を想定して製品回収訓練を行い，製品回収にかかわる手順や判断等の有効性確認を実施すると同時に，モラル教育の場として活用している食品会社もある。

フードディフェンス上対策するべき具体的な項目は主に以下のような内容である。

- 回収訓練を実施することで，万が一フードディフェンス事件が起きた際に被害拡大を最小限に抑える

2.2.3 検証体制『8章4.2　個々の検証結果の評価』

この章におけるフードディフェンスに関連する要求事項は以下の内容である。

- 人的資源の運用管理および教育，訓練活動の有効性

放火犯は火事を起こす前に，予兆行動として何度か小さな不審火等の事件を起こすケースが多い。同様に食品工場内で不満を募らせた内部犯行者も，いきなり大きな犯行に及ぶのではなく，予兆行動を起こす場合がある。この予兆行動を見極めて大きな事件を引き起こさないように対処することは非常に重要である。「農薬マラチオンの混入事件」の際にもこの予兆行動がみられた。犯人はマラチオンの混入を実行する前に「製品に対する楊枝の混入」を4回繰り返している。この食品工場では楊枝は使用されていなかったので，楊枝の混入が複数回に及んだ時点で，経営層や食品安全チームは，工場内に不満をもつ従業者がいる可能性があることを検討し，対策をうつべきであったといえる。

予兆行動を見逃さないためには，細かい異常を見逃さないようにすることが重要である。

3. アクセス管理と従業者監視

ここまでFSSC22000の要求事項に対応する対策について解説を進めてきたが，実際に各食品工場がフードディフェンス対策を実施するためには，どのように行っていけばよいだろうか。フードディフェンス対策はISO/TS22002-1において要求されている「アクセス管理」とISO22000に含まれる「モラル教育による内部犯行の抑制」に分け，対応することができる。

ここでは「アクセス管理」に関する具体的な対策について解説し，[4.]において「モラル教

育による内部犯行の抑制」に向けた対策について解説を進める。

3.1 食品工場敷地に対するアクセス管理

　私は，食品会社から脆弱性診断の依頼を受けた際には，まず敷地を含む食品工場全体の図面と現地確認から敷地と建家の外部侵入に対する脆弱性をチェックし，次に食品工場内図面と現場の確認をしながら原料や製品，従業者の動線をもとに，内部犯行および外部侵入者の犯行を両方見据えて，脆弱性をチェックするようにしている。

　このように「アクセス管理」としては「食品工場敷地に対するアクセス管理」と「敷地内と食品工場建屋に対するアクセス管理」の両面を考えなくてはいけない。

　外部からの侵入者対策としての一歩目は敷地への侵入を防ぐことであり，その際の対応策は守衛の設置，監視カメラによるモニタリング，フェンス等による管理となる。

　守衛を設置している食品工場では，守衛による監視時間が何時から何時までなのか，突発的な事態や夜間等，守衛が不在の際に監視カメラ等によってモニタリングがされる仕組みが構築されているかがポイントとなる。監視カメラについては死角がないかだけでなく夜間の視覚認識レベルや録画データの保存期間も検討に入れる必要がある。

　フェンスが設置されている工場であれば，どの位の高さがあり破損や管理の抜け穴がないか，を確認する。外資系の食品工場においては2～3mのフェンスを立て，さらにフェンスの上に有刺鉄線を張り巡らせているような工場もあるが，日本の一般的な工場におけるフェンスの高さは1～2m程度で，フェンス自体を設置していない工場も多く存在する。また，表門には守衛がいるにもかかわらず，従業者通路としての裏門は無管理という工場も少なくない。これは守衛を設置している目的がフードディフェンスではなく，来場者の受付に重きが置かれているためである。

　「敷地に対するアクセス管理」について現状の把握と検討をしたうえで「敷地内と食品工場建家に対するアクセス管理」に検討を進めていく。

3.2 敷地内での管理

　工場内敷地においては，原料を外置きしている場合は当然原料の安全管理が必要となるが，油脂や小麦粉，糖液等のバルク原料をローリー車等で受け入れている場合にも管理を必要とする。管理内容としては「ローリー車自体の封印のチェック」「受入口の施錠管理」「受入品のサンプルチェック」「従業者による立ち会い」等である。

　これらの監視の一環として，監視カメラを導入している工場もある。

3.3 食品工場建家に対するアクセス管理

　前述のとおり，多くの日本の食品工場にはフェンスが設置されていない。それは海外の食品製造における性悪説をベースとした運営ではなく，性善説をベースとした運営がされてきたことが一因となっている。しかし，近年はSNS（ソーシャルネットワーキングサービス）の普及や生活の仕組みが変わってきたことにより，一昔前と同じ理論では通用しなくなってきている。

例えば地方では，20年前には，周辺に見知らぬ人は居住しておらず，どの従業員を見ても「あの人はAさんの息子さん」というように身元が定かで，地域とのつながりが深い工場が非常に多くあった。しかし，近年は，生活の仕組みが変わってきたこと等により，近所付き合いは少なくなり，隣人の顔が見えづらくなってきている。さらに，労働力を，海外を含む遠方からの従業者に頼らざるを得ない状況下では，育った環境や考え方，文化等が異なり，性善説に基づく倫理感とは異なった倫理感をもつ者が工場で働いていたり，周辺に居住していたりする可能性がない，とは言い切れない。

仮に，数カ月前まで食品工場に従業し管理者とのいざこざで悪意をもったまま辞めた者がいたとしたらどうなるだろうか。その従業者が前述のような性格だったとしたら，数m程度のフェンスならば，よじ登って工場敷地内に侵入するかもしれない。そのように考えた場合，フードディフェンス対策として建家自体を守ることは徹底する必要があるといえる。食品工場においてアクセス管理をしなくてはならない場所は工場外と工場内をつなぐすべての通り道，入場口，原料搬入口，製品出荷口，食品工場内外が通じている場合のボイラー室やコンプレッサー室，ゴミ廃棄場等である。

中小の食品工場においてはこれらすべての通り道を施錠管理している場合も多い。従業者の人数が多い場合施錠によるソフト対応には限界があるため，ICカードや監視カメラによる対応が必要となる。ICカードによる入場制限を行う食品工場の中には，従業者の作業区域の入退場管理や原料搬入口，製品出荷口のシートシャッターの開閉と連動させて運用している食品工場もある。さらにICカードの運用においては，従業者がICカードを返却せずに退職してしまった場合，その従業者のICカードを使用不可にすること，なりすまし入場をさせないことを従業者各自がよく認識しておく必要がある。

3.4　食品工場内アクセス管理と食品工場内監視

食品工場内の管理として検討するべき事項は「工場内アクセス管理」と「工場内監視」の二つである。

「工場内アクセス管理」の具体的な手法としては，前述したようなICカードによって作業区域の制限を設けるほかに，作業場ごとにユニフォームの色分けをしたり，ユニフォームに大きく名前を入れたりして視認性を高める方法が採用され始めている。これらの方法は目視以外において，監視カメラでも視認しやすいため，FSSC22000導入の際のユニフォーム変更時に対応しているケースが多い。

3.5　監視カメラの導入

ここでは監視カメラの運用について整理をしておく。監視カメラ自体はフードディフェンス事件を防ぐことはできず，最大の目的は警告表示による抑止効果である。その前提において，設置のポイントは以下となる。

- ●死角をなくすこと

  特に，一つのカメラで二つの視点を補足する場合には，カメラの視野角に監視したい場所がおさめられていないことがある。設置に当たっては，視野角を想定することが必要である。

- ●録画期限の設定

  録画期間を設定する際には，賞味期限などから想定して決定する。ただし，犯行者の心理として，犯行者は犯行の効果を早く見たいという思いが強く，1カ月程度あれば脅威が及ぶように攻撃することが考えられる。

- ●ダミーカメラを設置する場合

  費用等の理由からダミーの監視カメラを設置する場合は，従業者にダミーであることを悟られないようにしておく必要がある。2013年12月に起きた「農薬マラチオンの混入事件」の検証文書には，「食品工場内に設置されたダミー監視カメラについて，従業者がダミーであることを認識していた」と記載されている。このような状況では全く効果を発揮できないといえる。

- ●従業者の理解を得る

  監視カメラの導入は従業者に不信感を与えることが多く，反発等を招くケースが多い。私がコンサルティングを実施している食品工場でも，経営判断で監視カメラを導入することを決めた際に従業者から「一息つける場所がなくなる」「監視されながら仕事をしたくない」「信用されていないのか」等の意見がいくつも上がったことがある。監視カメラを導入する際には，「導入の目的」と「万が一，事件が起きた際に，結果として自分たちを守る手段となること」をはっきりと伝え，十分な理解を得ることが重要である。

3.6　アクセス管理の実事例

当社では年間に20社程度の食品会社に対してFSSC22000への取得支援を実施している。支援している食品会社は，新設の食品工場から築40年を超える食品工場まで様々である。新設食品工場の場合は，FSSC22000認証取得を前提に立地検討，図面検討から支援するケースも多く，監視カメラやICカードによるアクセス管理だけでなく，監視カメラによる食品工場内の従業者監視まで実施するケースも多い。一方，築年数が長い食品工場においては，性善説をベースにフードディフェンスに対しては考慮せずに建設されているため，入場口および原料受入口，搬出口が無管理となっている工場も多い。こういった工場が認証取得に向けて十分に設備投資ができる場合は問題ないが，実際にはそうでないケースも多くある。ここではアクセス管理の不備をソフト対応したケースを紹介させていただく。

3.6.1　ケース1：中堅菓子食品工場

フードディフェンス対策を取る前の状況は以下のようであった。

- ●食品工場入口ドアは，来客者と従業者が共通の入口として利用する。来客は入口から入場後そのまま受付に向かうが，従業者は入口ドアを入ると受付横の階段を通って2階の更衣室に向かう。従業者は受付等で他の従業者に会うことなく，更衣室まで移動できる。
- ●ユニフォームはバイト，社員とも1着を貸与し，2着目以降を買い取りさせていた。ユニフォームは毎日交換することをルールとしていたため，バイト，社員とも2着程度を購入していた。結果として離職の際に貸与したユニフォームは返却を求めることができたが，買い取りさせたユニフォームは回収することができなかった。

- 社員と常任バイトの数を合計すると200名程度在籍しているうえ，繁忙期の短期間だけ雇用するバイトも多いため，各部門の管理者は自部門の在籍者の把握をすることが精いっぱいで，他部門の在籍者までは正確に把握できない状態であった。

この食品工場では，仮に短期バイトが管理者に恨みをもったまま辞めた場合，自ら購入したユニフォームは手元に残る。食品工場の受付を通らずに食品工場内に侵入でき，繁忙期であれば食品工場内においても各部門の管理者に見つからずに犯行に及ぶことは容易である，と推察された。

この食品工場が行ったアクセス管理は以下のような方法である。

- ネームカードの作成
  キャップの横側（耳の上辺り）に取り付けるネームカードを作成し，そのネームカードを食品工場内における身分証明書とした。ネームカードは，部門ごとに色分けされ，氏名や所属部門，担当ラインが記載されているため，遠くからでも担当部門やラインが識別できるようになった。
- リーダーズステーションの活用
  もともと，この食品工場には各作業場に入場する前に「生産計画」や「シフト間連絡事項」の情報伝達のためのリーダーズステーションが設置されていた。ネームカードを忘れた社員やバイトはリーダーズステーションでテンポラリーカードを発行する旨のルールを設けた。

3.6.2　ケース2：総菜食品工場

フードディフェンス対策を取る前の状況は以下のようであった。

- 原料の納入車両は大型トラックであり，日中の運送では道路の混雑により遅延等が度々起きていたため，深夜の交通量が少ない時間帯に配送を行っていた。
- 運送便が食品工場に到着するのは深夜。運送便の運転手は食品工場の駐車場にトラックを停めて，朝社員が出社するまでトラックの中で仮眠しながら待つのが日常の光景だった。運転手のトイレ使用のため，食品工場入口のドアを開放していた。

この食品工場では，トラック運転手のトイレ使用のために一晩中入口のドアを開放していた。深夜にはトラック運転手も含め，誰でも食品工場に入れる状況であった。フードディフェンス対策として，トラック運転手向けに食品工場建家外に仮設トイレを設置し，入口は施錠することとした。ちなみに，日中は食品工場入口にある事務室にて有人監視ができ，原料受入口や製品搬出口にも常時担当者がいるため，昼休み等で職場を離れる際には施錠管理することをルール化し，ICカードや監視カメラ等は設置していない。

4.　モラルの向上と従業者監視

フードディフェンス対策を取るにあたって，外部からの攻撃よりも内部犯行のほうが複雑で見えづらく，慎重に対応する必要がある。

例えば，前述したような監視カメラの設置等による対策は犯行に対する抑止力をもつ一方，反感を買い事件を起こす引き金になる可能性もある。しかも，どんなに強固な対策を取っても

犯行を犯す隙がなくなるわけではない。2013年12月に起きた「農薬マラチオンの混入事件」のあと，フードディフェンス対策として食品工場入場時にボディーチェックを行ったり，監視カメラでのモニタリングを行ったり，ICカードによる作業区域の制限を行うようになった食品工場は増加している。しかし，現実的にはその対応だけで内部犯行を押さえこむことは非常に難しい。私がコンサルティングを実施している食品工場に，取引先のコンビニエンスストアからの要請で毎日ボディーチェックを実施している工場があり，その場に立ち会わせてもらったことがあるが，仮に，犯行を計画する者が劇薬を靴下等に忍ばせて入場していたら見つけることは不可能だろう。食品工場内の監視カメラは死角をなくすことを前提に設置されているが設置位置は固定されているため，従業者からはどの方向から監視されているか認識されてしまう。当然，犯行を計画する者であれば従業者と原料の間等の死角となる場所を見つけ出して，靴下に忍ばせた劇薬を混入させることは十分に可能といえる。

　内部犯行の抑止のためには，上からの監視的圧力で抑止することだけではなく，すべての従業者とある程度以上の信頼関係のもてる環境を構築し「従業者に事件を起こしたいと思わせない環境づくり」をすることが重要である。このことは「農薬マラチオンの混入事件」の検証文書においても，「経営者・従業者・契約社員のコミュニケーションが不足しており誠実な信頼関係が築けていなかったことが事件の一因であった」と指摘されている。

　この「従業者に事件を起こしたいと思わせない環境づくり」は，日常に実施をしている一番基本的な衛生教育等と非常につながりが深い。それは衛生教育においても一番重要なこととして「全員が同じレベルで衛生について意識し，実施できること」を目標とし，末端の従業者を意識した教育だからである。例えば，私がコンサルティングを行う際，各現場で末端の従業者にターゲットを当て最初にその従業者の意識と作業のレベルを上げる方法を考えるようにしている。各作業の目的を理解させ手順を身につけさせるときに，末端の従業者に「なぜ，きれいにしないといけないのか」「きれいにするためにどうすればよいのか」「きれいにするとどうなるのか」が伝われば，当然それよりも上位の従業者には末端の従業者以上に「目的」「理由」「手順」が明確に伝わる。全従業者にすべての作業の「目的」「理由」「手順」が理解されれば，全体の共通意識となり，モラルアップにつながっていく。

　末端の従業者に教育のターゲットを当てるのにはもう一つの理由がある。基本的に食品工場においては作業中の「雑談は禁止」で，かつ，食品工場内においては「部門管理者」「ラインリーダー」等の役職を通じて情報伝達が行われるため，他業種と比べ現場でのコミュニケーションが取りにくい特性がある。さらに，2シフト，3シフトのような勤務形態の場合は，日中に勤務をしている部門責任者と夜勤の従業者の間ではさらにコミュニケーションが取りにくい環境といえる。実際に，当社で実施しているHACCP研修に参加したある大手食品会社の品質管理部責任者は「末端の従業者と2年以上会話をしていない」と話していた。コミュニケーション不足は従業者の疎外感につながるが，日常的に実施している教育のやり方を工夫し，末端の従業者を意識した方法を取れば，十分なコミュニケーションが実現できる。

5. おわりに

　現在，食品会社を取り巻く環境は非常に厳しい。製品のライフサイクルは短くなってきており，原価が高騰しても競合会社との価格競争や流通小売業者の要求により販売価格を上げることは難しい状況がある。その上，食品安全に対する市場や流通小売業者の要求は強くなる一方である。

　食品安全に対する要求の中でもフードディフェンス対策は，食品事業者に対する新たな経営課題であるといっても過言ではない。それは，悪意のない食品事故が起きた場合に，「衛生管理」や「製造工程管理」等の管理体制が問われるのに対し，内部犯行によるフードディフェンス事件が起きた場合は，管理体制だけでなく「労働環境」や「社内の風紀」までが取り沙汰されるためである。

　製品の安全は従業者全員が誠意をもって食品製造に携わったときに始めて保証される。しかし，食品工場の中に一人でも疎外感を抱き，悪意をもった従業者がいたらフードディフェンス事件につながる可能性がある。そのために，外部からの犯行に対してはアクセス管理や工場内での監視等主にシステム的な対策を取っていくのに対し，内部犯行については繊細な対応が必要であるということを認識することが重要である。

　食品工場におけるコミュニケーションは，トップダウンや一部の意識の高い従業者の間で取られているケースが多い。その結果，「経営者の思い」や「目的」等の重要な情報が末端の従業者まで届かず，逆に末端の従業者の「思い」が管理者や経営者に届かないという状況を生みやすくしている。

　フードディフェンス対策の構築を検討する際は，ICカードや監視カメラのような鎧の強化ばかりを検討するのではなく，従業者とのコミュニケーションをとおして「意識や目的の共有」を重要視してほしい。そのことはフードディフェンス対策となるだけでなく，必ず品質や衛生，製造工程等，工場全体のレベルアップにつながるはずである。

第1章 リスク管理とその実際

第9節 食品物流業界における異物混入等を含むセキュリティ対策

株式会社日通総合研究所 室賀 利一

1. はじめに

　食品を取り扱う業に対する施設等の管理・運営基準等を定めた法律として、『食品衛生法』が存在するが、物流業は対象業種に含まれていない（表1）。つまり、食品の品質管理は、製造業や販売業等の責任において行うことになるため、物流業は顧客の要求する輸送や保管等の要件（顧客要件）を満たすことが求められることとなる。したがって、輸送や保管等において物流事業者が実施する異物混入対策等については、顧客ごとに対応が異なることになる。

　そもそも物流の主な機能は、「輸送」「保管」「荷役」「包装」および「流通加工」の五つであり、顧客の商品の空間的および時間的な隔たりを埋めることや、タグ付けやラベル貼り等の商品の価値を高めることが作業の中心であり、商品そのものに手を加える業態となっていない。したがって、物流業界で食品への異物混入が問題となるのは、動物や昆虫等の侵入や、悪意をもった人間の介在等となるため、具体的な対策としては、輸送や保管工程に関係ないものを排除すること（セキュリティ）が中心になると考えられる。また、サプライチェーンがグローバル化して輸送手段や経路が複合化かつ複雑化しているため、サプライチェーン全体をどのように管理していくのかということが重要になってきており、さらにテロリズム等への対応も求められるようになってきている。

　なお、物流業務において食品等の品質管理を行う際、種々の要因（天候状況、季節変動、輸送中の振動、輸送時間、輸送ルート、輸送方法等）により影響を受け、物流過程には様々な問

表1 『食品衛生法』において営業許可の必要な34業種

業種区分	業種数	業種名
調理業	2	1.飲食店営業/2.喫茶店営業
製造業	21	3.菓子製造業/4.あん類製造業/5.アイスクリーム類製造業/8.乳製品製造業/13.食肉製品製造業/16.魚肉練り製品製造業/19.清涼飲料水製造業/20.乳酸菌飲料製造業/21.氷雪製造業/23.食用油脂製造業/24.マーガリンまたはショートニング製造業/25.味噌製造業/26.醤油製造業/27.ソース類製造業/28.酒類製造業/29.豆腐製造業/30.納豆製造業/31.麺類製造業/32.総菜製造業/33.缶詰または瓶詰食品製造業/34.添加物製造業
処理業	6	6.乳処理業/7.特別牛乳搾取処理業/9.集乳業/11.食肉処理業/17.食品の冷凍または冷蔵業/18.食品の放射線照射業
販売業	5	10.乳類販売業/12.食肉販売業/14.魚介類販売業/15.魚介類せり売営業/22.氷雪販売業

（数字は、食品衛生法施行令第35条に示された数字をそのまま引用）

表2 食品への異物混入防止等を含む品質管理やセキュリティを中心とした対策例

品質管理基準のレベル	主体者	
	荷主	物流業
法令等の規定（品質管理の義務）	『食品衛生法』	『貨物自動車運送事業法』等『倉庫業法』
サプライチェーンを対象とした自社のマネジメントシステム	ISO22000（ISO28000）	ISO28000（ISO22000）
認証等によって品質管理基準が定められているもの	FSSC22000 ハラル認証：MS1500	ハラル認証：MS2400 TAPA

題が生じる可能性があるため，すべてを一つの対策例として整理することは非常に困難である。また，求められるレベルについては，法令順守に必要な基本的なレベルから，荷主である顧客から求められる厳しい要件を満たすための対策のレベルまで様々が考えられる。そこで，本稿では，セキュリティ対策を中心に，**表2**のように分類し，参考となる規定および規格等をもとに整理してみたい。

2. 法令で定められた品質管理等の基準

『食品衛生法』では，第50条第2項に基づき都道府県，指定都市および中核市が営業施設の衛生管理上講ずべき措置を条例で定める場合の技術的助言として，厚生労働省医薬食品局は『食品等事業者が実施すべき管理運営基準に関する指針（ガイドライン）』を示している[1]。また，物流業として食品に限らず異物混入を防ぐこと等を示した規定については，運送事業の標準約款や倉庫管理マニュアル等で示されており，これらを一定の品質管理基準として考えることができる。[2.]ではこれら二つについて品質管理基準として考えられる内容を引用して整理する。

2.1 『食品衛生法』にかかる規定

食品の製造または加工における衛生管理の手法については，HACCPが，FAO/WHO合同食品規格委員会により，ガイドラインとして示され，国際標準として広く普及が進んでいる等の状況を踏まえ，国内の食品等事業者に対して，将来的なHACCPによる工程管理の義務化を見据えつつ，HACCPの段階的な導入を図る観点から，「食品等事業者が実施すべき管理運営基準に関する指針（ガイドライン）」は，「従来型基準」に加え，新たにHACCPを用いて衛生管理を行う場合の基準（以下，「HACCP導入型基準」）が規定されている。

具体的な項目としては，保管に使用する施設等に対する「施設の衛生管理」として施設を清潔に保つことや出入り口を開放しないこと，「そ族および昆虫対策」として鼠族および昆虫の侵入を防ぐこと等が示されている。また，「運搬」として輸送に使用するコンテナや車両を清潔に保つことや温湿度管理等に注意すること等を示している。なお，これらは，管理運営内容の概要を示しているものであり，清潔のレベル（例えばATP測定値の基準等）等の明確な品質基準を定めたものではないので，実際の業務においては，自社の設定するレベルや，顧客との契約等によって品質管理基準を決めることが必要になる。

2.2 物流業としての食品等の品質管理にかかる規定

物流業を大きく運送業と倉庫業に分けて概要を確認する。

2.2.1 運送業（貨物自動車運送業）

運送事業はいくつかの業態（貨物自動車運送事業，利用運送事業等）ごとに法律があり，それぞれの法律で運送事業に関する一般的な運送契約の条項として，国が標準的な約款を定めている。その中の一つの例として，『貨物自動車運送事業法』で定められた標準貨物自動車運送約款[2]についてみると，「免責」の項に，虫害または鼠害の事由による貨物の滅失，き損等の損害や，社会的騒擾，強盗，故意または過失等については，損害賠償の責任を負わないとする内容が示されている。これは，輸送中に異物混入等に結び付くと考えられる要因については，物流事業者の責任とならないことを顧客との間で明らかにしておく必要があることを示した内容となっている。

2.2.2 倉庫管理業務の適正な運営に関する事項

『倉庫業法』では，倉庫業者は，倉庫管理主任者を選任して，倉庫における火災の防止その他の国土交通省令で定める倉庫の管理に関する業務を行わせなければならないと規定している[3]。

規定されている主な管理業務は下記のとおりである。

① 善管義務

保管貨物に対して，その品質や用途に応じて以下の項目について最善の注意を払い，有効適切な保管上の管理を行う。

温度，換気，光線，電気，臭気，ゴミ，塵，汚れ，火，水，風，油，雷電，台風，高波，地震，虫，そ族，爆発物，引火性，浸食性，毒性，その他

② 倉庫内外の巡視

倉庫の内外は常に巡視して，整理・整頓し，清潔にしておくとともに，特に火災，盗難，濡損，温湿度，漏出，変質，鼠害等に注意し，適切な処置を講じてその状況を記録しなければならない。
- 保管貨物の特性は作業員全員が理解しているか。
- 変質した貨物はないか。（濡損，汚損，におい）
- 荷造りのいたんだ貨物はないか
- 保管貨物に埃が付着していないか。
- 換気の状況はよいか。
- 鼠害，虫害の恐れはないか。
- 混蔵忌避貨物を一緒に保管していないか。　以下，略。

3. サプライチェーンを対象とした自社のマネジメントシステムについて

食品を含む製造業にとって，盗難や異物混入により自社の商品が顧客に届かなければ利益を

得ることができない．したがって，顧客に商品が届くまでの輸送や保管を含めたサプライチェーン全体をきちんと管理する必要が生じる．サプライチェーン全体のマネジメントシステムとしては，食品を対象としたISO22000（「食品安全マネジメントシステム－フードチェーンにかかわる組織に対する要求事項：Food safety management systems-Requirements for any organization in the food chain」）[4]と，セキュリティを対象としたISO28000（「サプライチェーンのためのセキュリティマネジメントシステムの仕様：Specification for security management systems for the supply chain」）[5]が挙げられ，［3.］ではこの二つのISO規格について概要を示す．

なお，食品の一般的なサプライチェーンを製造業者の原料調達から消費者の手に届くまでを範囲と考えた場合，非常に多くの輸送経路や関係者が存在し，一言で言い表すことは非常に難しいと考えられる．そこで，サプライチェーンにおいて管理する必要がある関係者や使用機材等を明らかにするとともに，物流業の位置付けについても整理してみたい．

3.1 サプライチェーンを対象とした自社のマネジメントシステム

製造された商品は，生活者等の顧客に届くまでには，すべて何らかのサプライチェーンの中を移動するので，輸送中の商品の安全性（セキュリティ）はあらゆる人々に影響を及ぼす問題となる．テロリズムは潜在的な脅威の一つであるが，盗難は現実に脅威となっている．食品業界の場合は，生活者向け商品の不正開封や異物混入が大きなリスクとなる．食品は，社会にとって必要不可欠なものであるため，テロリズムの対象になると，食料供給と国の経済に大きなダメージを与える．特に，食品輸入国である日本では，食品安全にかかわるリスクは国内だけにとどまらず，輸入国を含めた広範囲に及ぶ．食品安全を脅かす危害は，サプライチェーンのどの過程においても起こりうる可能性があるため，多くの関係者の連携による品質管理が重要な課題となる．したがって，サプライチェーンを対象としたマネジメントシステムが重要になってくるものと考えられる．なお，［3.］で取り上げるISO22000およびISO28000は，社会に広く普及しているISO9000等と同様のマネジメントシステムなので，自社が定める基準を満たすことを要求するものであり，すべての企業に共通した品質基準レベル等を求めるものとなっていない．

3.1.1 ISO22000

具体的に食品のサプライチェーンを担う業種としては，飼料生産者，一次食品生産者，食品製造業者，輸送業者，保管業者，卸および小売業者，飲食店営業者等が挙げられるが，製造業者を中心にみた場合，非常に多くの取引先が存在し，それぞれが同じ基準でマネジメントシステムを構築することは難しいと考えられる．そこで，適用範囲を明確にすることや，物流業務の委託先の工程管理の仕組みづくりが重要になってくる．

具体的には，要求事項に従って，効果的なFSMS（Food Safety Management Systems）を構築し，文書や記録をつくり，実施し，維持し，更新すべきことがFSMSの全般論として求められている．そのため，FSMSの適用範囲となる商品（商品分類），プロセス（工程）および生産場所まで規定した適用範囲を明らかにすることが必要になる．なお，FSMSの主要な実

施事項としては，下記の項目等が挙げられる。
- 食品安全ハザードに何があるのかを明らかにして評価し，重要なもの抽出して確実に管理する。
- 商品に関する安全問題について，フードチェーン全体の関係者とコミュニケーションする。
- FSMSを定期的に評価し，必要により見直しや更新することによって組織の活動を反映したものにする。
- 確実に管理すべき食品安全ハザードの最新情報を確実に組み込む。
- 委託先（アウトソース）したプロセス（工程）の管理を行う。（工程の明確化／工程の順序と相互関係を整理／運営・管理のための基準と手段の決定／運用および監視のための情報収集と利用／効果等の分析と継続的な改善）

3.1.2　ISO28000

　ISO28000は，サプライチェーンに特化した共通のセキュリティマネジメントシステムを求める物流業界の声に応えて開発された国際規格である。

　ISO28000の要求事項には，サプライチェーンセキュリティを保証するうえで重要な側面（資金調達，製造，情報マネジメント，梱包，保管，商品輸送のための施設等）が含まれている。セキュリティマネジメントは企業経営における多くの側面と関連しており，それらの重要側面が，「いつ」，「どのような状況で」，サプライチェーンを通じた商品輸送を含むセキュリティマネジメントに影響を及ぼすかという点への配慮が必要になってくる。基本的な考え方等は，前項のISO22000と同様となっているが，高額な商品の盗難防止が主たる目的となってくることが想定されることから，安全な日本が輸送経路として競争力をもつ可能性が生じるのではないかと考えられる。

　なお，物流業界のセキュリティマネジメントシステムとなっているが，荷主等の他業界においても，セキュリティリスク評価や管理を実施するうえで有効なシステムであり，また，サプライチェーンに潜むセキュリティ面の潜在的な脅威や影響をマネジメントすることができるため，物流業以外の企業も取得している。

3.2　一般的な食品のサプライチェーンと物流業の位置付け

　一般的な食品等のサプライチェーンの輸送経路と輸送に使用する機材は，図1のように整理できる。関係者の立地や規模に対応した様々な経路があり，サプライチェーン全体を管理するということは，これらすべての経路を管理するということになる。また，輸送に使用する機材等については，大きなものは貨物コンテナや大型トラックから，小さなものはオリコン（折り畳みコンテナ）やクレートまで存在し，具体的な品質管理基準として，これら機材の洗浄方法まで決めた衛生管理が求められることになると考えられる。このような輸送経路の関係者や使用機材のすべてを製造業者が管理することは不可能と考えられ，特に物流業務については，実務を行う事業者との連携・協力は不可欠となる。

　さらに物流業界は，元請事業者が，複数の下請事業者を効率的に活用する事業形態となって

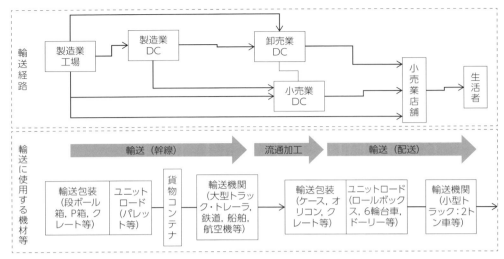

図1 輸送経路と輸送に使用する機材の例

いるため，一つの輸送経路に多くの事業者が関与する構造となっている。具体的に日本への輸入を例に挙げると，全体の管理や手配業者として「3PL (Third-Party Logistics) 事業者」「フォワーダー」等が存在し，実務を行う事業者として「集荷業者」→「港湾または空港荷役業者」→「海運または航空会社」→「港湾または空港荷役業者」→「配荷業者」が存在する。さらに，輸送を行う集荷業者や配荷業者は，すべての輸送を自社でできないことが多いため，下請事業者やさらにその下請けへと再委託される構造になっている。

このような物流業界の実態を踏まえてサプライチェーン全体の品質管理を行うためには，製造業者である荷主から物流業務を請け負う元請事業者や3PL事業者が，委託先となる実輸送を行う運送業者をきちんと管理することが必要になる。具体的な手法としては，元請事業者等がISO等のマネジメントシステムを取得することや，委託先の選定基準をもつことが考えられ，委託先の選定基準としては，ISOのマネジメントシステムや，物流に特化したセキュリティ等の認証を取得していることとすることが考えられる。ただし，現実的には，認証取得事業者は少ないことが想定されることから，荷主と協議して事業者選定基準を設けることが現実的な対応になると考えられる。

4. 特定レベルの基準をもつ認証制度等

サプライチェーン全体の品質管理を行うためには，物流業者の選定が必要不可欠であり，その基準の一つとして，物流に特化したセキュリティ等の認証制度が挙げられる。具体的な食品物流業界における異物混入やセキュリティに対する認証制度としては，特定の原料が混入していないことを証明する仕組みであるハラル認証が挙げられる。また，サプライチェーンにおける物流のセキュリティに一定の基準をもつ認証制度および機関としてTAPA (Transported Asset Protection Association；輸送資産保護協会) がある。[4.]ではこれらの二つの事例を中心に概要を示す。

4.1 ハラル認証

　提供する食品がハラルであることを証明するためにハラル認証制度がある。その認定を受けると「この食品（もしくはこのレストランで提供される食品）はハラルである」と認められるため，イスラム教徒が心配せずに食べることができる。日本への来訪者が年々増加するとともに，東京オリンピックおよびパラリンピックに向けて，ハラル認証の取得は，大きなビジネスチャンスにつながる可能性がある。しかしながら，ハラル認証は世界で統一された基準はまだなく，各国の宗教団体等がバラバラに認証（マーク発行）している状況となっている。その中で，国家規格であるマレーシアのハラル認証[6]は，世界的にみても厳格であるといわれており，ほとんどのイスラム圏でハラルと認められ，かつ，スタンダードとして要件が明文化されているので，企業としても対応しやすいものとなっている。[4.1]以下の項目では，このマレーシア規格をもとにハラル認証の概要を整理する。

4.1.1　マレーシアのハラル認証制度の概要

　マレーシアは「ハラルHub」となることを国家戦略としており，ハラル分野での外国企業からの投資にインセンティブを付与する等の対応をしている。

　現在マレーシアで普及しているハラルの規格の概要は，**図2**のとおりとなっている。製造業者向けの「MS1500」，物流事業者向けの「MS2400-1」「MS2400-2」，小売業者向けの「MS2400-3」等から構成されている。

　多段階の手を経る物流・流通過程のハラル認証は難しく，マレーシアが世界に先駆けて2010年に規格化，2013年に運用を開始したものである。

出典：Malaysia Standardをもとに当社作成
図2　マレーシアのハラル認証制度の概要

4.1.2　マレーシアのハラル認証制度の主な内容

　具体的な内容についてみると，食品の製造業者の認証である「MS1500」[6]では，ハラル食品の貯蔵，輸送，陳列，販売および提供の項に下記のような記載がある。
- 貯蔵，輸送，陳列，販売または提供されるハラル食品はすべて，非ハラルであるものの混入または非ハラルであるものによる汚染を防止するために「ハラル」と分類してラベル表示し，すべての段階で分離する。
- ナジス・アルームガラザに基づく製品は専用の場所に貯蔵する。

表3 リスクに対する組織としての具体的な対応方針

重要度が非常に高い	問題の根本的な原因を見つけるために，詳細な方法で，発生率を検証する。 認識した問題を解決するために，考えられるすべての予防措置を講じる。 対策に向けたモニタリングと検証活動を，計画に基づいて実施する。 すべてのスタッフに対して，問題についての情報を継続して説明する。
重要度が高い	認識した問題を解決するために，考えられるすべての予防措置を講じる。 対策に向けたモニタリングと検証活動を，計画に基づいて実施する。
中程度	監視と計画に基づいた対策の実施を維持する。
低い	計画に基づいた対策の実施を維持する。

- 保税トラック等の輸送車両は，ハラル食品専用で，当該のハラル食品の種類に適しており，衛生および公衆衛生の条件を満たすものとする。

また，運送業務の認証である「MS2400-1」[7)]は，適用範囲/用語の定義/要求事項/リスク管理プロセスを有効にする準備の手順/リスク管理計画の実施/施設，インフラ，設備や人員のための一般的な要件/ハラル認証の維持管理の項からなり，適用範囲として様々な輸送モードに対応していること等が記載されている。なお，具体的なリスクについては，可能性（多い/中程度/少ない）と，影響の大きさ（クリティカル/中程度/小さい）を基準に9ランクに分類する方法を示し，具体的な組織としての対応方針を大きく四つに分類している（**表3**）。

4.2 TAPA

TAPAは，ハイテク製品の保管・輸送中の紛失・盗難等による損失防止を目的に，1997年にアメリカで非営利団体（NPO）として設立され，セキュリティレベルを審査し，認証を与える機関である。倉庫（2014 FSR；Freight Security Requirements）と輸送（2014 TSR；Trucking Security Requirements）の大きく二つの種類があるが，[4.2]では設立時から行っている倉庫について概要を示す[7)]。

4.2.1　TAPA FSR の概要

① TAPA FSR の概要
- FSR は「貨物セキュリティ要求事項」と呼ばれ，最低限のセキュリティ要求項目をリスト化したものである。レベルの高い順に A，B，C の 3 ランクがあり，必要なセキュリティレベルを荷主が指定することで，事業者の選定が可能となる仕組みとなっている。A，B レベルの認証には独立の認定法人による監査（査定）が必要となる。

② 要求事項
- 審査項目は，大項目 7，中項目 61，個別要求 171 の項目で構成されており，主な内容を**表4**に示す。要求事項で特筆すべき内容は，要員の経歴確認（身辺調査），要員の解雇（解雇時の手順の文書化）であり，人の管理が非常に重要となることが確認できる内容となっている。

第1章 リスク管理とその実際

表4 TAPA FSR の項目と主な内容

項目	対象となるもの等（抜粋）
境界・周囲セキュリティ (Perimeter Security)	監視システム（CCTV），照明，周囲の警報装置・探知機，周囲の窓および他の開口部等
入出管理（事務所区域，事務所玄関）(Access Control-Office Areas, Office Entrances)	事務所の入り口等の来訪者の入域ポイントを管理 出入り口の監視システム（CCTV） 電子カードによる入出管理　等
施設のドック/倉庫 (Facility Dock/Warehouse) 事務所とドック/倉庫間の入出管理 (Access Control Between Office & Dock/Warehouse)	事務所と施設/倉庫間の入出管理，入出制限 貴重品保管区域，すべての施設/倉庫の外側戸口の制限，監視システム（CCTV）等
警備システム (Security Systems)	警備システム，侵入警報システム，監視システム（CCTV），電子式アクセス管理システム等
セキュリティ手順書 (Security Procedures)	手順書の適切な文書化，教育訓練，IDバッジ，来訪者の管理方針，運転手の身元確認，下請け業者の管理等
経歴確認，要員の高潔性 〔Background Checks (Vetting) Workforce Integrity〕	要員の経歴確認（身辺調査），要員の解雇（解雇時の手順の文書化），解雇された要員の再雇用回避の手順やデータ閲覧等を回避するための手順書の確立等
輸送貨物の引き渡しプロセス (Freight Handover Process)	不正開封防止シール，運転手による荷積みおよび荷下ろしの立ち会い，荷積みおよび荷受けの記録等

出典：文献8）より抜粋して作成

4.2.2　TAPA FSR に似たその他の認証制度

〈AEO（Authorized Economic Operator）〉
- 物品のサプライチェーンにおいて安全基準を順守しているとして税関当局等が認定した輸出入者，運送業者，倉庫業者等に対し，税関手続きの簡素化やセキュリティに関連する優遇等の便益を付与する制度となっている。
- AEO 運送者制度のメリットとしては，保税運送にかかる税関手続きの簡素化および荷主の輸出リードタイムの短縮が挙げられる。さらに，国際間輸送を含むサプライチェーンで，他者との比較において優位性を得るためのブランドとして活用できると考えられている。AEO は国の機関が与えるお墨付きなので，有効性が高いと考えられる。

5. おわりに

　生産拠点が海外にシフトし，グローバル化が進展しているなかで，製造業にとって最も重要なことは，「品質の確保」であり，「どこでつくっても同じ品質」であることではないかと考えられる。しかしながら，国際間の輸送を中心に物流業務は専門の物流業者に委託しなければならないため，食品のように鮮度や温湿度管理をしなければならない商品の場合は，物流業者の選択が非常に重要になってくる。

　また，本稿で確認したサプライチェーンを対象としたマネジメントシステムや認証制度においても，委託先となる物流業者の工程管理を行うことは必須となっており，必然的に管理しや

すい事業者を選択することになると考えられる。さらに，物流業者の視点でみると，自社の作業品質やセキュリティを確保するためには，従業員の経歴確認を含めた管理が必要になってきており，今後は，サプライチェーンを支える物流業者における人づくりが重要になってくるのではないかと考えられる。

■ 文 献

1) 厚生労働省医薬食品局食品安全部長：食品等事業者が実施すべき管理運営基準に関する指針（ガイドライン）について（平成26年5月12日 食安発0512第6号），(2014).
2) 国土交通省：標準貨物自動車運送約款（平成2年運輸省告示第575号；最終改正平成26年告示第49号），(2014).
3) 国土交通省総合政策局貨物流通施設課：倉庫管理主任者マニュアル（平成17年10月），(2005).
4) ISO22000 (Food safety management systems -- Requirements for any organization in the food chain), (2005).
5) ISO28000 (Specification for security management systems for the supply chain), (2007).
6) Department of Standards Malaysia：Malaysian standard (MS1500), (2009).
7) Department of Standards Malaysia：Malaysian standard (MS 2400-1), (2010).
8) Transported Asset Protection Association：FSR2014, (2014).

第1章 リスク管理とその実際

第10節 企業の取り組み

第1項 有機農産物加工食品における食品異物混入防止策最前線

マルシン食品株式会社　新保　勇

1. はじめに

マルシン食品㈱（以下，当社）の概況を簡単に紹介する。

当社は1922年創業し，1952年に新潟市で法人として設立した。主な製品は包装餅，カップデザート，健康食品の製造販売である。

2006年にISO9001と有機JAS規格を取得した。企業規模は中小であるが，果敢にFSSC22000に挑み，約1年をかけて取得することができた。規格の要求事項をみたときは，これからエベレストへ登る気分であった。

2012年に包装餅工場でFSSC22000（ISO22000：2005，ISO/TS22002-1：2009）を同時に取得し，2013年にデザート工場で同じくFSSC22000（ISO22000：2005，ISO/TS22002-1：2009）を取得した。

2015年に初めての更新審査を行い，無事にFSSC22000 Ver.3の認証を受け継続している。3年間の運用でいろいろなことがわかり，問題点も多くみえてきた。それらについても，異物混入防止の観点から検証をしてみたい。

2. 昨今の状況

われわれは，経済の発展に伴い，豊かな食生活を手に入れてきた。一方で，生産や流通の在り方も変化し，複雑化している。また，近年では世界中からの様々な食品を日々食べることができるようになった。食はすべての国民の毎日の暮らしに欠かせないもので，食品の安全性の確保は，国民の健康を守るために極めて重要であり，多くの方が高い関心をもっている。快適な社会生活を営むうえで，食の安全確保は基本的な要素の一つであると考えられる。このため，人々は古くより食品安全リスクの低減化に向かって限りなく，かつ多様な努力を積み重ねてきた。現在では，食品の国際化，広域化が進み，世界各地で生産，製造された多様かつ莫大な量の食品が，国内外市場を流通しているが，これらのフードチェーン業界に対してのリスク管理が十分に行き届いているとはいい難い状況である。また近年，日本では食品安全に関する不祥事が頻繁に起こり，食品の安全および信頼に対する消費者の関心がますます高まっている。

HACCP導入後，日本における食の安全および安心をめぐる状況は，乳製品による大規模食中毒事故や，欧州においては牛海綿状脳症（BSE）が発生したため，様々な課題が噴出し大きな社会問題となった。この食中毒をはじめ，昨今では食品への異物混入，偽装表示等，ますま

す食の安全が脅かされている。こうしたなか，現在，食品の衛生管理および安全管理は，HACCP→ISO22000→FSSC22000という発展をしている。国際規格である食品安全マネジメントシステムISO22000に，詳細な項目が明文化された前提条件プログラム（Prerequisite Program；PRP）が追加され，さらにフードディフェンスの強化を盛り込んだ規格，FSSC22000が注目され，世界的な主流となってきている。このFSSC22000を企業が，そしてフードチェーン業界全体が，いかに効果的に，かつ現実に即した運用ができるかが今後の大きな鍵となる。

2.1 基本は4M

クレームの原因は様々であるが，生産の基本は，人（Man），方法（Method），機械（Machine），材料（Material），いわゆる4Mで行われており，それらのどれかが管理不能に陥るとクレームが発生してくる。

これらはすべての生産管理に重要性をもっており，この4Mを管理することが異物管理，引いてはすべてのクレームの発生を制御する要因となっている。

本稿ではISOの手法を活用して異物管理の方法を説明したい。

2.2 異物の定義

食品異物とは一体何であろうか。それは国や地域，時代によって常に変化する。現代の日本においては，消費者が異物と思い，それがそうでないと理解されない限り異物と見なされる。異物の判断基準は消費者が決めているということである。日本でも法律はある。『食品衛生法 第2章食品及び添加物　第6条4項』には「不潔，異物の混入または添加その他の事由により，人の健康を損なうおそれがあるもの」と記載されている。

海外では，韓国は「2.0 mm 以上が食品異物」，アメリカは「最大寸法7 mm 以下の異物は，外傷，重傷の原因とはほとんどならない」という考えである。EUでは食品の中に損傷を引き起こす可能性のある異物とされている。

3. 有機食品とは

1992年に農林水産省によって『有機農産物及び特別栽培農産物に係る表示ガイドライン』[1]が制定され，その後の改正を経て，「化学的に合成された肥料及び農薬を避けることを基本とし，播種または植え付け前2年以上（多年制作物にあっては，最初の収穫3年前）の間，堆肥等による土づくりを行ったほ場において生産された農産物」と定義されている。

農林水産省の『有機食品の検査認証制度について』[2]に定められている有機食品の日本農林規格（有機JAS規格）では，有機農産物の生産の原則として，「農業の自然循環機能の維持増進を図るため，化学的に合成された肥料及び農薬の使用を避けることを基本として，土壌の性質に由来する農地の生産力を発揮させるとともに，農産生産に由来する環境への負荷をできる限り低減した栽培方法を採用したほ場において生産されること」となっている。

以下は，『有機食品の検査認証制度について』[2]より抜粋した。有機のすべてではないが，こ

れらが有機の要求事項である。これに沿って生産を行う。また格付け責任者により有機格付けが行われ，記録に残り，監査を受けて承認される。

3.1 有機農産物の生産方法の基準
- 堆肥等による土づくりを行い，播種または植付け前2年以上および栽培中に（多年生作物の場合は収穫前3年以上），原則として化学的肥料および農薬は使用しないこと。
- 遺伝子組み換え種苗は使用しないこと。

3.2 有機加工食品の生産方法の基準
- 化学的に合成された食品添加物や薬剤の使用は極力避けること。
- 原材料は，水と食塩を除いて，95％以上が有機農産物，有機畜産物または有機加工食品であること。
- 薬剤により汚染されないよう管理された工場で製造を行うこと。
- 遺伝子組み換え技術を使用しないこと。

3.3 生産方法（生産の方法，衛生管理，防虫防鼠管理，保管および輸送）[3]
（有機加工食品検査認証制度ハンドブック　第2章有機加工食品の生産の方法，生産の原則より）

有機加工食品を製造するにあたって，避けなければならないのは以下の2点である。
- 農薬，洗浄剤，消毒剤その他薬剤と，有機加工食品が接触して汚染されること。
- 非有機の原料，半製品，製品が有機食品と混ざること。

4. 有機農産物加工食品の生産管理フロー（切り餅）

以下に生産管理フローを示す（項目ごとの詳細は省略）。
(1) 原料受け入れおよび保管
  ① 入荷方法，保管
  ② 有機農産物加工食品の生産管理フロー受け入れ検査（仕入先と有機JASマークの確認）
  ③ 保管
  ④ 記録保持（格付け担当者が「有機JAS生産加工記録台帳」に記帳する。納品伝票の写しも保管）
  ⑤ 不適合原料の処理
(2) ロットの規定
  ① 入荷ロット
  ② 製造ロット
  ③ 出荷ロット
(3) 原料の配合
  ① 配合割合の規定
  ② 保持記録（製造加工責任者は製造ロットを記載）

(4) 製造加工
　　① 製造加工方法（製造工程記録表）
　　② 切り替え時の清掃（清掃記録，通常ラインを使用の場合は押し出し洗浄）
　　③ 保持記録（清掃記録）
　　④ 包装資材の保管（包装資材管理記録）
　　⑤ 製品の保管（生産報告書）
　　⑥ 異常（停電や自然災害等）時の対応
(5) 機械および器具の管理
　　① 使用方法
　　② メンテナンス方法（設備点検表）
(6) 出荷方法
　　① 受注方法（注文書）
　　② 出荷方法（生産報告書）
　　③ 運送会社への指示
　　④ 保持記録（出荷表）
(7) 認定機関への確認等業務
　　① 規定の見直し
　　② その他の見直し（規定の見直しの記録）
　　③ 監査の受け入れ
(8) クレーム
　　① クレームの受け付け（クレーム発生状況一覧表）
　　② 検証（クレーム発生状況一覧表）
　　③ 回収
　　④ 顧客への報告
　　⑤ 保持記録（クレーム発生状況一覧表）
(9) 内部監査規定
　　① 内部監査の実施（内部監査実施票）
　　② 内部監査の報告（内部監査実施票）
　　③ 改善の記録（内部監査実施票）
(10) 記録書類の保管
　　① 記録の保管（全記録）
(11) 年間計画
　　① 策定方法（申請書内，年間製造計画）
　　② 報告方法（申請書内，年間製造計画）
(12) 従業員への教育および訓練
　　① 教育および訓練（年間教育訓練計画書，年1度以上）

5. 有機農産物加工食品への異物混入問題

5.1 コンタミネーション（汚染）

今回は有機農産物加工食品のテーマであるが，有機加工食品でなくとも食品の異物問題は大きなテーマである。

〔3.〕で述べたが，唯一有機農産物加工食品が一般食品と違う点は，健全な同原料でも有機認定を受けていないものはコンタミネーションと見なすことである。

それではなぜ異物混入が起こってしまうのか，理由は様々であるが，先にも述べたように異物混入はすべて4Mによって引き起こされる。

今回は，この4MをISOの手法を活用して解決する方法を考えてみたいと思う。

5.2 基本的な考え

食品生産には，書式にならなくても，必ず手順（Good Manufacturing Practice；GMP）が存在する。その手順（製造フロー）の中には必ずハザード（危害）が存在している。そのハザードを抽出，評価して，対応策を当てることによりリスクを低減させることができる。

5.3 人の重要性

4Mは人，方法，機械および材料となるが，実はすべて人がかかわっており，人のかかわりが品質の安定に最も重要であると考えられる。

- 「人」は個人の能力により判断やルールの順守，作業内容理解などで重要であることは間違いない。
- 「方法」は，やはり人が決定し，手順の理解や確認などの運用も人に委ねられる。
- 「機械」は，作業前の点検業務，運転中の確認業務，作業終了時の清掃や，運転後の設備点検で作業自体に異常が起こらなかったことへの確認が必要になる。
- 「材料」は，購買にあたり人が吟味し規定付け，受け入れを人が行う。

このことにより4M，引いては人の管理が食品安全への重要な条件になる。

クレーム発生時の原因追究の方法として，「なぜなぜ分析」がある。過去の結果から多くの原因を分析してみると，ルールがハッキリしていなかったことが多い。

次に作業内容や手順の理解が進んでなかったり，設備が故障していてもコミュニケーションがスムーズでなかったりすることが原因として挙げられる。

異物混入の原因はこれだけではないが，これらの原因を分析，回避できるようにISO（FSSC22000，ISO9001）の説明をしていきたい。

6. ISOの活用による問題点の解決策〔FSSC22000（ISO22000：2005，ISO/TS22002-1：2009）〕

現在FSSC22000は，食品安全の規格としては世界的で最も信用され利用されている規格と考えている。ISOの運用は，ルールの策定，運用，検証，改善，妥当性の確認の一連作業を繰

り返し行うことである（継続，PDCA）。

ここでは最初にISO/TS22002-1に書かれている項目から説明したい。ISOの資格取得の説明にならないように，筆者なりの見解を添えてしかし内容に忠実に説明する。ISO/TS22002-1はいろいろな経緯があるようだが，ISO22000の規格7.2.3項の具体的な要求事項になっており，イギリスのPAS220からきている，いわゆるPRPである。PRPとは何かというと，食品製造工程を安全につくるための必要な用件をいう。主にハードの面で具体的な要求事項が詳細に決められている。異物混入防止対策にはすべて含まれているので，すべてを記載する。

7. PRPとISO22000について

7.1 ISO/TS22002-1 前提条件（PRP）について

PRPの内容は異物混入防止にはどれも欠かせないと思われるので，以下に列挙する。

(1) 適用範囲
(2) 引用規格
(3) 用語および定義
(4) 建物の構造と配置（以下より具体的な内容になる）
　① 建物の構造：建物は，製品にハザードを与えない耐久性のある構造でなければならない。モニタリングにより改善の情報とする。
　② 環境：食品製造現場周辺における環境を最小限にするように潜在的汚染による影響を受けないように対策し維持する必要がある。モニタリングを行い検証し問題点の解消を行う。
　③ 施設の所在地：敷地の境界を明らかにし，アクセス管理を行い水たまりなどがないよい状態を維持しなければならない。
(5) 施設および作業区域の配置
　① 作業区域内は潜在的汚染から保護するような設計とし，各工程区域を明確にし，事務所，トイレ，更衣室，休憩室，製造設備，空調設備，排水設備，水道設備を配置する。材料，製品，人の動線，設備の配置は潜在的汚染から保護されなければならない。
　② 内部の設計，配置および動線：建物は材料，製品，要員の合理的な流れ，ならびに加工区域から物理的隔離を伴う十分な空間を提供しなければならない。
　　搬送のための開放は，異物と有害生物の侵入を最小限にするように設計しなければならない。
　③ 内部の構造および備品：加工区域の内部は清掃および洗浄に耐える材料を使用し，水たまりができないようにする。また，排水は虫などの侵入を防ぐためにトラップを付ける。外部に通じる窓，換気孔，換気扇は防虫網を付ける必要がある。また頭上を通る配管は結露や埃が発生しないように管理が必要となる。
　④ 装置の配置：装置の配置は，モニタリングや清掃がしやすいように，適度な隙間を空ける。
　⑤ 試験室：試験室は汚染区である。
　⑥ 一時的移動可能な設備およびベンディングマシン：ベンディングマシン等は食品安全チームの評価，承認を設置条件とする。

⑦ 食品，包装資材，および非食用化学物質の保管：すべての資材と製品は水濡れ，結露，排水，廃棄物，そ族，昆虫，温度・湿度の影響を受けないようにしなければならない。化学薬剤および殺菌剤は，専用保管庫で責任者が保管管理する。

(6) ユーティリティ―空気，水，エネルギー
① 水の供給：製品や洗浄もしくはボイラーに使用する水は安全の確認が必要となる。
② ボイラー用化学薬剤：化学薬剤は規制当局（国）が許可した添加物を使用する。またボイラー用化学薬剤は，アクセス管理されなければならない。
③ 空気の質および換気：製造区域で使用する空気（コンプレッサーも含む）は製品や材料にリスクがないようにフィルターを通して使用する必要がある。また，フィルター通過後の空気は安全を検証する必要がある。フィルター等の設備は定期的に確認し機能を維持する必要がある。
④ 照明：製品検査に支障が出ないように管理する。設備の破損に対して材料，製品に汚染をしないように手順または保護が必要である。

(7) 廃棄物処理
① 廃棄物は製造区域での汚染を予防方法で管理されなければならない。
② 廃棄物および食用に適さない，または危険な物質の容器：廃棄物の容器は用途に応じて使用管理され，使用しない場合は，密閉されなければならない。また容器は不浸透性であること。
③ 廃棄物管理および撤去：搬出した廃棄物は専用の置き場で管理する。専用の置き場は雨，風，動物，鳥等に曝されないようにする。
廃棄物は，廃棄物運搬，廃棄の免許を取得した専門業者へ委託しマニフェストの管理を行う。
④ 排水管および排水：排水管は製品の加工ラインの上を通過しないこと，排水は汚染区から清浄区へ流れないこと。

(8) 装置の適切性，清掃・洗浄および保守
① 食品に接触する装置は，清掃，洗浄，殺菌に耐える材質であること。
② 製品接触面：製品接触面は使用前に点検し，必要に応じて修理，交換を行う。
③ 温度管理およびモニタリング装置：設備の加熱温度は当該する設備の表示装置で表示記録する。付属しない場合は都度，温度計で測定して記録する。
④ 清掃および洗浄プラント，器具および装置：清掃および洗浄はすべての機械装置，器具および装置に作業前，作業中（必要に応じて），作業終了後に実施する。洗浄プログラムは文書化されなければならない（写真入り，図入りがよい）。清掃洗浄の有効性は検証されなければならない。
⑤ 予防および是正保守（計画保守と修理）：製造工程において使用前点検および定期点検を実施する。個々の設備（スクリーンメッシュ，フィルター，マグネット等も含む）は管理表を作成し点検および修理記録を記載する。
保守管理者は食品品安全の教育を受け，社内資格認定制度などで管理する。

(9) 購入材料の管理
　① 材料購入の供給者は要求事項の要件を満たす必要がある。
　　受け入れ担当者は購買品が規定通りであることを確認する必要がある。
　② 供給者の選定：供給者の選定，許可はモニタリングによって評価されなければならない。
　③ 受け入れ材料の要求事項（原料/材料/包装資材）：納品受け入れ時に，風袋，数量，汚れ，の納品姿について担当者による検証を行い，責任者が承認する。
　　不具合品については管理規定に基づき判断し使用するもしくは返却する。

(10) 交差汚染の予防手段
　① 交差汚染をしないように管理する。
　② 微生物的交差汚染防止：材料，中間製品，製品，人および配送台車，空気，排水，廃棄物の流れを明確にする。
　　一般区，汚染区，非汚染区をゾーニングし，明確に表記し周知する。
　③ アレルゲン管理：製造工程で存在するおよび存在が予想されるアレルゲンは，すべて明確に，製品に直接表示し，消費者にアレルゲン情報を提示する。
　　アレルゲンの取扱者は食品安全に関する教育を受け，社内資格認定制度などで管理する。
　④ 物理的汚染：製造ラインの設備，装置，容器等は，破損，損傷，割れ，摩耗の有無を検証し破損が発見されたときには手順を決め対応をしなければならない。
　　必要に応じて製品の出荷止め，回収の処置を行う。
　　ハザード評価は製造工程危害分析表などで明確にする。手段は，OPRP（オペレーションPRP）ならびにCCP（Critical Control Point）となる。
　　スクリーンメッシュ，マグネット，櫛，フィルター，金属探知機，X線検出器など。

(11) 清掃・洗浄および殺菌・消毒
　① 製造ラインは，清掃，洗浄，殺菌，消毒の実施計画を作成して実施し常に安全で安心な衛生的環境を維持し，監視して，改善し，維持しなければならない。
　② 清掃・洗浄および殺菌・消毒プログラム：施設および装置および清掃洗浄装置の清掃洗浄の実施計画および妥当性確認はSSOP（Sanitation Standard Operation Procedure）の実施項目と管理項目で明確にし，改善処置の結果を評価し，分析し食品安全チーム内で妥当性を確認する。
　③ CIP（Cleaning In Place）システム：CIP洗浄の手順を明確にし，パラメータは手順の中で記録として残し，検証され妥当性を確認する。
　④ サニテーションの有効性のモニタリング：製造洗浄および衛生管理プログラムが常に適正に運用されているか定期的に評価する。

(12) 有害生物（そ族，昆虫等）の防除
　① 施設，設備製造工程内で，そ族，昆虫のモニタリングをすること。
　② 有害生物の防除プログラム：防除の管理（もしくは業者）を製造現場ごとに決め防除計画を明確にする。また化学薬剤は指定承認したもの以外は使用しない。
　③ アクセス（侵入）の予防：施設は有害生物が侵入しないように排水溝にはトラップまたは防虫網を設置し衛生的に管理する。

④ 棲みかおよび出現：保管する材料，製品は有害生物の影響がないように管理し点検する。影響を受けたと判明したときは，ほかの材料，製品に影響を与えないように手順に基づいて処置する。

⑤ モニタリングおよび検知：有害生物の防除モニタリングとして補虫器，ネズミ捕獲器を所定のところへ配置して活動状況を確認する。

⑥ 駆除：出現の証拠が報告された場合は，直ちに駆除を実施しなければならない。薬剤の使用は，訓練された熟練者が行い，薬剤の使用記録は維持される。

(13) 要員の衛生および従業員のための施設

① 加工区域で作業する人の衛生および行動に関する要求事項は工場入室手順書などで定めて実施する。要員のための衛生施設は明確にされ管理が徹底され，食品安全の影響を最小限に対応する。

 a) 工場の入り口および所定の場所に，手洗い，乾燥用具，殺菌，洗浄するための洗浄装置を設置する。
 b) 手洗い用設備は，専用装置とする（原則自動給水装置）。
 c) トイレには，専用の手洗い，殺菌，消毒，乾燥装置を有する構造とする。
 d) トイレの入室には作業衣が汚染しないようにする（作業衣を脱ぐ方法など）。
 e) トイレ，更衣室，休憩所は，製造ラインと直結しないように設置する。
 f) 更衣室で作業衣の汚れが付かないように工夫する（外着と接触を避ける）。

② 社員食堂および飲食場所の指定：社員は食堂以外での飲食を禁ずる。食堂は毎日清潔でなければならない。

③ 作業着および保護着：製造ラインで働く者は事業所が規定する保護着（作業着）を着用すること。保護着は定期的に洗浄し，常に衛生を維持し破れやほつれがないようにする。

④ 健康状態：従業員は採用時に健康診断書を提出しなければならない。健康診断は毎年行われ，評価し検証しなければならない。

⑤ 疾病および障害：従業員は感染症の症状（熱がある）が予想されたときは速やかに報告し，指示に従う。また手指およびその他の箇所で火傷や切り傷の症状をもつ従業員は手順に従って対応する。

⑥ 人の清潔度：製造ラインに従事する人に対して手洗い，殺菌・消毒の手順を規定する。

⑦ 人の行動：文書化された方針は生産工程で要員に求められる行動を規定しなければならない。

 a) 決められた区域以外の喫食の禁止。
 b) 身に着ける装身具は，基本的に禁止。特別な場合はリスクを最小にするようにする。
 c) 喫煙の禁止，薬の持ち込み禁止。
 d) マニキュア等，付けまつげの禁止。
 e) イヤリング等の禁止。
 f) 個人ロッカーの清掃，清潔。
 g) 工具などを個人ロッカーでの保管禁止。

(14) 手直し
　① 手直し
　② 手直し品の使用
(15) 製品のリコール手順
　① 製品のリコール手順
　② リコールの要求事項
(16) 倉庫保管
　① 倉庫保管
　② 倉庫保管の要求事項
　③ 車両，輸送車およびコンテナ
(17) 製品情報および消費者の認識
(18) 食品防御，バイオビジランスおよびバイオテロリズム
　① 食品防御，バイオビジランスおよびバイオテロリズム
　② アクセス管理

7.2　ISO22000について

ISO22000はシステム運用である。

(1) 組織の概要
(2) 適用範囲
(3) 用語の定義
(4) 要求事項

基本的要求を求めてきている。手順書の作成と文書化，実践の記録と検証，検証の確認と妥当性の追求である。妥当性が得られればプロセスは安全といえる。しかし本当の意味で妥当性が得られるということは，ユーザーからのクレームがこないことになる。

(5) 経営者の責任
　① 経営者のコミットメントが出てきている。実際の作業で目的が達成されるかどうかは，コミットメントがいかに従業員に伝達されているかが重要と考えられる。また経営者が真に理解してないと，当を得た方針にならない。
　② コミュニケーションの重要性についても要求している。できるようで，できないのがコミュニケーションである。内容と目的，期間を決めて確実に実行する必要があり，事故の防止，問題解決のツールとしては非常に重要になる。また実行しているかどうかは監査の対象にしなければならない。
(6) 資源の運用管理
　① 資源の提供：異物混入の防止や，クレーム低減の大きな要素に資源の提供がある。特に人的資源については最重要課題と考えている。
　② 2項の中で力量，認識および教育・訓練とある。4Mのところでも説明したが，すべてのプロセスが人を中心に行われている。要求事項は次のとおりである。
　　　a) 食品安全に影響がある活動に従事する要員に必要な力量を明確にする。つまり個

人の力量評価をすること（認識力や実行力）。

b) 要員に必要な力量がもてるようにすることを確実にするために教育・訓練し，または他の処置を取る（力量評価に基づく外部研修，内部研修やOJTなどの教育・訓練計画を立てる）。

c) 食品安全マネジメントシステムのモニタリング，修正および是正処置を担当する要員の教育・訓練が行われることを確実にする（食品安全チームの教育・訓練を行うこと）。

d) 教育・訓練を実施した結果を評価する。

e) 組織の要員が，食品安全に貢献する際の，自らの活動のもつ意味と重要性を認識することを確実にする（担当者は，自分の役割を認識し要員としての力量アップに取り組む）。

f) 効果的なコミュニケーションを行うための要求事項が，食品安全に影響がある活動に従事する要員すべてに理解されていることを確実にする（コミュニケーションを通じて食品安全チームに食品安全にかかわる情報を提供しなければならない）。

g) 上記のb）およびc）に記述した教育・訓練および処置について適切な記録を維持する。

(7) 安全な製品の計画および実現

① 最初に行うことはまずはGMPの作成である（**表1**）。

a) 製品実現を計画する。

b) 製品実現の計画で計画された工程と工程の段階における安全な製品の計画としてPRP，OPRP，HACCPプランを作成する。

c) モニタリングを含む安全な製品の実現のための運用を確実にする。

d) 運用における不適合に対する処置を実施する。

e) 不適合再発防止策を実施する。

f) 食品安全マネジメントシステムの妥当性確認，検証を実施し更新する。このa）〜f）までが管理のすべてになる。

② PRPを確立し実施し，維持することを求めているが，PRPは先に述べたが，ISO/TS22002-1になるので，先の項目数は多いが，一つひとつクリアするように努力が必要になる。

表1 リスク分析の基本概念（例）

GMP（製造フロー）	リスク分析 （微生物，化学的，物理的）	リスク評価 （大，中，小，もしくは点数評価）	対策（OPRP，CCP） 記録，結果に対する検証，評価，改善，
荷受	石，腐敗，規格外等	大	OPRP，数量確認
保管	温度，湿度，ネズミ	小	環境記録
加工	設備不良，資材不良，加工不良	大	OPRP，CCP，製造記録
出荷	漏れ，落下，ロット	中	トレーサビリティ

③ ハザード分析を可能にするための準備段階
　ⅰ）ハザード分析を可能にするための準備段階
　ⅱ）食品安全チーム
　ⅲ）製品の特性：原料，材料および製品に接触する材料。
　　a）生物的，化学的および物理的特性
　　b）添加物および加工助剤を含め配合材料の組成
　　c）由来
　　d）製造方法
　　e）包装および配送方法
　　f）保管条件およびシェルフライフ
　　g）使用または加工前の準備および/または取り扱い
　　h）意図した用途に適した，購入した資材および材料の食品安全関係の合否判定または基準（資材の規格書を取り寄せる，ハザード分析に使用する，情報は周知する）MSDSを含め仕様書は変更があるときに更新する。
　ⅳ）フローダイアグラム，工程の段階および管理手段：フローダイアグラムはすべてを正確に記載し，ⅲ）を満たす内容となること，アウトソースや再加工も含めて記載をする。
④ ハザード分析
　ⅰ）ハザード分析：食品安全におけるハザード
　　● 微生物的ハザード：病原性菌の保有，残存，二次汚染，増殖によるハザード
　　● 化学的ハザード：有害金属，殺菌剤，洗浄剤，アレルギー物質と法規制物質の規定量以上の使用によるハザード
　　● 物理的ハザード：金属片，プラスチック片，包材，骨，こげ，髪の毛，石，木片等の混入によるハザード
　これらがハザード3原則になる。
　ⅱ）ハザード評価
　　● 重篤性：健康影響（最大の影響は命にかかわる）
　　● 食品ハザードの発生の可能性：頻度（頻繁か，めったに起こらないか）
　　● 最終製品への影響度：後工程での管理の可否（OPRP，CCPでの対応）
　評価の3原則になる。これらの組み合わせによって評価が行われる。
⑤ オペレーション前提条件プログラム（OPRP）の確立：OPRPはハザード分析結果のリスク対応の一つである。PRPは前提条件プログラムとあるように，前もっての確認業務になる。いわゆる前検査である。しかし，OPRPやCCPは途中もしくは後検査になる。組み合わせにより食品安全度を高めるシステムになる。
⑥ HACCPプランの作成
　ⅰ）HACCPプラン：内容は以下の通りである。
　　a）CCPと評価された食品安全ハザードの内容とそのレベル
　　b）工程での管理手段

　　　　c）工程管理の許容限界
　　　　d）モニタリングの方法
　　　　e）モニタリングの結果，計画された管理手段での運用結果が得られてないと判断されたとき，その結果を修正し是正する処置内容
　　　　f）工程の管理を担当する要員と責任者
　　　　g）モニタリングの記録
　⑦　検証プラン：食品安全マネジメントシステムを確認するために検証活動の目的，方法，頻度，責任を明確にする。
　　　　a）PRP が実施されているかの検証
　　　　b）ハザード分析へのインプットが継続的に更新されているかの検証
　　　　c）OPRP や CCP が適正に運用され，報告されて周知しているかの検証
　　　　d）PRP や HACCP 計画が製造工程危害分析表の手順に基づき実施された実施記録を検証する。
　　この結果が許容限界を逸脱ことが発見されたときは，安全でない可能性のある製品として手順に従って処置し，記録を維持する。
　⑧　トレーサビリティシステム：組織は，ロットおよび原材料，容器，包装と製造工程の加工および出荷が特定できる工程履歴に関する記録を明確にする。
　⑨　不適合品の管理：OPRP や HACCP によって逸脱が確認された製品は識別され，評価され，廃棄，手直し，再格付け等の適切な処置を行う。
(8) 食品安全マネジメントシステムの妥当性確認，検証および改善
　①　食品製造の安全を安定的に運用するために，マネジメントシステムの妥当性が必要となる。検証の積み重ねにより妥当性を見いだす。また妥当性が確認できない場合は，改善を進め，さらに検証を行い，妥当性が出るまで，改善と検証が必要になる。
　②　内部監査：食品安全マネジメントシステムの検証を進めるうえで非常に大事なことが，内部監査にある。すべての運用システムが監査対象になる。
　　また，内部監査を進めるうえで大事になってくることは継続性を保つことにある。ルールはルールなのだが，諸般の事情でどうしても決めた期間で（日，時）できないことがある。そのときにもできなかった理由を記録に残し，継続性が続くことの対策を行う必要がある。
　③　改善：時代は変化を求め，また組織も変化を要求される。システムにより手順化された内容が社会的要求に合わなくなったとき，手順の改善が必要になる。詳細な検証が行われれば行われるほどみえてくるものもある。そのときは手順が改定され，改善を進める必要がある。
　以上が運用についてである。前項の前提条件プログラムに当たる ISO/TS22002-1 と後項の ISO22000 の両方が危害予防の大きな柱になると思われる。項目としては多くあるが，一概に食品安全といえばこのようなことになってしまう，ことになる。そう簡単ではない。だからといって，面倒くさいともいえない。最初にやるべきことはどこかを決めて，一度にできなくても継続で補うような工夫が必要と考えられる。

8. 今後の問題点と展望

　日本の食品メーカーは，国内の人口減少のなかで食料消費量の減少という状況や，情報の多様化によって進化する消費者など，グローバル化する国際情勢のなかでわれわれが今後やらなければならないことは少なくない。

　今回は，異物混入防止という観点で述べたが，異物はリスクの一つにすぎない。製品に対するリスクは結果的にはいくつかあるが，人であり，コミュニケーション（情報）である。またそれらを解決し発展させるものも人であり，コミュニケーション（情報）であると考えられる。

　われわれがFSSC22000を3年間運用活動してきて気付くことは，システムの運用のなかで，いかに人の管理が多く示されているである。企業運営で人の大切さは多くの人が説いているが，システムの運用を行うときには，人の管理のなかで，的確に人を評価することもやらなければならない重要な作業になっている。いわゆる適材適所というが，力量評価を行い，力量にあった，配置が管理者の力量となる。またレベルアップのための教育訓練の基礎資料となる。管理に要となる項目を挙げることとする。

① 経営者のコミットメント
② 目標値の設定
③ コミュニケーション
④ 力量評価
⑤ 教育・訓練
⑥ 作業・データの検証
⑦ 検証による不備の改善
⑧ 検証結果による妥当性の確認
⑨ 継続の実施

　以上が筆者の考えた大きなポイントとなるが，先にも述べたとおり，すべての事柄が人で行われる。管理の負の部分も人による部分が大きく，例を挙げれば力量評価も，リスク分析も人が行う。この時点での精度がその組織の力量となるわけだが，ISOのシステムを入れたからといって万全ではない。したがって，継続による不適合の発見を我慢強く維持することが大事と考えられる。

　最後に，このような日本のおかれた厳しい状況は，逆にいえば世界のなかで理想の管理体制になる。この付加価値をグローバル化した世界市場へ生かすことが今後の発展の道につながるのではないかと考える。

■文　献

1) 農林水産省，有機農産物及び特別栽培農産物に係る表示ガイドライン：http://www.greenjapan.co.jp/nose_yukifood_guide.htm
2) 農林水産省，有機食品の検査認証制度について (2015)：http://www.maff.go.jp/j/jas/jas_kikaku/pdf/270101_yuki_kensa_seido.pdf
3) 農林水産省，有機加工食品検査認証制度ハンドブック　改訂第3版 (2012)：http://www.maff.go.jp/j/jas/jas_kikaku/pdf/kako_handbook_3.pdf

第1章　リスク管理とその実際

第10節　企業の取り組み
第2項　マルハニチログループのフードディフェンスへの取り組み―風通しの良い職場環境を目指して

マルハニチロ株式会社　荻原　正明

1. はじめに

マルハニチロ㈱[※1]の前身である㈱マルハニチロホールディングスの孫会社，㈱アクリフーズ群馬工場で2013年12月に起きた農薬混入事件をきっかけに，マルハニチログループではワーキングチームを立ち上げ，フードディフェンスへの取り組み活動を始めた。

その後2014年4月1日に設置された危機管理再構築委員会の下に，部署横断的に組織化された六つのプロジェクト[※2]のうちの一つ「食品安全・フードディフェンス再構築プロジェクト」に，ワーキングチームの活動拠点を移し，このプロジェクトチームで今日まで取り組んできた活動を紹介する。

2. フードディフェンスの考え方

プロジェクトチームでは，マルハニチログループのフードディフェンス体制構築に向けて，はじめに「あるべき姿」を検討した。以前から取り組んできた「食品安全」に新たに「フードディフェンス」の考えを組み込み，食品安全保証レベルの底上げを図り，二度と事件を起こさない企業体質を確立させるために，不審者による意図的な食品汚染を防御できる体制を「あるべき姿」と位置付けた。

ここに挙げる「不審者」の対象は，部外者はもちろんのこと，内部関係者（従業員）も不審者と位置付けている。ただし，対応する考え方を同一にしていいのか，議論を重ねた。意図的な食品汚染を仕掛けることを対象にすれば，誰に対してでも同じ対応にすべきであるとの意見もあったが，まず部外者に対しては「性悪説」を前提に，侵入させない，侵入したら行動できない対策を施し，セキュリティレベルを上げていくこととした。しかしながら，内部関係者（従業員）は常に職場で働いている，言い換えれば侵入を認めているわけであり，行動を起こす気持ちをもたせない環境をつくり上げることに取り組むべきと判断した。

※1　㈱マルハニチロホールディングスとその主要子会社の㈱マルハニチロ水産，㈱マルハニチロ食品，㈱マルハニチロ畜産，㈱マルハニチロマネジメント，そして㈱マルハニチロ食品の子会社である㈱アクリフーズの6社が2014年4月1日に統合し，マルハニチロ㈱として現在に至る。

※2　六つのプロジェクトとは，●グループガバナンス再構築プロジェクト，●危機管理体制再構築プロジェクト，●品質保証体制再構築プロジェクト，●食品安全・フードディフェンス再構築プロジェクト，●労務問題改善プロジェクト，●ブランド再構築プロジェクト，である。

今回の事件は，従業員による意図的な異物混入事件であり，従業員に対しての「性善説」だけではこの抜け穴が埋まらない。かといって，性悪説の考えでは従業員は常に監視されているという思いから，モチベーションは下がる一方で，生産性も上がらず，企業としての本来の姿から逸脱してしまうことが懸念された。

そこで「性弱説」という考え方を取り入れた[※3]。会社への不信，不満等異常な行動を起こす動機になりうるであろう潜在的な要因を拭い去っていくことが大切であると，コミュニケーションの重要性を前面に打ち出している。ちょっとしたお節介は容認しつつも，個人個人を尊重し，明るく楽しく，風通しの良い職場環境を醸成することに取り組んでいる。そして，「なによりも大切なものは，人と人の輪」，この言葉を大切にしている。

3. フードディフェンスの目標と方針/管理基準

3.1 目標と方針

そこで，プロジェクトチームでは，マルハニチログループのフードディフェンスの考え方にのっとって，マルハニチログループ独自のフードディフェンス活動における「目標」と「方針」を定めた（**表1**）。

「目標」は，「あるべき姿」を達成すべく，『不審者による意図的な食品汚染を防御する』こととし，この目標を達成するために五つの「方針」を制定した。

表1 フードディフェンス目標と方針

●フードディフェンス目標
「不審者による意図的な食品汚染を防御する」
●フードディフェンス方針
1. コミュニケーションを大切にし，風通しの良い職場環境をつくります。
2. お客様に提供する食品の安全を守るため，フードディフェンスに対する意識を高めます。
3. 不審者による意図的な食品汚染を防御するための仕組みを整備し，運用します。
4. 不審者による意図的な食品汚染を許さない施設の整備に努めます。
5. フードディフェンスに関わる活動の継続的改善を推進します。

最初に，コミュニケーションを大切にし，風通しの良い職場環境をつくることを掲げている。次に，マルハニチログループ理念[※4]に基づき，お客さまに提供する食品の安全を守るために，従業員へのフードディフェンスに関する教育を通じて常にフードディフェンスそのものを意識することを推し進めている。そして，食品汚染を防御するためのソフト面の整備や運用，さらにはハード面の整備を揚げている。また，これらの方針を全うするがために，様々なフードディフェンス活動の継続的改善を推進することを掲げて，活動に取り組む方向性を示した。

3.2 管理基準

2014年3月に群馬工場を視察した『アクリフーズ「農薬混入事件に関する第三者検証委員

※3 出来心で罪を犯そうとする気持ちを未然に防ぎ，風通しの良い職場環境をつくっていく。
※4 マルハニチログループ理念「私たちは誠実を旨とし，本物・安心・健康な『食』の提供を通じて，人々の豊かなくらしとしあわせに貢献します」

会』』(以下,第三者検証委員会)の委員の方々から指摘を受けたフードディフェンス上の問題点を明確にし,また,第三者検証委員会の委員長を務めた奈良県立医科大学の今村知明教授の研究班が策定した「食品工場における人為的な食品汚染防止に関

表2 フードディフェンス管理基準

主な管理項目	
人的要素(部外者,内部関係者)	施設管理
● コミュニケーション	● 鍵の管理
● 従業員教育,意識付け	● 敷地内,工場建屋内,製造区域内へのアクセス制限
● 持ち込み物制限	
● 薬剤管理	● 定期的な巡回,安全安心カメラの設置

するチェックリスト」「食品防御対策ガイドライン」,国内外の先行事例やアメリカ製パン研究所(AIB)の「フードディフェンスガイドライン」等を参考にしながら,最終的にマルハニチログループ独自の管理基準(**表2**)を策定し,生産工場版は2014年6月に,物流版は2014年8月に発行した。

　管理基準に対する適合度を定期的に工場で自己調査し,その時点でのレベルを評価区分A,B,Cの3段階で評価,不適合項目に対する継続的改善を実施し,レベル向上を図っている。

4. フードディフェンスの取り組み

　不審者の侵入防止に関しては,生産工場では3段階に区切った考え方を取り入れている。まずは,敷地内への侵入防止,次に敷地内へ入ってこられた場合を想定した工場建屋への侵入防止,さらに工場建屋へも入ってこられたことを想定した製造区域への侵入防止の考え方である(**図1**)。

　ただし,物流拠点においては,配送業者の頻繁な出入りがあることから,敷地内への侵入を制限することは業務上および作業上から難しく,それを踏まえたうえでの管理体制の構築を進めている。

図1 アクセス制限の考え方

(a) 事例1：資材搬入門　　(b) 事例2：敷地外脇にある電柱

受入時間に合わせて門は開放されるが，安全安心カメラで映像記録している

フェンス越え侵入防止のため，電柱に設置されている足場釘を電力会社に協力依頼し，規定の高さ以上の箇所をはずしてもらった

図3　安全安心カメラ

図2　敷地内へのアクセス制限例

4.1　敷地内

敷地内においては，不審者が侵入できない措置が施されているか，もしくは侵入されたとしても，後追いで発見できる措置が講じられているかを求めている。

侵入できない措置としては，外壁やフェンスが設置されているか，入場門は開放せずに施錠管理ができているか，守衛や警備員を配置しているか，等が問われる（図2，事例1，2）。

しかしながら，不審者の心理を推察すれば，外壁やフェンスなどは乗り越えてでも侵入してくることが考えられる。そのためにも，後追いで発見できる措置が必要になる。その一例として，安全安心カメラ（図3）[※5]を設置し，24時間見張り，異変時には確認できる管理体制を求めている。

4.2　工場建屋内

工場建屋へは不審者が侵入できない措置を講じることを必須条件としている。そのうえで，誰がいつ入退場したのか，確認できる管理体制を整えている。

侵入できない措置としては，すべての入退場口において，施錠管理を施している。実際の手段として，キーロックを使用したり，ICカードによる入退場管理システム（図4，事例3）等を導入したり，手動開放できない管理を実施。そのうえ

事例3：ICカードによる入退場管理システム

図4　工場建屋内へのアクセス制限例

※5　従業員を監視する目的ではなく，食品と従業員の安全およびお客さまへの安心を保証する想いを込めてマルハニチログループでは「安全安心カメラ」と呼ぶ。
　　●作業現場の可視化：製品の不具合時による検証，労働災害時の早期発見
　　●安全に食品がつくられていることの保証
　　●不審者の侵入行為の抑止，もしくは食品汚染行為の抑止

(a) 事例4：ICタグによる入退場管理システム　　(b) 事例5：不必要な入退場口は封鎖　　(c) 事例6：非常口の通常時における開閉封鎖

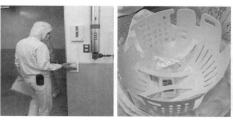

図5　製造区域内へのアクセス制限例

で，安全安心カメラの設置や，来場者に対しては入退場記録を必ずとるようにしている。

また，不稼働時には警備会社による防犯システムを導入している。

4.3　製造区域内

製造区域内への入退場口については，不審者が侵入することができない措置を講じること，そして，不必要な入退場口は封鎖することを求めている。さらに，来客や来場者の製造区域内の行動に対し，従業員の同行を義務付けている（**図5**，事例4～6）。

また，不稼働時には警備会社による防犯システムを導入している。

4.4　その他の取り組み事例

以下，その他の取り組み事例を図に示す（**図6**，事例7～10）。

(a) 事例7：部外者に対する製造エリア入場時のボディーチェック　　(b) 事例8：鍵の管理　　(c) 事例9：人感センサー（製品露出工程）　　(d) 事例10：複数の従業員の配置

図6　その他の取り組み事例

5.　コミュニケーション/教育と研修

マルハニチログループのフードディフェンス方針として最初に掲げている「コミュニケーションを大切にし，風通しの良い職場環境をつくります」，そして，「お客さまに提供する食品の安全を守るため，フードディフェンスに対する意識を高めます」，この『職場環境と意識』といった人的要素（ソフト）面を重要視して継続的改善に取り組んでいる。安全安心カメラの設置等ハード面の対策も必要であるが，根本的には『人』の問題が最も重要であると考えている。

図7 フードディフェンス研修

特に内部関係者(従業員)による犯行の場合には,何らかの原因,環境の変化等で心が弱ったときに,出来心で犯してしまう罪を会社内の体制で防いでいくことがフードディフェンスの要と考えている。

5.1 コミュニケーション

工場責任者や製造現場管理者は,従業員との会話,挨拶の励行や声掛け,朝礼や作業前ミーティングへの参加等を常に心掛け,会議や書類作成等による現場を見る時間が失われがちな面を可能な限りなくし,現場にいる時間を増やすことを励行している。

事件が起きた群馬工場においては,現場管理者向けオフィスを撤廃し,製造現場の一画にデスクを配置,製造現場と向き合いながら仕事を行うことで,コミュニケーションのとりやすい環境へと整備した。

ごく当たり前のことができていなかっただけであるが,工場責任者や製造現場管理者はこれまでの従業員との壁をなくし,胸襟を開いて何でも相談し合える関係づくりに積極的に取り組んでいる。

5.2 教育と研修

従業員一人ひとりが食品安全を自分のこととして考え,組織として食に対する安全文化を醸成していくことが最も重要であると考え,管理基準の中でも積極的に様々な教育や研修の場に参加するよう求めている。

その一環として,プロジェクトチームでは,各工場のフードディフェンス担当者を集めて「フードディフェンス研修会」(図7)を開催し,フードディフェンス管理基準の理解度を高めるとともに,認識の標準化,管理レベルの向上を図っている。

6. おわりに

これまで取り組んできた結果,ハード面での対策は整備されつつあるが,一方でソフト面においては,当初制定された管理基準を運用していく中で,意図する目的を変えることなく,より合理的,効果的な基準へと見直しを行った。その見直しにおいて,現場からの意見が参考に

なったことは，これまでの取り組みにおける現場のフードディフェンスに対する意識が向上してきている成果と感じることができる。

今後もマルハニチログループのフードディフェンス管理基準にのっとって，生産拠点，物流拠点における運用および実施状況の確認，さらに問題点の抽出を行い，その対策の有効性を確認しながら継続的改善を図り，レベルアップに取り組んでいく。

ただし，アクセス制限導入や安全安心カメラの設置等による防止対策，抑止対策も必要であるが，働きやすい，そして風通しの良い職場環境づくりを従業員が一団となって取り組んでいくことは，これまで通り変わりはない。

マルハニチログループのスローガン「世界においしいしあわせを」，この使命を忘れることなく，お客さまに安全な商品をお届けし，安心していただけるよう，これからも「食品安全（フードセーフティ）」「食品防御（フードディフェンス）」における安全管理体制の強化に取り組んでいく。

第1章 リスク管理とその実際
第10節 企業の取り組み
第3項 食品工場のセキュリティ管理におけるソリューション開発と適用事例

株式会社日立製作所　金井　伸輔　　株式会社日立製作所　柿崎　順
株式会社日立製作所　中田　裕也　　株式会社日立製作所　金子　真也
株式会社日立製作所　星野　佑一　　株式会社日立製作所　足立　直子

1. はじめに

　2013年12月の事件以降，意図的な異物混入や食品汚染を狙った事件は，消費者の不安をかき立て，食品業界に大きな衝撃を与えた。過去，何度となく食の安全について報道されてきたが，本事件以降，「フードディフェンス（食品防御）」に対して注目が集まっている。しかし，意図的な毒物等の混入への安全対策を中心とする「フードディフェンス」という課題は，日本ではなかなか理解されず企業の現場で浸透しない状況が続いてきたが，2013年12月の事件を契機に食品業界での取り組みが加速している。また，セキュリティシステムを従業員の安全管理や災害時への活用，さらには，損失を防ぐという観点だけではなく，業務効率改善や品質向上などに積極的に活用する取り組みが行われ始めている。日立グループ（以下，当社）は，セキュリティシステムにおける豊富なソリューション・サービスの実績とグループの総合力により，食品業界のフードディフェンスの課題をお客さまとともに見いだし，解決する「顧客協創型ソリューション」を提供している[1)2)]。ここでは，食品工場のセキュリティ管理対策への適用事例を述べ，当社のソリューションの紹介と今後の開発の展望について述べる。

2. 食品企業におけるセキュリティ管理

2.1 フードディフェンスの狙い

　食品の安全性を確保する要素は，「フードセキュリティ（食品安全保障）」，「フードセーフティ（食品安全）」，「フードディフェンス（食品防御）」の三つの概念に大別される（**図1**）[3)-5)]。フードセキュリティでは，国際的な人口問題，資源の枯渇などの問題から，安全で栄養のある食品をすべての人がいつでも入手できるように保証し，食品の安全を確保することを目的としている。また，フードセーフティでは，食品中の残留農薬や食品添加物の問題から，システムの欠陥による偶発的な危害因子による汚染の阻止を目的とし

図1　食品安全の3要素[3)-5)]
食品の安全性を確保する要素には「フードセキュリティ」，「フードセーフティ」，「フードディフェンス」がある

ている。すなわち，食品供給工程における危害因子のリスクの評価や管理を行い，危害因子による汚染の防止および低減を図り，食品の安全を確保することを求めている。これに対して，「フードディフェンス」では，システムへの意図的な攻撃をする危害因子による汚染の阻止を目的としている。したがって，危害因子の意図的な混入から食品を保護し，食品の安全を確保することが求められている。

2.2 フードディフェンスに対する当社の取り組みと特長

食品企業においては，フードディフェンス強化に向けて，ガイドラインの策定や見直しを行い，セキュリティシステムの導入と教育や運用の再徹底を図る取り組みがなされている。また，取引先からの要請により，工場監査に対応するケースも多くなってきている。これまでは外部からの侵入者を防ぐことが主な目的となっていたが，効果的で継続性のあるフードディフェンス対策のためには，施策ありきで取り組むのではなく，まずはリスクに対する現状の脆弱性を多面的にとらえ，そのうえで必要最小限のシステム導入と教育や運用の対策を検討していくことがポイントである。

当社は，食品企業のフードディフェンス対策に対し，防犯カメラや入退室管理システムなどのセキュリティシステムに加え，現状診断および課題分析から解決施策立案までを包括的に支援するコンサルティングサービスを提供している。

コンサルティングでは，診断シートを活用し，工場の食品防御の脆弱性レベルを判定する。そして，目標，セキュリティレベル，監視ポイントの設定を行い，制約条件を踏まえながら課題を抽出した後，具体的な施策を立案する。施策立案においては，セキュリティシステムのほか，意図的な異物混入や食品汚染を抑止する製造環境，製造履歴を証明するトレーサビリティシステム，入出荷管理システム，在庫管理システム，生産ラインや設備の改善にいたるまで幅広い範囲を対象としている。当社の実績やノウハウを活用し，食品企業の多種多様な要求事項への対応が可能である。このコンサルティングにより，食品工場の現状の脆弱性を把握し，全体構想を描くとともに抜本的な改善対策につなげることができる。

3. 食品工場へのセキュリティソリューション適用事例

3.1 食品工場のセキュリティ課題

食品工場では，飲料などの設備型のプロセスや総菜などの労働集約型のプロセスに大別されるが，各プロセスにより，セキュリティ管理上のポイントは様々である。効果的な対策を行うためには，リスクに対する現状の脆弱性を検討したうえで，各エリアに対し管理上のセキュリティレベルを定義し，そのレベルに応じたアクセス権限の設定が重要となる。異物混入の防止に向けては，製造エリアへの出入り監視，従業員の作業状況監視が重要となる。また，万が一，事故が発生した場合には，被害を最小限に抑えることが必要で，作業記録（データ，映像）や履歴の長期間保存とその確実な確認も重要となる。さらに，多拠点の工場を保有する食品企業においては，工場で別々のシステムを導入してはコスト面，運用面での負担が大きく，システムを共通化し，全社で統一して運用管理を行うことが課題である。また，セキュリティとい

う観点だけでなく,従業員の安全確保も工場運営上重要であり,特に,災害時における従業員の安否確認や被災工場の状況確認などが求められている。さらには,フードディフェンス対策における従業員の作業状況の監視は,セキュリティ上の観点に加えて,作業効率や業務改善,品質向上といった収益向上の課題への活用が期待されている。

こうした食品工場のセキュリティに関連する課題を踏まえ,[3.2]では,フードディフェンス対策を主としたセキュリティソリューション適用事例について述べる。

3.2 セキュリティ強化に対する適用事例
3.2.1 セキュリティ強化概要

加工食品企業において,リスクに対する脆弱性を検討し,工場や建屋の出入り口を管理エリアとし,また,製造エリアなど食品が暴露し異物混入の可能性のあるエリアと重要情報が集まる研究開発室の出入り口を最重要管理エリアと規定し,そのセキュリティレベルに応じた対策を実施する例を述べる。

特に,フードディフェンスの観点からは,製造と保管エリアは,製品,原料への直接接触や生産に危害を与える行為発生の可能性があり,厳重な管理が必要である。こうした考えに応じて,工場のレイアウト,ゾーニング,動線に応じた監視ポイントを設定する(図2)。監視ポイントを設定し,適切なアクセス制限を設けることで,意図した異物混入の発生を抑えることが可能となる。

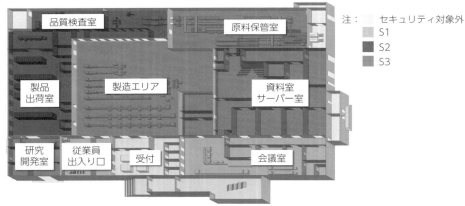

(a) 工場のレイアウト,ゾーニング例

(b) セキュリティレベルの定義例

セキュリティレベル	定義	説明
S1	管理エリア	製造エリアではないが,外来者のアクセス制限が必要となる。
S2	重要管理エリア	製造,保管エリアであり,製品への直接接触はないが従業員のアクセス管理が必要となる。
S3	最重要管理エリア	製造,保管エリアであり,製品や原料への直接接触や生産に危害を与える行為の可能性があるため厳重な管理が必要となる。

図2 食品工場のゾーニング
異物混入のリスクに応じて各エリアのセキュリティレベルを設定する

(1) 工場や建屋の出入り口の管理エリア

　工場の出入り口では，車両入退管理にて通行許可証を発行し，納入業者や従業員の入退場の際に守衛所の監視員が目視で確認することが多い。車両ナンバーを識別，認証するシステムを適用することにより管理精度向上や業務効率化を図る。さらに，通過車両ナンバーの履歴の保存に併せて，映像も保存しておくことで，万が一の場合にも状況の把握や証拠として活用が可能となる。また，通行許可証の発行管理や確認などの業務の負荷が軽減される。また，建屋の出入り口には防犯カメラを設置し，映像での履歴を保存しておく対策を行う。

(2) 製造エリアや研究開発室の出入り口の最重要管理エリア

　最重要管理エリアにおいては，その出入り口に従業員や外部者の居場所把握や入出履歴を残すために入退室管理システムを導入する。また，作業者の利便性と衛生面を考慮しハンズフリー型を採用することが多い。さらに防犯カメラも設置し，入場権限のない作業者が入場した際には警報音や警告ランプで異常を周知し，管理システム側にも発報を行い，履歴を録画映像でもトレースできるようにする。また，食品が暴露し異物混入の可能性のあるエリア内には防犯カメラを設置し，人物の特定や手元作業がわかるように HD（High Definition）画質等で長時間記録する対策を行う。

3.2.2　当社のシステムの特長

(1) 車両入退管理システム

　工場では車両が24時間出入りするため，逆光や夜間などの悪条件下でもナンバープレートを確実に認証する必要があり，高速道路などで培った技術を採用して高精度な車両入退管理を実現している。

(2) ハンズフリー入退室管理システム

　扉の外側と内側にアンテナを設置することで，IC（Integrated Circuit）タグの移動方向を正しく認識することが可能なため，扉を通過するだけで，入退場の履歴が取得可能である。また，センサーを併用することで入室権限のない人，ICタグを所持していない人を検知することが可能である。

(3) 防犯カメラシステム

　高品位映像を長時間記録するため，当社独自の高圧縮および超解像技術により，データ容量の大幅な圧縮と高画質な映像表示の両方が実現できる。

3.3　多拠点管理と災害時対応や業務効率改善活用への適用事例

3.3.1　セキュリティ強化と災害時対応や業務効率改善活用の概要

　国内に複数の工場を保有している加工食品企業において，フードディフェンスの観点からセキュリティ管理強化を行うことに加えて，各拠点でのシステムやセキュリティポリシーの統一，さらに，災害時対応や業務効率改善に活用するためにシステムの導入を行う事例について述べる。

(1) セキュリティ強化とシステムおよび運用の統一

　セキュリティ強化については，リスクに対する脆弱性を検討し，工場の出入り口と工場内建

物の出入り口の管理エリアはICカードよる入退室管理システムを設置し，フードディフェンス対策として，製造エリアなど異物混入の可能性がある最重要管理エリアに高画質の防犯カメラを設置する。さらに，各拠点のシステムを統一することで，ICカード管理や通行権限付与の手順と運用を標準化し一元管理を行い，運用コストの低減を図る。

(2) 災害時対応での活用

BCP (Business Continuity Planning) を進めるうえで「従業員の安全確保」を行いたいという要望も多く，自然災害などが発生した場合，従業員の「安否確認」で，入退室管理システムの活用を検討するケースが増えている。非常時は，セキュリティ認証を行う余裕はなく避難が優先される。したがって，非常事態が発生した時点で従業員がどの場所にいたのか，それを把握することが重要となる。最終確認は避難場所での人員点呼となり，そこで行方不明者がいた場合，非常事態発生時にどこで作業していたのかを知ることは，行方を特定するための手がかりとして活用できる。さらに災害発生時には，全国に点在している工場が同時に災害に遭遇することは考えにくい。ある工場が災害に遭遇した場合，他工場からその工場の様子が確認できる手段として，また工場周辺で感染症が発生し，工場へ立ち入りができない場合など，防犯カメラシステムを通じて遠隔地からその工場の様子（映像）が確認できるようにする。

(3) 業務効率改善への活用

作業効率，業務改善の観点から，カメラの録画映像から効率的な作業と非効率な作業の比較を行い，その操作方法や手順を改善策に利用したいという要望も多い。一つの工場の改善が有効となり，それを他工場の従業員がリアルタイムに見て，取り入れることができれば効果は倍増するので，多拠点で管理可能な映像システムを導入する事例もある。

3.3.2 当社のシステムの特長

(1) システムおよび運用の統一

パブリッククラウドを活用したシステムでは，すべての工場が同じ情報基盤で利用することが可能である。そのため，同じ画面，同じ操作方法となり，工場間で業務を標準化することができる。そして，管理面では，本社主導で情報の統一的な入力（マスタ化）や操作方法，運用ポリシーが共通化され，管理業務の軽減につながる。また，各工場へ委ねていた集計作業などは本社が一括で行うことができ，運用面で工場の負担軽減に貢献する。具体例としては，入退室管理システムにおいて，ICカードの発行管理を本社が行い，通行権限の管理は工場が実施するといった役割を分担して実施することが可能である。

(2) 災害時対応に活用する追跡機能と従業員の居場所把握

災害時の残留追跡をより詳細に行うためには，入退室管理ポイントをより多く設置することが望ましい。しかしながら，工場では搬入や搬出が頻繁であるため，ある程度オープンな環境となる。そこで，敷地内の建物には許可を受けた者だけの出入り管理を徹底することでセキュリティを確保する。工場敷地への出入り口には出勤用カードリーダ，退勤用カードリーダだけを設置し，敷地内の建物の第一扉に電気錠を設置することで対応する。操作方法は，出勤用カードリーダで認証した後，建物の扉で認証を行い入場する。この順番に反した場合は入場，退場ができない仕組み（順路設定機能）が可能である。これにより，部外者の侵入防止と，IC

カード携帯者は認証履歴が蓄積され，必要なときに当該者の行動が追跡できるようになり，残留検索機能により居場所の把握が可能になる。

(3) 業務改善と遠隔地からのモニタリング

工場の主要な場所にネットワークカメラを設置し，カメラの映像はネットワークを介して共有化し，各工場で参照が可能である。これにより，異なる工場の担当者同士が同じ映像を見ながら電話でその趣旨を伝えることや，他工場の作業の様子を見ることで，自工場の業務を改善する当初の目的を実現する。さらに，インターネットに接続できる環境からカメラ映像が確認できる仕組みなど，危機管理への取り組みに活用可能である。

4. 当社のソリューション

ここでは，前述［3.］の適用事例にて紹介した当社のソリューションの特長について，あらためて食品業界の課題と合わせて解説する。

4.1 長時間記録可能な防犯カメラシステム

食品工場では，外部からの不審者の侵入監視だけでなく，食品への異物混入などを防ぐための内部統制の強化など，フードディフェンスを目的とした防犯カメラシステムの導入が進められている。

食品の安全を確保するために製造ラインや重要エリアに設置される防犯カメラには，関連する安全対策基準や製品の賞味期限に対応するため，ネットワークカメラの高画質，高精細な映像を長時間記録することが求められている。しかし，高画質，高精細な映像はデータ容量が大きくなるため，データを保存するHDD（Hard Disk Drive）の容量の拡張に伴うコストの増加や，データ伝送時のネットワーク負荷の増大が課題となっていた。

そこで，このような課題を解決するため，当社では高圧縮処理と超解像処理技術を適用した防犯カメラシステムを開発している（図3）。フルHD対応ネットワークカメラで撮影した高

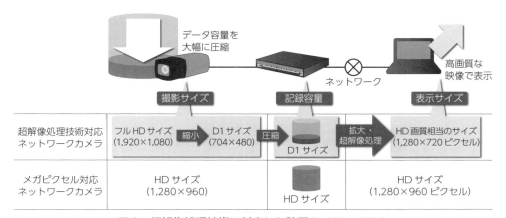

図3　超解像処理技術に対応した防犯カメラシステム
当社独自の高圧縮および超解像技術により，データ容量の大幅な圧縮と高画質な映像の表示の両方が実現できる

画質な映像データを，カメラ内部で高圧縮技術を用いてD1サイズに縮小圧縮してレコーダーに保存し，映像を確認する際はモニタリング用ソフトウェアの超解像処理技術を用いてHD画質相当の高画質な映像を表示する。D1サイズに縮小圧縮して保存することで従来のメガピクセル対応ネットワークカメラと比較して記録可能期間を約3～4倍にすることができるため，HDD容量の削減によるコスト削減に貢献できる。また，縮小圧縮した映像をデータ容量はそのままで伝送するためネットワーク負荷を抑えられる。さらに，ネットワーク負荷が小さいことで多拠点の工場を一元管理するシステム構成を狭帯域のネットワークで構築できる。

　最近では，ネットワークカメラの台数を増加してセキュリティを強化したり，ネットワークを介して複数拠点のカメラ映像を本社やデータセンターで一元管理したりするなど，システム自体も大規模化や多様化している。日立グループでは，カメラ最大3万2,000台，記録装置最大2,000台のシステム統合管理が可能な「映像統合管理ソフトウェア VisionNet® Manager」と，高品質，高性能な映像蓄積と配信性能を有する「映像蓄積配信サーバー StreamGear®」を提供している。「VisionNet® Manager」では，ネットワークカメラや専用監視レコーダー（最大24カメラ/レコーダー）に対して，映像統合管理を行うものであり，大規模にカメラを接続し蓄積する場合には専用レコーダーをその分だけ用意する必要があった。そこで，「VisionNet® Manager」と「StreamGear®」を連携し，双方がシームレスに連携可能なシステムを開発している（図4）[6]。「StreamGear®」は，1台のサーバーで大量の映像データを録画，蓄積，配信（64カメラ以上/サーバー）できるため，従来の専用監視レコーダーを複数台使用する場合と比べて，効率的に集約して大規模な映像監視システムを構築することが可能である。

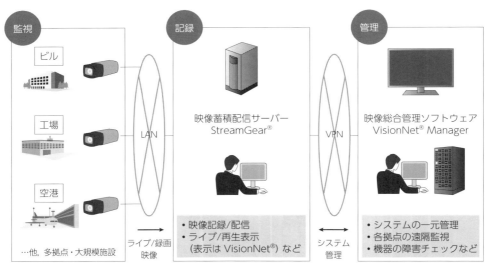

図4　映像統合管理ソフトウェア「VisionNet® Manager」＋映像蓄積配信サーバー「StreamGear®」システム構成図[6]

4.2　高セキュリティと運用性を両立するハンズフリー入退室管理システム

　異物混入の可能性のあるエリアの最重要管理エリアでは，衛生服やエアブロー，手洗いや消毒により徹底した塵埃や細菌の管理を行っている。こうしたエリアでは，ICカードをぶら下

げることや手に持ってリーダライタに「かざす」ことが支障となる。日立グループのハンズフリー入退室管理システムでは，独自機能の 3D (Three-Dimensional) アンテナを内蔵した無指向性通信の IC タグを携帯するだけで個人を認証し，外側にポケットのない衛生服でも IC タグを着用させることができるという特長がある。「かざす」という動作を必要としないこのシステムは，大変使い勝手のよいシステムとなっている。

このシステムでは，セミアクティブタグを起動させる発信器と発信アンテナ，タグから発信された電波を受信する受信器と受信アンテナがカードリーダの代役を果たしている。一般的なアクティブタグと異なり，セミアクティブタグは，通常時は電波を発信せず，発信アンテナによって生成されるエリア（認証エリア）にタグが入ったときだけ，起動する。ゲート付近には，用途に応じてゲートの外側，中央部，内側のそれぞれに三つの認証エリアを生成する。タグは，各エリアに入ったときだけ起動し，認証エリアを示す情報とタグの ID 情報を組み合わせて発信する。「通過検知」，「通過方向検知」，「共連れ検知」の三つの用途があり，設置する条件や必要とされるセキュリティレベルに応じて使い分けることができる。このうち，特に高いセキュリティレベルを必要とする「共連れ検知」では，ゲート中央部には人感センサーを設置し，タグが中央部の認証エリア内に存在している間のみ人感センサーをオフにする。この仕組みにより，不審者がこの認証エリアを通過しようとすると，人感センサーが反応し，共連れを検知できる（図 5）。通常，認証エリアを近接させると各エリアが重複し，この部分にタグが存在した場合，タグがどちらのエリアにあるのか特定できない。このシステムでは，認証エリアの重複部分をタグが検知しないエリアと設定することが可能であり，各認証エリアを狭領域で生成できるため，1 m 程度の間隔で共連れ検知が可能となる。

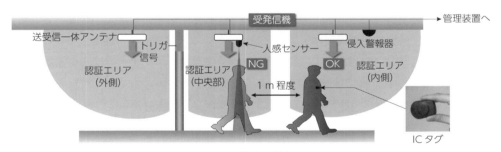

図 5 共連れ検知

共連れ検知とは，タグを所持した人に続いてタグ不携帯者が検知エリアを通行した場合に不正通行として検知する機能である．

4.3 認証媒体を持たない高精度高速な指静脈入退室管理システム

食品工場では，認証媒体を持たせないで入退室管理を行いたいというニーズがある。当社では「なりすまし」による不正入退室防止のソリューションとして「指静脈入退室管理システム SecuaVeinAttestor®」を提供している。本システムは，指の静脈を用いて利用者本人を特定するので，「失くさない」「貸せない」「忘れない」「記録が残る」という多くのメリットがある。また，IC カードのように新たに媒体を発行する手間や管理が必要なく，コスト削減にも貢献できる。

当社では，認証速度と認証精度を大幅に向上させた新型の指静脈認証端末を開発（図6）し，従来適用しにくかった大規模な工場やオフィス等への導入を可能とした[7]。開発した端末は，従来機種[※1]と比較して新たに逐次認証方式[※2]の適用により他人受入率[※3]を約1,500万分の1に，また，高速なCPU（Central Processing Unit）の採用により1：N認証[※4]速度を約10,000指/秒とし，これによりICカードなどの媒体を必要とせず，指静脈のみによる多人数の認証にもスムーズに対応可能である。

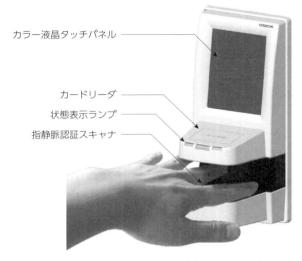

図6　新開発の指静脈認証端末（カードリーダ内蔵）FVA-100JL（イメージ）

4.4　多拠点における統一セキュリティ管理が可能な入退室管理システム

国内に複数の工場を保有している企業では，すべての工場でフードディフェンスの観点からセキュリティ管理を強化するが，工場で別々のシステムを導入していてはコスト面，運用面での負担が大きい。そのため，システムを共通化し，全社で運用ポリシーの統一を行うことが課題となっている。当社では，企業のプライベートネットークの中で活用する「大中規模向け入退室管理システム　秘堰®」やパブリッククラウドで適用する「統合型ファシリティマネジメントソリューション　BIVALE®」を提供している。入退室管理システムでは，ICカードの発行管理を本社が行い，通行権限の管理は工場が実施するといった役割分担で運用することなどが可能である。また，「BIVALE®」では，ネットワークカメラやレコーダーの映像が遠隔からネットワークを介して，各工場で参照可能である。さらに，パブリッククラウドで提供されるため，各拠点に入退室管理用のサーバーを設置する必要がなく導入コストは低減可能である。

5.　今後のソリューション開発

〈画像解析を活用した業務効率改善ソリューションの開発〉

近年，防犯カメラは高画質，高精細なネットワークカメラの普及が広まり，単なる防犯のための役割だけでなく，その映像データを解析し，得られた情報を活用して品質向上や業務効率

※1　指静脈認証端末：AFV-730-TC，FVTC720。
※2　逐次認証方式：1人につき2指を登録しておき，1回目の認証で本人と確定できなかった場合に2本目の指で認証することにより，認証精度を大幅に向上させる認証方式。
※3　他人受入率：誤って別人が本人として判定される割合。
※4　1：N認証：提示された指静脈を登録済みのN指と照合すること。

改善による収益の向上を改善するツールとしての役割にも注目が高まっている。

そこで当社では，工場内などに設置した防犯カメラの映像を解析し，人物の行動や動線，装置の状態変化などの情報を抽出することで，事件や事故の未然防止や業務効率化支援に役立てる画像解析ソリューションの研究開発を行っている[8)9)]。現状では，監視員が目視でカメラ映像を確認して状態を把握しているが，今後は異常時のみ自動的に検出可能とし，また，今まで見えていなかった現場の作業状況が「見える化」できるようになるなど，画像解析ソリューションは，これまで顧客が抱えてきた業務効率の改善に大いに貢献できると考える。

当社の考える食品工場向け画像解析ソリューションを以下に述べる。

① 人物の行動分析や動線分析による業務効率化支援

対象者の行動を分析し，不審な行動や通常とは異なる動作を行った人物を特定，追跡し，事件（盗難）や事故（労災）の未然防止への活用が考えられている。また，対象者の動線を分析し集中箇所を特定することで，人員の配置改善による業務効率化への活用が考えられる。

② 装置の状態変化認識による装置異常の早期発見支援

装置の表示ランプの状態（点灯や点滅状態，色など）を認識することにより，装置の状態を把握する。異常時は管理者に早期通知し，迅速な対応への活用が考えられている。

③ 状態認識による不審物の早期発見支援

特定箇所に一定時間以上物体が放置されていたり，通常はないはずのものが置かれていたりするなど，不審物を早期発見し，事件や事故の未然防止への活用が考えられている。

さらに将来的には，画像解析によって得られた情報と製造ラインの情報をはじめとした，様々な情報を組み合わせたビッグデータ分析による生産効率の向上や不良率等の低減を行い，さらなる顧客業務効率の改善に貢献していきたいと考えている。

6. おわりに

ここでは，フードディフェンスを契機にしたセキュリティ管理対策事例を中心に，当社の最新技術を用いた工場のセキュリティ管理の在り方について述べた。食品業界を取り巻く外部環境の変化に伴い，複雑化および多様化するお客さまの課題，ニーズに対し，当社は先進的なソリューションを提供していくことで，フードサプライチェーンの安全や安心の確立に貢献していく所存である。

商標関連　「VisionNet」，「StreamGear」，「SecuaVeinAttestor」，「秘堰」は㈱日立産業制御ソリューションズの日本における登録商標である。「BIVALE」は㈱日立製作所の日本における登録商標である。

■ 文　献

1) 金井伸輔ほか：日立評論, **96**(12), 782-783 (2014).
2) 杉浦匠ほか：日立評論, **96**(12), 758-759 (2014).
3) 食品分析開発センターSUNATEC ホームページ：http://www.mac.or.jp/mail/090701/02.shtml
4) 食品分析開発センターSUNATEC フードディフェンス（食品防御）について，（2009年7月発行メールマガジン）．
5) 今村知明編著：食品テロにどう備えるか？食品防御の今とチェックリスト，日本生活協同組合連合会出版部，東京 (2008).
6) 日立ニュースリリースホームページ：http://www.hitachi.co.jp/New/cnews/month/2015/06/0608a.html (2015).
7) 日立ニュースリリースホームページ：http://www.hitachi.co.jp/New/cnews/month/2015/07/0701.html (2015).
8) 影広達彦ほか：日立評論, **96**(03), 186-187 (2014).
9) 海老原渉ほか：日立評論, **96**(06), 428-429 (2014).

第 2 章

発生時におけるクレーム対応とその事例

第2章 発生時におけるクレーム対応とその事例

第1節　行政の立場から企業に求める異物混入対応

中央区保健所　小暮　実

1. 東京都の保健所に寄せられる苦情数

　東京都の保健所に寄せられる苦情の総数の推移は**表1**のとおりである。ここ15年くらいでその総数は倍増しており，2008年以降は約5,000件前後となっている。

　なかでも加工乳による大規模食中毒事件があった2000年度と食品企業の不祥事や中国産冷凍餃子事件があった2008年度は二つのピークを示しており，この時期には，消費者の食品への意識が高まっていたことがよくわかる。

　2014年度の総数については，まだ公表されてはいないが，ゴキブリが混入していたため自主回収したカップ焼きそば事件やハンバーガーチェーン店での異物混入に関するマスコミ報道が相次いだことから，例年より苦情数が増加することが推定される。特に近年は，マスコミ報道ばかりでなく，SNS（ソーシャルネットワーキングサービス）など新しい媒体により広まる情報への対処が，新たな課題となっている。

　苦情の原因としては，食品を喫食したことにより，何らかの健康被害を伴う有症苦情が多く，例年全体の約1/4強を占めている。その次に多いのが異物混入であり，ここ数年では全体の約15％前後となっている。近年明らかに増加している苦情としては，表示に関する苦情や「その他」に分類されている騒音やゴミ処理等に関する相隣問題である。

2. 異物混入に関する苦情件数とその要因

　東京都に寄せられる苦情のうち，異物混入に基づくものの内訳は**表2**のとおりである。2013年度は755件であるが，加工乳の大規模食中毒の事件のあった2000年度は1,603件，中国産冷凍餃子事件のあった2008年度は1,365件となっているため，2014年度の統計数も1,000件を超えるものと考えられる。2013年度の統計では，755件のうち229件が虫，105件がガラス，石および金属類，96件が人毛の混入となっている。虫の混入等の事例では，保健所への届出の前に製造者や販売者に届出ることが多いため，実際の異物混入数はさらに多いことが推定される。苦情の届出者は，製造者や販売者の対応に満足した場合には，保健所に届出ることはない。しかし，その対応に納得が得られない場合，ゴキブリやハエなど消費者に嫌悪される虫の混入の場合，通常は混入が稀なガラス，石および金属などの場合は，製造者や販売者だけでなく保健所にも届出される事例が多くなる傾向がある。

表1 東京都における要因別苦情総数

年度 / 苦情原因	1999	2000	2001	2002	2003	2004	2005	2006	2007	2008	2009	2010	2011	2012	2013
有症苦情	841	1,341	1,044	1,314	1,032	1,036	1,012	1,136	1,508	1,951	1,585	1,338	1,354	1,472	1,434
％	29	25	27	27	25	24	26	26	24	26	27	25	28	30	28
異物混入	521	1,603	869	916	744	792	756	855	1,141	1,365	927	812	639	681	755
％	18	30	22	19	18	18	19	19	18	18	16	15	13	14	15
異味・異臭	280	521	380	427	320	247	239	264	491	824	443	377	281	292	277
食品取扱	156	237	188	364	277	361	344	387	651	630	570	502	419	499	567
施設設備	227	238	299	387	346	408	384	435	519	534	526	533	488	514	512
表示	71	104	103	175	188	218	148	208	398	314	215	201	201	201	242
腐敗・変敗	85	173	128	150	116	114	114	102	160	210	106	108	87	79	95
カビの発生	129	282	142	162	117	116	117	121	166	199	151	123	109	85	106
変色	51	95	61	70	66	57	40	60	100	128	107	75	62	42	54
変質	40	90	57	87	47	73	41	46	86	94	38	58	32	31	38
その他	487	706	652	752	821	944	753	823	1,128	1,287	1,269	1,240	1,086	971	1,112
合計	2,888	5,390	3,923	4,804	4,074	4,366	3,948	4,437	6,348	7,536	5,937	5,367	4,758	4,867	5,192

表2 東京都における異物混入苦情件数と要因

年度 / 混入要因	1999	2000	2001	2002	2003	2004	2005	2006	2007	2008	2009	2010	2011	2012	2013
虫	193	603	310	338	271	240	283	284	389	374	277	226	209	194	229
寄生虫	34	48	34	30	30	8	24	18	46	52	28	35	22	27	15
ガラス・石・金属	62	205	96	108	105	109	114	140	137	202	138	123	78	109	105
人毛	51	144	80	86	73	92	66	103	108	139	116	84	63	68	96
その他動物性	32	92	70	73	34	53	36	32	68	98	54	58	51	51	49
プラスチック	34	111	50	76	44	77	73	79	124	165	99	90	63	80	72
木	7	26	17	16	9	8	10	8	16	12	12	13	15	11	8
紙	4	12	17	17	10	21	7	13	23	26	13	18	17	11	20
繊維	12	33	20	16	9	16	19	26	32	35	16	17	16	18	18
タバコ	5	8	7	5	7	5	2	4	6	4	4	6	2	6	5
絆創膏	8	10	10	5	7	9	7	14	8	8	6	8	3	7	13
その他	79	311	158	146	145	154	115	134	184	250	164	134	100	99	125
合計	521	1,603	869	916	744	792	756	855	1,141	1,365	927	812	639	681	755

3. 食品関連事業者への対応

　厚生労働省では，2014年末に食品への異物混入事件が相次いたことを踏まえ，食品衛生関係法令等に基づき，食品等事業者が異物の混入防止のための取り組みを徹底し，食品の安全性を確保するべく，都道府県等に食品等事業者に対する監視指導の徹底を通知している。詳細については，下記通知を参照されたい。
〈食品への異物の混入防止について（平成27年1月9日食安監発0109第1号）[1]〉
① 食品等事業者における異物混入防止の徹底
② 衛生教育の適切な実施
③ 異物の混入防止のための必要な措置
④ 保健所等への報告
※ 被害拡大防止対策を速やかに講ずるため，消費者等からの食品等にかかる苦情であって，健康被害につながるおそれが否定できないものを受けた場合は，保健所等へ速やかに報告するよう指導すること。

　また，消費者庁でも，異物混入等の相談情報については，保健所等に適切に情報集約ができるよう下記のように通知している。
〈消費者から寄せられた食品への異物混入情報への対応について（抜粋）（平成27年1月9日消安全第5号）[2]〉
　…消費者から健康被害につながるおそれが否定できない異物混入等の相談情報が寄せられた際には，食品衛生担当部局等の連絡先についてもお伝えしていただく等，保健所等に適切に情報が提供されるよう御協力をお願いいたします。また，食品中に異物が混入している事案も含め，消費者安全法に基づく通知を行う必要のある相談情報が寄せられた場合は，改めて速やかな通知の徹底をお願いいたします〔消費者庁「消費者事故等の通知の運用マニュアル」平成21年10月28日制定（平成21年11月1日より運用）平成27年3月27日改訂参照[3]〕。

4. 『東京都食品安全条例』と自主回収報告制度

　2003年，国は食の安全，安心を脅かす事件が続いたことを受けて，『食品衛生法』（平成15年法律第55号）を大改正するとともに『食品安全基本法』（平成15年5月23日法律第48号）を制定した。
〈『食品衛生法大改正』と『食品安全基本法』制定の背景〉
1996年　堺市O157食中毒事件
2000年　加工乳による大規模食中毒
2001年　わが国初のBSE感染牛発見，牛肉消費の低迷
2002年　牛肉偽装表示事件，無登録農薬，指定外添加物の使用

　このような中で，東京都では当時の石原知事の号令の下，食品の大消費地である東京都の地

域特性を踏まえた仕組みづくりの必要性，生産から消費までの総合的な食品安全行政の推進の必要性，都，都民，事業者の連携した取り組みの必要性といった背景を踏まえ，『東京都食品安全条例』（平成16年3月31日東京都条例第67号）を制定している。この条例に基づき，食品の安全確保に関する施策をさらに総合的かつ計画的に推進するため，「食品安全推進計画」を定めるとともに，食品による健康被害を未然に防止する観点から，いくつかの都独自の制度を設けている。

安全性調査および措置勧告制度：『食品衛生法』による規格および基準が定められていないなど，法的な対応ができない課題に対し，条例に基づき必要な調査を実施し，調査の結果，健康への悪影響が懸念され，法的な対応が困難な場合には，都は事業者に必要な措置を取るよう勧告し，その内容を公表する。

自主回収報告制度：事業者が行う自主回収のうち，健康への影響のおそれのある場合等に都への報告義務を課し，その情報を都民に対し提供することにより，事業者による回収の促進を図る。

その後，東京都の自主回収報告制度を皮切りに，他の自治体でも同様の回収報告制度が実施されている。また，厚生労働省は，これらの自主回収情報を厚生労働省のホームページに集約するよう下記のとおり通知している。しかし，各自治体での自主回収情報が漏れなく集約できているわけではない。

〈食品衛生法に違反する食品等の回収情報について（平成25年6月28日食安監発0628第1号）〉
① 厚生労働省や都道府県等が公表した食品衛生法違反食品等の回収情報
② 輸入食品の回収事例
③ 食品等の回収に関する情報（リンク集）
④ 掲載期間は，原則1カ月間

5. 自主回収報告制度

東京都は，2004年11月から，『東京都食品安全条例』に基づき，都内の特定事業者が『食品衛生法』違反である食品や健康への影響のおそれがある食品を自主回収する場合には，東京都知事への報告を義務付けた。その件数の推移は，**表3**のとおりであり，2007年度を除くと年間約100～150件で推移している。

特定事業者には，都内の加工食品の製造者，販売者はもちろん原材料の生産者や生産団体も含まれている。

表3　東京都における自主回収報告数の推移

年度	2004	2005	2006	2007	2008	2009	2010	2011	2012	2013	2014	合計
件数	29	120	154	223	110	103	99	114	115	119	121	1,307

〈特定事業者〉
- 食品等の製造者，輸入者および加工者
- 製造者固有記号にかかる販売者
- 商品に自社名を冠する販売者（PB商品）
- 農林水産物の生産者および生産者団体

この制度における「自主回収」とは，特定事業者が生産，製造，輸入，加工または販売した食品等について，特定事業者が自ら『食品衛生法』違反，『食品表示法』違反や健康被害のおそれに気付き，自らの判断で回収を決定したものであり，行政による法令に基づく回収命令や販売禁止命令等は含まれていない。

通常，行政による検査により違反が判明した場合には，行政庁は回収命令や販売禁止命令等を行うとともに，『食品衛生法第63条』に基づきその事実を公表し，命令等に従わない場合には罰則が適用される。しかし，自主検査で違反品と知りながら販売を続けた場合には，発覚しない限り不利益処分も受けず，罰則の適用も難しい。このため，特定業者が自主回収を決定した際に「報告」を義務化したものの，自主回収したが報告しなかった者に罰則は設けられていない。

〈自主回収報告制度に罰則を設けなかった理由〉
- 自主回収して報告した者：○
- 自主回収したが報告しなかった者：×
- 違反が判明したのに自主回収しなかった者：××

自主回収報告の対象食品の中には，回収命令や販売禁止命令を受けた食品等と同一ラインで製造された他ロット品や違反食品を原料に使用した二次製品など，行政での違反確認はないが違反の蓋然性が高い食品も含められている。このため，本制度は，行政からの不利益処分がなくても，特定事業者が自主的に違反またはその疑いのある食品を迅速に市場から排除することを促進している（**表4**）。

従来，『食品衛生法』違反であるが，表示違反については健康への影響のおそれがある食品のみ（アレルギー物質表示もれ，実際よりも長い期限表示，実際よりも高い保存温度表示など）報告対象としている。

2015年4月に『食品表示法』（平成26年6月4日法律第51号）が新たに施行されており，食品表示基準に違反した食品関連事業者に対する指示公表方法や健康影響がある食品に対する措置命令等の指針が示されている。消費者庁は食品を安全に摂取する際の安全性に重要な影響を及ぼす表示事項を内閣府令で

表4　『食品衛生法』違反品と措置方法

違反内容	措置方法
行政で検査した食品衛生法違反品	回収命令・販売禁止命令など
上記違反品の他ロット品	自主回収とその報告
違反品を原料に使用した二次製品	
自主検査で違反が判明した食品	
健康被害がありまたはおそれがある食品	
食品表示法違反	指示，指導，命令，公表

定めており，府令の内容に沿って表示違反の報告対象を拡大することを検討する自治体もある。また，ウェブサイトをもたない小規模事業者が違反発生時の消費者に対する情報提供の手段として自主回収報告制度の公表制度を利用することを認めるかどうかも検討課題の一つとなっている（図1）。

報告された自主回収報告については，東京都のホームページで公開して消費者に注意喚起している。

ただし，下記の食品等については報告の対象外となっている。

〈自主回収報告制度の対象外〉
- 都外から消費者に直送される食品：（理由）特定事業者が都内にないため
- 店で製造した食品を店のみで販売する場合（店頭小規模販売）：（理由）販売先が比較的限定されており店頭告知などで十分な情報提供ができるため
- 通信販売品，業務用食品：（理由）販売先が特定でき連絡できるため
- 健康被害が想定されないその他食品：（理由）他の法律に違反する食品，自主基準に不適合な食品などであるため

2004年11月～2015年3月末まで約11年間に報告された自主回収約1,300件の内訳は**表5**のとおりである。回収理由では，変質287件，アレルギー表示258件，異物混入225件，期限表示211件，その他328件となっている。その他の原因には，前述の食品衛生法違反品の他

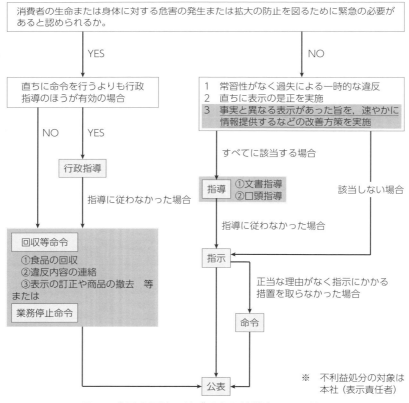

図1　食品表示法に基づく表示基準違反への対応

表5　東京都における自主回収報告の内訳（2004年11月〜2015年3月）

食品分類	件数	回収理由				
		異物混入	変質	アレルギー表示	期限表示	その他
合計	1,307	225	287	258	211	328
魚介類	84	11	17	15	22	19
冷凍食品	24	8	0	5	1	10
肉・卵類	59	9	4	11	14	21
乳類	85	17	26	6	4	32
農産物	140	30	15	11	25	59
菓子	438	59	123	129	70	57
飲料	99	33	33	2	7	26
缶詰	8	1	2	1	1	3
調味料	7	1	1	2	1	2
総菜	17	2	4	2	6	3
器具類	11	0	0	0	0	11
その他	335	54	62	74	60	85

ロット品や二次製品の自主回収などが含まれている。

　食品分類別では，菓子類での報告が438件と全体の1/3を占めており，菓子類でのアレルギー表示の欠落等による報告が129件と報告全体の約1割を占めている。

　異物混入による自主回収については，225件で全体の1/6を占めている。食品への異物混入については，様々なケースがあり一概には判断できないが，自主回収の判断については，混入の続発が想定されておりかつ健康被害の発生が想定される場合には自主回収報告の対象としている。

6. 異物混入と食中毒

　金属異物やガラスなどの異物混入により口腔内を怪我するなどの事故もあるが，食品への異物混入により営業停止処分を受ける食中毒事件もある。その多くが，食品への洗剤類の混入と食品への寄生虫の混入である（**表6**）。

　洗剤ではないが，当保健所管内でも1993年に，昼食に焼鳥店で番茶を飲んだ2名が舌のしびれやのどの痛みを呈した食中毒事件が発生した。原因は調理台に置いておいたタバコの箱が番茶用のやかんの蓋の裏側に付着したため，タバコが番茶に煮出された事件であった。この事件では，患者の尿からニコチンが検出されている（営業停止7日間）。

　また近年，サバに寄生するアニサキス（*Anisakis*），ヒラメに寄生するクドア（*Kudoa*），馬刺しに寄生するザルコシスティス（*Sarcocystis*）などの寄生虫よる食中毒事件が多発している。他の異物混入とは異なるが，広い意味では異物混入による食中毒事件とも考えられる。アニサキスは目視で判断できるが，クドアやザルコシスティスは微細なため目視では有無を判断でき

表6 異物混入による食中毒事例

発生年・地	処分内容	食中毒内容	原因
2011年 品川区	7日間営業停止	ジュースを飲んで2名が舌のしびれ，のどの痛み	漂白剤入りの冷水でジュースを希釈
2012年 府中市	7日間営業停止	天ぷらを食べた7名が舌のしびれ，のどの痛み	みりん容器に詰めた洗剤で天つゆを調理
2012年 港区	営業自粛2日，停止5日間	天ぷらを食べた3名が舌のしびれ，のどの痛み	油を廃棄するため洗剤を入れたフライヤーで天ぷらを調理
2012年 豊島区	7日間営業停止	焼酎を飲んだ7名が舌のしびれ，のどの痛み	一斗缶の洗剤を焼酎のボトルに保管そのまま提供

ない。寄生虫は一般的に冷凍に弱いため冷凍処理すれば防止することができるため，事前の冷凍処理を指導している。

　アニサキスの事例では，胃痛のため診察を受けた医療機関で胃カメラによりアニサキスを摘出することにより治癒するため，多くの事例が患者1名である。飲食店ばかりでなくスーパーマーケットや魚屋で処理した「〆（しめ）サバ」でアニサキスによる食中毒が発生した場合，患者が1名にもかかわらず営業停止処分を受けることについては，営業者からは異論の声も聞こえる。自治体では，不利益処分取扱要綱や要領を定めて公平で公正な取り扱いを行っている。食中毒事件での営業停止処分の判断としては，

① 患者が確認され医師からの届出であること
② 原因食が明らかなこと
③ 責任の所在が確認できること

などを条件としているため，胃カメラによりアニサキスが検出された場合は，その条件がそろいやすく，行政としても不利益処分を命令せざるを得ない事情もある。前述したように，東京都では，洗剤混入など営業者による過失等が明白な場合には，原則7日間の営業停止処分を行っているが，事件を反省し処分前に営業自粛した場合やアニサキスなど寄生虫による食中毒事件で患者も少なく不可抗力である事件については減算措置が取られている。

7. 食品回収の判断とガイドライン

　『食品衛生法』違反食品でも残品や回収品については，返品，再生，転用，廃棄の四つの選択肢がある。しかし，輸出国へ返品される輸入残品を除くと，回収される食品の多くが実際には廃棄されている。再生については，開封して再度製造するためには手間やコストがかかること，回収した食品を原材料として使用することに消費者の抵抗感があることなどから敬遠されている。また，飼料や肥料への転用についても手間や法規制などから転用が進んでいない。

　現在，医薬品の自主回収については，その危害度を3段階に分けて回収が実施されている。先般の「シラスにフグの子が混入」した事件のように，少しでもリスクがあれば，その大小に関係なく自主回収する風潮があり，過剰な回収であると異論を唱える声も聞かれる。自主回収された食品の多くが廃棄されている事実に対しては，食品を大事に有効利用する「もったいな

い」という気持ちや廃棄物を減らす「エコ」の思想を勘案することも必要である。国民にとって本当に必要な食品回収なのかについて，もっとリスクコミュニケーションが必要とも考える。現在，自治体の自主回収報告については，各自治体のホームページ等でバラバラに公表されており，一部は厚生労働省のホームページに掲載されているものの，国全体としての報告制度は設けられていない。このため，食品事業者は自治体ごとのルールを確認しなければならない状況にある。消費者はもとより，食品事業者，行政の三者が十分にリスクコミュニケーションして，安全で安心できる食品回収ガイドラインが求められている。

■文　献

1) 厚生労働省医薬食品局章句品安全部監視安全課長：食品への異物の混入防止について，平成27年1月9日食安監発0109第1号, (2015).
2) 消費者庁消費者安全課：消費者から寄せられた食品への異物混入情報への対応について（依頼），平成27年1月9日消安全第5号, (2015).
3) 消費者庁消費者政策課消費者安全課：消費者事故等の通知の運用マニュアル，平成21年10月28日（平成21年11月1日より運用）平成25年4月1日改訂, (2015).

第2章 発生時におけるクレーム対応とその事例

第2節 食品の異物混入苦情の概要と改めて問われる混入防止対策—複雑化する情報社会を迎えて

公益社団法人日本食品衛生協会　佐藤　邦裕

1. はじめに

　食品の異物混入苦情については公的機関や各種団体および流通事業者などにより集計分析されている。昨今，異物混入苦情に関連して加熱気味ともいえる報道や商品の自主回収が頻発している。大部分が苦情対応の拙さが原因となっており，苦情データでみる限り，全体状況に目立った変化があるわけではない。以前から食品の異物混入苦情は件数や発生比率など常にトップの座を占めている。最近はSNS（ソーシャルネットワーキングサービス）などコミュニケーションツールの急速な発展により，食品関連企業は従来の苦情対応の基本的な見直しを余儀なくされているように思われる。本稿では，消費者から寄せられる異物混入苦情の実態を分析し，対策の再構築に何が必要なのか喫緊の課題について考えてみる。

2. 異物混入苦情の特徴

2.1 異物混入苦情件数は社会的事故や事件の発生に敏感に反応する
2.1.1 東京都に寄せられた異物苦情件数

　異物混入苦情件数は食の安全および安心をゆるがす事件や事故の発生に敏感に反応する。事件や事故の発生により，消費者の間に食に対する不安感や不審感が生じることが要因として考えられる。こうした状況では，消費者は購入した食品を喫食する前にいつもより入念に眺めたりにおいをかいだりすることが増える。結果，平常時なら気にならなかった子細なことが気になり始め，購入した販売店やメーカーに問い合わせをすることで異物混入苦情としてカウントされ，苦情件数が増加につながる。こうした傾向は2000年（平成12年）の大手乳業メーカーによる大規模食中毒事故を契機に顕著になった。2000年以前と比較すると，2000年以降は以前のレベルに戻ることなく苦情件数が底上げされていることがわかる（図1）[1]。

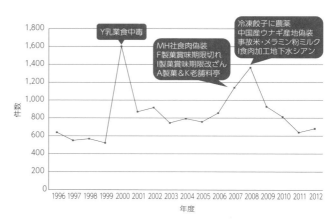

図1　東京都に寄せられた異物混入苦情件数推移（1996〜2012年度）[1]

第2章 発生時におけるクレーム対応とその事例

2.1.2 流通に寄せられた苦情件数の推移

　日本生活協同組合連合会（以下，日本生協連）の1999～2009年度に受け付けた商品苦情総件数でも，事件や事故の発生が苦情件数の増減に大きくかかわっていることが読み取れる（図2）[2]。2007～2009年度の3年間における総苦情件数と異物混入苦情件数の相関をみるとほぼ連動している（図3）[2]。当該期間は特に食品にかかわる重大な事故や事件が相次ぎ，苦情受付件数は乱高下したが，異物混入苦情もまた同様の傾向を示していることが読み取れる。

2.1.3 自主回収件数も社会的事件の発生に敏感に反応する

　食の安全および安心をゆるがす事件や事故の発生は，苦情件数だけではなく商品の自主回収件数についても大きな影響を与えている（図4）[2]。度重なる事件や事故の発生に際し，マスコ

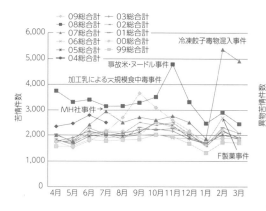

日本生協連商品苦情データベースをもとに作成
※口絵参照
図2 日本生協連に寄せられた商品苦情の推移（1999～2009年度）[2]

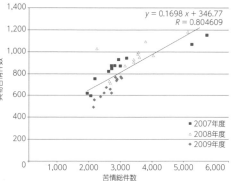

日本生協連商品苦情データベースをもとに作成
※口絵参照
図3 商品苦情件数と異物混入苦情の散布図と相関係数（2007～2009年度）[2]

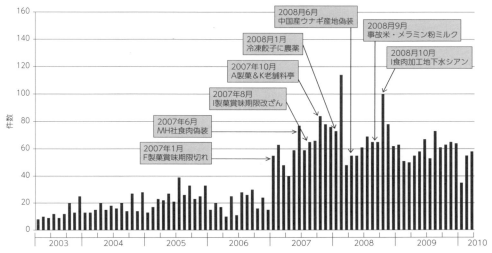

農林水産消費安全技術センターホームページ（http://www.famic.go.jp/syokuhin/jigyousya/index.html）をもとに作成
図4 商品の自主回収件数の推移[2]

ミや報道などメディアの扱いも大きくなり，消費者や社会から受けるプレッシャーが厳しくなることが件数の増加を招いていると考えられる。本来，異物混入苦情はロットクレームにつながることの少ない単発の事故が多く，事故対応としての自主回収は意味が薄いはずである。現実に実施されている異物混入事故に関する自主回収は，企業イメージを損なわないことを第一とした経営判断が優先される。先行他社の自主回収対応により，追随せざるを得ない状況が生じ回収事例の増加につながっている（**表1**）[3]。

表1 2014年の異物混入事故事例（製品回収を伴ったもの）[3]

No	月日	商品回収対象商品	会社名	分類
1	1月15日	チョコレート	RC社	プラスチック片
2	2月 9日	バームクーヘン	Y社	プラスチック片
3	6月27日	サラダ	H社	プラスチック片
4	8月18日	クリームパン（カスタード）	N社	プラスチック片
5	8月20日	皮なしウインナー	V社	プラスチック片
6	9月 8日	牛肉・豚肉挽き肉（解凍）	M社	ビニール片
7	9月15日	ウインナー	IH社	ビニール片
8	9月28日	クーヘン A, B, C	HH社	虫
9	10月 1日	米麦あわせ味噌	YH社	虫の足
10	10月 2日	クリームパン（小倉）	S社	プラスチック片
11	10月 8日	メープルミックスナッツ	MY社	メイガの成虫・幼虫
12	10月28日	豆水煮缶詰	IA社	虫
13	12月 4日	カップやきそば A, B	MS社	虫
14	12月10日	冷凍パスタ A, B, C	NS社	虫
15	12月11日	しいたけ	IS社	虫
16	12月16日	チルド餃子	HS社	虫
17	12月18日	冷凍そばめし	MN社	プラスチック片
18	12月24日	ラスク	NE社	虫
19	1月 3日	チキンナゲット	NM社	ビニール片

2014年（1月～12月）の異物事故情報　　　　　　　　　　　　　　　　　　　　　　　［単位：件］

告知理由		合計	各月のデータ											
			1	2	3	4	5	6	7	8	9	10	11	12
異物の混入（夾雑物を含む）	ガラス片や金属等硬質異物	51	0	1	2	1	3	2	17	5	4	2	7	7
	昆虫・毛髪等生物由来異物および軟質異物	35	1	2	1		4	2	0	6	4	5	0	19

2.2 混入異物から眺めた苦情実態

2.2.1 東京都に寄せられた苦情ではハエやゴキブリが多い

東京都の集計では昆虫類の混入苦情が多数寄せられているが，とりわけハエやゴキブリが突出して多い（**図5**）[1]。その他では金属など危害性の高いもの，人毛など不快性の高いものが多く寄せられているのが特徴である。東京都に寄せられた異物混入苦情は東京23区と日野および町田両市の保健所に寄せられた苦情をベースにしている。保健所などの行政機関は危害がある異物を中心に情報を収集し，企業を適切に指導することが主要な業務である。消費者も行政上の対応が必要だと判断した場合には，商品を買い求めた店舗やメーカーよりも保健所などの窓口に苦情を持ち込むことが多くなると考えられる。

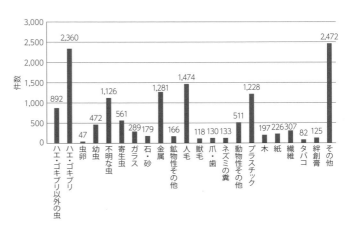

図5 東京都に寄せられた混入異物の集計
（1996～2012年度）[1]

2.2.2 流通や民間の検査機関に寄せられた苦情では様子が異なる

日本生協連がまとめたデータをみると，ありとあらゆるものが混入異物として申告されていることがわかる（**図6**）[2]。昆虫，毛髪，プラスチックや原材料由来異物の件数が多く，昆虫ではハエやゴキブリ以外の昆虫が多く届けられており，東京都の集計と際立った違いをみせている。日本生協連などに届けられた異物混入苦情では日常生じている異物混入苦情の実態を読み取ることができる。原材料由来の異物については，形状やサイズにより苦情となることが多い。この苦情カテゴリーの消費者の感性は年々先鋭化しており異物混入苦情件数が減らない一因となっている。単独のカテゴリーでは毛髪の苦情件数が多い。

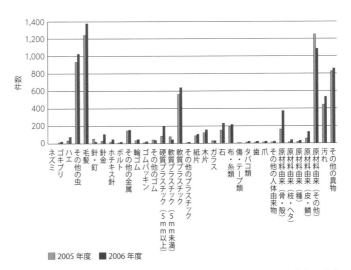

日本生協連商品苦情データベースをもとに作成

図6 日本生協連に寄せられた混入異物の分析表
（2005，2006年度）[2]

2.2.3 検査機関に持ち込まれた混入異物鑑定依頼の状況

ありとあらゆるものが，混入異物として鑑定（同定）を依頼される（図7）。昆虫類が多いがハエやゴキブリが突出して多いわけではない。人の毛や獣毛は少なくはないが，突出して多くはない。樹脂や金属，木片などの植物組織など危害性（危険性）の高いものも多い。全体の状況としては日本生協連がまとめているデータに近い。

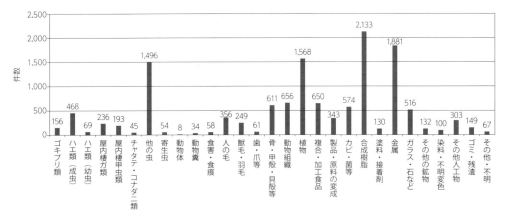

出典：イカリ消毒㈱研修資料

図7　イカリ消毒㈱ LC 環境検査センターに寄せられた検査依頼件数（2011年）

3. なぜ異物混入苦情は減らないのか

3.1 異物に対する考え方が一様ではない

異物とは何か，異物とは具体的に何を指すのか。消費者，食の衛生を取り締まる行政，食品を製造・販売する販売者，それぞれの立場で認識が異なっていることが異物混入対策を組織的かつ総括的に展開できない一因となっているように思われる。『食品衛生法』では5～7条でそれぞれ異物を含む不衛生食品等の販売が禁止されている（表2）。法律上の記載では人の健康

表2　『食品衛生法』の規定（昭和22年12月24日法律第233号）

第2章　食品及び添加物
第5条【清潔衛生の原則】販売（不特定又は多数の者に対する販売以外の授与を含む。以下同じ。）の用に供する食品又は添加物の採取，製造，加工，使用，調理，貯蔵，運搬，陳列及び授受は，清潔で衛生的に行われなければならない。
第6条【不衛生食品等の販売等の禁止】次に掲げる食品又は添加物は，これを販売し（不特定又は多数の者に授与する販売以外の場合を含む。以下同じ。），又は販売の用に供するために，採取し，製造し，輸入し，加工し，使用し，調理し，貯蔵し，若しくは陳列してはならない。 　一　腐敗し，若しくは変敗したもの又は未熟であるもの。ただし，一般に人の健康を害う虞がなく飲食に適すると認められているものは，この限りでない。 　二　有毒な，若しくは有害な物質が含まれ，若しくは付着し，又はこれらの疑いがあるもの。ただし，人の健康を損なうおそれがない場合として厚生労働大臣が定める場合においては，この限りでない。 　三　病原微生物により汚染され，又はその疑いがあり，人の健康を損なうおそれがあるもの。 　四　不潔，異物の混入又は添加その他の事由により，人の健康を損なうおそれがあるもの。
第7条【健康に無害であることの確証のない新食品の販売の禁止】厚生労働大臣は，一般に飲食に供されることがなかつた物であつて人の健康を損なうおそれがない旨の確証がないもの又はこれを含む物が新たに食品として販売され，又は販売されることとなつた場合において，食品衛生上の危害の発生を防止するため必要があると認めるときは，薬事・食品衛生審議会の意見を聴いて，それらの物を食品として販売することを禁止することができる。

を損なうおそれがあるかどうかが大きなポイントになっている。「誤飲誤食により何らかの健康被害を引き起こすもの」が異物と定義されていると読み取ることもできる。製品の中に混入した原材料の皮や種，茎や筋（すじ）など法律上は問題がないように思われるものでも異物として認識，申告する消費者は少なくない。法律上の位置付けからは，混入異物として苦情件数の多い毛髪についても異物との判断は微妙である。実際には，法律上の位置付けにかかわらず，消費者から異物苦情として申告されるものはすべて苦情対応の対象となっている。

　また，わが国では混入異物のサイズに関しての基準はないが韓国やEU，アメリカでは金属異物についてサイズによる基準化がなされている（**表3**）[4)-6)]。

3.2　異物混入に対する認識や意識の違い

　㈶国民生活センターで発行している『月刊国民生活』2000年12月号の異物特集に掲載されたデータでは異物混入の多い食品として菓子類が挙げられている（**表4**）[7)]。菓子類や麺およびパンなどの穀類，調理食品などは異物混入苦情が多いと解釈される。製造現場の実態を考える

表3　諸外国の金属異物の基準[4)-6)]

混入異物（金属）のサイズに対する考え方	
日本	食品衛生法第6条「人の健康を損なうおそれがあるものの販売等を禁止」とあるが，種類や大きさなどの具体的な基準はない。
韓国	口の中で異物を感知できるのは2.0mm程度以上のものであると判断としている。「長さ2.0mm以上の異物が検出されてはいけない」という基準を粉末，ペースト，液状の食品に対して設定している。
EU	一般食品法規則178のガイドラインに，食品異物混入に関する説明を記載している。しかし食品異物混入基準は明記されていない。
アメリカ	FDA（アメリカ食品医薬品局）が食品中の硬く鋭利な異物が含まれていたケース190件の評価を実施し，「最大寸法7mm以下の異物は外傷・重傷の原因にはほとんどならない」と結論づけている。※特別リスクグループを除く

表4　異物混入の多い食品[7)]

食品群	合計件数	主な食品（件数）
菓子類	722	洋菓子（147），和菓子（134），チョコレート（83），スナック類（68），飴・キャラメル（61），アイスクリーム類（53），せんべい（50）
穀類	688	パン（280），米（231），麺類（143），粉類（17），餅（11）
調理食品	565	弁当（148），総菜類（94），調理パン（63），冷凍調理食品（57），レトルト調理食品（47），調理食品の缶詰・瓶詰（26）
魚介類	410	魚・貝類（215），かつお節など魚介加工品（73），干物・塩蔵品（54），魚肉練り製品（43），魚介缶・瓶詰（24）
飲料	371	清涼飲料（136），ミネラルウォーター（73），コーヒー・紅茶・ココア（62），緑茶（31），中国茶（30）
野菜・海草類	322	漬物・佃煮など（125），野菜（75），豆腐・納豆・おからなど（51），海草（47）
調味料	198	オイスターソース（50），ふりかけ（39），砂糖・ジャム・蜂蜜（31），食塩・醤油・味噌（25）
乳卵類	161	牛乳（72），粉ミルク（52），ヨーグルト・チーズなど（42），鶏卵（13）
肉類	146	ハム・ソーセージなど加工肉（71），牛肉（26），豚肉（22），鶏肉（10），挽き肉（9）
酒類	103	ビール（41），ワイン（37），清酒（12）
果物	77	果物の缶詰・瓶詰（32），生鮮果物（25），干し柿・干しぶどう（9）
その他	38	インスタント食品・チルド食品などその他の食品

と，このデータのタイトルは「異物混入苦情の多い食品」と考えたほうが現実的である。

行政や自治体などから公表される異物混入に関するデータは，苦情として申告された件数を集計したものである。菓子類など子どもや若い女性の喫食頻度が高い食材では，苦情件数が多くなる傾向があるが，商品特性というよりも消費者の感性に由来しているのではないかと思われる（子どもや若い女性の感受性はとても高い）。

パンや麺および餅などは地色が白っぽいものや淡い色彩のものが多く，異物の混入が目立ちやすいことなども影響している可能性はある。調理冷凍食品などは共働き子育て所帯の若い主婦層の消費割合が多い食材で苦情件数が多いのは，若い消費者のほうが異物混入に関する感性が高いことに由来していると思われる。

「異物混入」と「異物混入苦情」とは区別して考える必要がありそうにも思える。

3.3 異物混入の本当の怖さが理解されていない

顕在苦情は氷山の一角にすぎない。異物混入など，商品に不満をもった消費者が販売店やメーカーに苦情を申し立てた場合，メーカーや販売店の対応により以降の再購入率は大きく異なる。消費者の心理や購買行動について著名な研究者である John Goodman によると，消費者が苦情を申し立てた際のメーカーや販売店の対応により以降の購買行動が大きく左右される（図8）[8]。

異物混入事例では，消費者の感性により苦情の申告率は大きく異

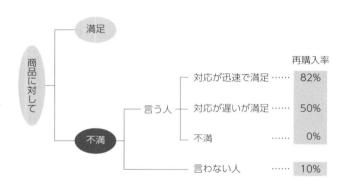

図8 グッドマンの法則の概要[8]

なる。不満を感じながら苦情を申し立てない消費者も多数いるだろうことは容易に想像できる。グッドマンの法則では苦情を申し立てない消費者の再購入率は10％で，苦情を申し立て対応に満足した消費者の再購入率82％とは大きな開きがある。苦情が申告されない結果，販売者やメーカーは知らないところでの客離れが進行していくことに気が付いていないことも考えられる。食に携わるすべての従事者や関係者は，異物混入を経験したことのある販売店やメーカーの商品は，たとえ苦情を申し立てなくとも二度と買わないという消費者が多数いることを肝に銘じておくことが肝要である。異物混入の真の怖さはここにあるといっても過言ではない。

3.4 異物対策の基本が理解されていない

従来取られてきた異物対策の大部分は本来の混入防止対策ではなく顧客対応である。異物混入事故再発の防止にはつながっていない。本来の異物対策は混入事故の再発を防止するものでなくてはならないが，このことがあまり理解されていないように思われる。

3.4.1 本来の異物混入防止対策とは

異物苦情対策の一連のフローを図に示す（図9）[2]。

多くの事例で異物混入対策として実施されてきた対策は一次報告までで終了している。こうした活動は本来の異物対策ではなく顧客対応である。単なる顧客対応を繰り返していても異物混入発生体質は改善されない。本来の異物混入防止対策とは再発防止対策と認識すべきである。

本来の異物混入対策を推進していくためには、苦情発生から再発防止対策の確立まで一連の対策を組織的に推進、マネジメントしていくことが不可欠である。この任に当たる人材を異物対策マネージャー®※1 と位置付け、早急に要請することを提言してきた。異物対策マネージャー® の具備すべき要件とは以下のとおりである。

〈異物対策マネージャー® に求められる資質および要件〉[1]
① 常に消費者の立場に立って物事を冷静に判断できること
② 問題解決に当たりバランス感覚を有していること
③ 感覚や状況に惑わされない科学的な考え方を有していること
④ 他者の意見を冷静に聞くことのできる柔軟な発想可能であること
⑤ 問題解決への執念とリーダシップを有していること

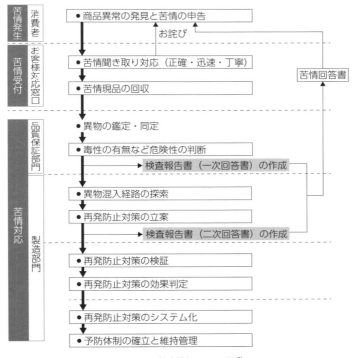

図9 異物対策フロー図[2]

※1 「異物対策マネージャー」はイカリ消毒㈱の登録商標です。

4. SNS時代を迎えて改めて問われる混入防止対策

　消費者の苦情申告に対する対応の拙さが騒動を大きくしている事例が増えている。消費者の不満が，SNSと総称されるネットを介した媒体を通じて一気に拡大される。経営トップの不用意な発言がきっかけとなることも多い。2014年以降でも異物混入による商品の自主回収事例は多数生じている。

　こうした状況を踏まえ，専門業者にアウトソーシングしているために現状の把握が十分にできていない防虫防鼠対策，製造現場の日常管理の基本であり，異物混入防止対策の基本である組織的な5Sの推進について，食品事業者の喫緊の課題と位置付け提言したい。

4.1　正確な製造現場状況の把握と認識が必要─防虫防鼠対策の事例
4.1.1　モニタリングデータが生かされていない

　製造現場の防虫防鼠対策を効果的に実施するには専門的な知識や経験が必要となる。多くの企業が防虫防鼠対策を専門業者へアウトソーシングしている。費用対効果を上昇させるためには適切な手段ともいえる。専門業者は当該現場におけるネズミや昆虫など害虫獣の生息状況を把握するために種々の調査用トラップを現場に配置，基礎データの収集（モニタリング）を実施している（図10）。モニタリングは防虫防鼠対策を効果的に実施していくための重要な手段であることは確かである。しかし，モニタリングによるデータの収集自体が目的化され，得られたデータが本来の防虫防鼠対策に生かされ切っていない現場も多い。データの収集は手段であり最終の目的ではないことを再確認する必要がある。

　配置されたモニタートラップは定期的に点検され，捕獲されている害虫獣の個体数や種名が計測，記録される。必要に応じて捕獲数と捕獲期間との間で指数化を施し，現状の把握と当面必要となる具体的な対策がユーザー企業に報告される。モニタリングデータは，実施した具体的な防虫防鼠対策の効果判定にも用いられる。専門業者は常時製造現場に駐在していないので，点検日以外のモニタートラップの管理はユーザー企業に委ねられている。工場の視察や点

オプトクリン® V　　　　チュークリン®　　　　ラットねすと®

PRトラップ　　　　インジケーター小　　　　インジケーター大

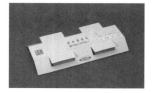

Ⓒイカリ消毒㈱

図10　各種モニタートラップ

検時にモニタートラップを見かけることも多いが，ゴキブリなど歩行性昆虫の生息状況を調査する目的で配置されたと粘着トラップが水に濡れ，粘着力を失っていたり，適正な配置場所から移動されたりしていることもある。トラップ設置の目的や意義がユーザーに理解されないまま現場で運用されていることが背景にあると思われる。不適切な状態で設置されたトラップにより得られたデータの活用は，現場の状況を誤って判断してしまうことにつながるので注意が必要である。本来はユーザー企業自らが実施しなければならない防虫防鼠対策が専門業者への丸投げとなっている。

4.1.2　専門業者の定期点検調査に同行すること

　現状を打破し早急にやるべきことは，専門業者の定期的な点検時にユーザー企業の担当者が同行することに尽きる。同行点検がほとんどなされないまま，調査データのみがユーザー企業に報告されている。専門業者の点検作業に同行することで，ユーザー企業も得られたデータの意味や現場の状況を正しく把握できるようになる。調査に同行することなく数値データと解析結果だけを受け取り保管しているだけでは，専門業者が解析した調査結果を取引先や上司に正確に伝えるのは困難である。経営トップが現状を正しく認識できていなかったために，混入事故発生時の対応が不適切になりネット媒体上で炎上する原因にもつながるので注意が必要である。
　モニタリングデータばかり積み上げても，製造場内にゴキブリなどの生息がなくなるわけではない（図11）。

図11　非常灯表示ボックス内に生息しているチャバネゴキブリ
成虫から幼虫，卵鞘まで各ステージがみられる

4.1.3　自主管理が可能なモニタートラップもあるので活用すること

　専門業者の使用するモニタートラップの中には，捕獲データの解析に専門知識を必要としないものもある。ノシメマダラメイガやタバコシバンムシなど一部の害虫ではメスがオスを誘引するフェロモンを産生することがわかっているが，研究者の努力により誘引物質の化学組成が明らかになり，モニタートラップに応用されている（図12，13）。誘引作用は強力で経験と勘で昆虫の生息状況を探索するよりもはるかに効率のよい調査結果が得られる。誘引剤は特定の昆虫にしか作用しないので，トラップに捕獲された昆虫を分類する必要もない。
　捕獲数のみが情報として活用できる。捕獲されるのは通常はオスの個体のみで，駆除目的このトラップを使用するのは問題がある。粉類や食品等を食害する昆虫はノシメマダラメイガや

タバコシバンムシの他にも多数存在するが，食材の保管管理状況や清掃の不備などにより生息状況が多く左右される。タバコシバンムシやノシメマダラメイガが捕獲されるような環境ではその他の害虫類の生息環境も整っていると考えるべきである。このような特殊用途のトラップは素人でも手軽に扱える利便性と誘引効果が確実であるから，現場担当者自らが設置し，捕獲データを専門業者に提供しながら具体策についてのアドバイスを要請するとコスト対効果が上がり，現場の状況も改善される。

©富士フレーバー㈱

図12 ノシメマダラメイガ用フェロモントラップ（GACHON®，富士フレーバー㈱）捕獲状況

捕獲されているのはすべてオスの成虫

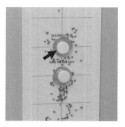

©富士フレーバー㈱

図13 タバコシバンムシ用フェロモントラップ（NEW SERRICO®，富士フレーバー㈱）捕獲状況

誘引フェロモンを含浸させた錠剤（矢印）付近に捕獲されているのはオス成虫

4.2 組織的な5S活動の推進

食品製造現場の日常的な管理の基本として5Sの推進を掲げている企業は多い。5Sの実践は異物混入防止対策の基本，王道でもある。しかしながら，5Sを組織的に運用実践できている企業は多いとはいえない。5Sについては，取り組みや実践の強化をうたった掲示物ばかりが目に付くのが現状である。5Sの実践とは自主的に定めた管理ルールを順守しながら，ルールの見直しなどを積み上げていく地道な活動（PDCAサイクル）である。その多くがルールを決めることが自己目的化されている。ルールは運用されてこそ意味を成すものであり，つくっただけではただの飾りでしかない。組織的に5S管理を推進運用し，その結果として異物混入苦情削減にも大きな成果を上げた事例を紹介する。本稿で取り上げたのは，5S推進のための基礎作業としての一斉清掃の取り組みである。全体取り組みの骨子は以下のとおりである。

4.2.1 ステップ1：組織的な取り組みのスタートは経営トップのキックオフ（図14）[9]

全従業員を一堂に集め，組織として5Sの推進を実践することを決意表明する。そのための具体的な第一歩として全作業場の一斉清掃の実施を宣言する。マスタープランの作成や進捗会議の開催など取り組み全体の運用については品質管理部を中心としたタスクフォースを組織する。

一斉清掃は事務職を含めた全員参加，タスクフォースは事務方に徹することについて特に強調する。

図14 経営トップによるキックオフ宣言[9]

4.2.2 ステップ2：管理図面の作成とゾーニング（図15）[9]

清掃実施に当たり，部署ごとの実施区分ゾーンを確認し，ゾーンごとの管理責任者を決める。管理責任者は進捗会議に出席する。管理図面は現状を正確に反映したものが必要であり，なければ作成する。ゾーニングは職場ごとの状況を勘案して実用的な区分けをし，廊下や通路など共用部分については，事務方の所管とする。ここでも，一斉清掃は全員参加が大原則であることを強調する。

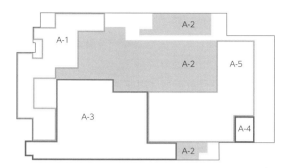

図15　管理図面（現場見取り図）のゾーニング[9]

4.2.3 ステップ3：必要な情報を管理図面に落とす（記載する）

本稿では，配電盤およびスイッチボックス，清掃用具収納庫，工具ボックスの3種の管理の進め方について概要を説明する。取り上げた3種については各ゾーンに共通して存在することから共通のルールを決めやすく，取り組みのスタートとしては最適の課題であった。管理図面上に自らのゾーン内にある配電盤およびスイッチボックス，清掃用具収納庫，工具箱がそれぞれいくつあるのかを正確に調査し，図面上に記載する。配電盤やスイッチボックスは目的や用途によりタイプが異なるので，用途別の分類確認しながら図面に記載していった。こうした作業では各人の予想をはるかに超えるスイッチボックスや配電盤類が分担区画内に存在することが認識された。

作業を進めていくなかでのポイントと得られたいくつかの教訓を以下に示す。

(1) 番地付け作業

確認された配電盤およびスイッチボックス，清掃用具収納庫や工具ボックスには識別のための記号や番号を付与する（番地を入れる）（**図16**）[9]。以降は番号識別記号で表現することで重複や思い込みを避け，認識を統一できる。管理をするうえでの基本作業である。

(2) 工具類の申告撤収と再配備

工具類の管理については，製造現場に必要最低限の工具を配備することを大原則とする。そのために使用中の工具類をいったん撤収した。現在使用中の工具は必ず再配備することを約

図16　配電盤，スイッチボックス，工具類の管理[9]

束。改めてゾーンごとに必要な工具を再確認し申告させた。この活動のなかで特筆すべきは，回収した工具類の中には，工場側が供与したもの以外の多数の工具類が使用されていたこと。大半は従業員が使い勝手のよい工具を自己調達し使用していた。新規の製造機械の搬入時に整備用として工具一式が付属している場合が多く，工場が供与した以外に多くの工具類が無管理のまま工場内で使用されていた。

(3) 清掃用具は員数管理と限度見本の配備

清掃用具収納庫の確認に伴い，内部に収納されている清掃用具の個数や状態についてもチェックする。ここでも，工具類と同様に必要最小限の配備を徹底することを申し合わせた。本来清掃用具以外のものが収容されている場合には撤去した。収納品目のリストを作成し，清掃用具の状態については使用限度の見本を写真で掲示することとした（**図17**）[9]。

4.2.4　ステップ4：一斉清掃の実施，不用品の廃棄，清掃マスタープランの作成

普段清掃を実施していない箇所についても全員参加で実施。この作業を通して，以降の清掃実施マスタープランを作成する（**図18**）[9]。マスタープランの内容については清掃に参加した

図17　清掃用具収納ボックスと収納リスト[9]

(a) 床面および排水溝の清掃

(b) 製造機械下部　　(c) スイッチボックス内部の清掃　　(d) 階段および通路など共有部分の清掃（事務系職員が担当）

図18　全員参加での一斉清掃[9]

従業員の意見を最優先させる。年に1回，3カ月に1回，週に1回，毎日実施など場所ごとに清掃の仕方や頻度が異なることを全員で認識する。

頻度が決まったら管理方法を決める。管理方法を決めなければ，1回だけの力仕事に終わってしまい，以降の運月ができない。従来の徹底清掃がこの段階で終結している。

〈不用品の撤去と廃棄〉（**図19**）[9]

不用品の撤去。多くの職場では想像以上の不要物や遊休機器が現場に存在し作業環境を悪化させている。計画的に移転，撤去，廃棄を実施する。当該工場ではトラック数台分の不要物が撤去された。

4.2.5 ステップ5：維持管理工程― PDCAサイクルの実践

各ゾーン相互の定期的なクロスチェックの励行と管理ルールの見直し，拾得物や管理会議の状況についての開示し，現在も実行中している（**図20**）[9]。一斉清掃の取り組みを通して従業員全員が作り上げたルールは見直しや改善を経ながら現在も進行中である。異物混入苦情については，取り組み以前に比較して約5年を経過して7割が削減できた。

図19 不用品の撤去[9]

不用品や遊休機は撤去または廃棄する

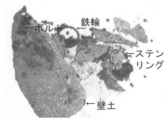

図20 相互点検（クロスチェック）と拾得物の展示[9]

拾得物を社員食堂に展示して従業員の意識を高めている

5. おわりに

自社の異物混入防止体制の明確なコンセプトをもつことが，混入苦情発生時の不規則対応を防止し，結果として意味のない商品回収やネット上での炎上を防止することにつながる。組織的な5S活動を実直に継続していくことで，異物混入防止体制の基礎が構築できる。どんなに努力をしてもゼロリスクは考えられないが，多くの消費者はそんなことを望んではいない。混

入事故の発生に際し,自社の異物対策のコンセプトを明瞭に発信できるかどうかが,きたるべきSNS時代を迎えるに当たり食品事業者の喫緊の課題であると考える.

■ 文　献
1) 東京都福祉保健局健康安全部食品監視課編：平成8～24年度「食品衛生関係苦情処理集計表」．
2) 佐藤邦裕：食品衛生学雑誌, **52**(4), 211-219(2011).
3) 食品産業センター, 食品事故情報告知ネット： http://www.shokusan-kokuchi.jp/
4) JETRO Food & Agriculture (2007年11月12日).
5) GUIDANCE ON THE IMPLEMENTATION OF ARTICLES 11, 12, 16, 17, 18, 19 AND 20 OF REGULATION (EC) N°178/2002 ON GENERAL FOOD LAW (2004)：http://ec.europa.eu/food/foodlaw/guidance/guidance_rev_7_en.pdf
6) US Food and Drug Administration：Manual of Compliance Policy Guides.
7) 国民生活センター：月刊国民生活, **30**(12), 54-56 (2000).
8) 佐藤知恭：グッドマンの法則—体系：消費者対応企業戦略—消費者問題のマーケティング, 37-41, 八千代出版, 東京(1986).
9) 佐藤邦裕ほか：人を動かす食品異物対策, サイエンスフォーラム, 東京(2001).

第2章 発生時におけるクレーム対応とその事例

第3節 不祥事発覚時における広報対応

山見インテグレーター株式会社 山見 博康

1. 事件発覚，迫真の記者会見を成功させるまで

1.1 「うちもそうだった！ どうしたらいいでしょうか？」

とある金曜の朝，「山見さん，今日午後何時でも構わないので来てほしいのですが…」と電話があった。電話の主は，某有名食品スーパーの広報部長であった。拙著『企業不祥事企業危機対応完全マニュアル』を読んだという。

「どうしたんですか？」とすぐ問う。「数日前大手食品スーパーの"異物混入"が大きく報道されて以降，他のスーパーでも発覚。当社はメディアからの問い合わせには全面否定していましたが，実はよく調べるととんでもない異物混入が発覚したので，この対応法を指導願いたい」と切羽詰まった口調であった。「何とか窮地を救わねば！」と先約を延期，同日午後3時から説明を受けた。その結果異物混入の事実内容を把握し，実際には意図的ではなく，チェックできない仕組みが原因と現状判断した。

そこで，第一に直ちに危機対策チームを結成しきちんと準備を整え，第二に消費者庁への報告，第三に記者会見の実施をアドバイスした。主要ポイントは次のとおりである。
① 「発表の遅れ」に対する合理的説明は？
② 「再発しない」とする合理的説明は？
③ 「組織ぐるみではない」とする合理的説明は？
④ 「トップの関与はない」とする合理的説明は？
⑤ トップの責任とその処分は？ 甘いと見なされない程度は？
⑥ 「公式見解（プレスリリース）」と「想定問答集（Q＆A）」をいつ完成できるか？
⑦ 消費者庁への報告と記者発表は最短でいつできるか？
⑧ 「発表者」を誰にするか？

気が付くと夜8時を超えていた。

1.2 正確に現状把握，万全の資料づくり―好転の手を打つ

関係部課長からなる対策チームが急きょ集合した。週末通してすべての事実をリストアップし現状を詳細に把握して，「情報マスター」をつくった。それを原資データとして整理分析し，時系列的に並べ直し，確認情報と未確認情報に分け，未確認情報は再確認し，さらに抜けがあれば情報を補充しつつ「ポジションペーパー」づくりに精を出した。そのプロセスを経て，これから公式見解（プレスリリース）およびQ＆Aの原案を作成し，トップ（社長）の承認を得なければならない。そうすれば発表者が自信と確信をもって会見に臨めるのである。

原案作成に当たり，私からの注意点は次のとおりである．
① プレスリリースには，不動の事実，間違ってはならない数字や表現および報道してほしいあるいは伝えてほしい数字や表現は網羅する．
② 当面の対策，経営幹部の責任，顧客への補償等を明確にする．
③ Questionの想定を万全にし，絶対に隠しているという印象をもたれないようにする．

月曜9時半より，社長を筆頭に緊急危機対策会議を開き，チーム作成のプレスリリースおよびQ＆A原案を一つひとつ読み合わせし，追加および修正した．めどが付いた午後一番で，消費者庁に電話し率直に事情説明した結果，翌日10時に報告，11時に消費者庁記者クラブで記者会見を行うことになった．

そこで，同日夕方より再度，社長から担当まで一堂に会して，最終資料（プレスリリースおよびQ＆A）完成に向け，特に語尾の表現に留意しながら一字一句吟味し文言を選び修正した後，社長の最終承認を得た．

発表者を誰にするかで企業の姿勢が問われるので，私からできるだけ上位者を推奨した結果，社長自身と常務に決定．広報部長が司会することになった．

私のアドバイスに従い，今回の異物混入は単発的な問題であり，意図性はなく組織ぐるみではないことを明確に表現し，直ちに実行可能な当面の対策を2，3明示した．責任者の処分は絶対に甘いといわれないように厳正にするなど，開示できる項目はすべて記載することを徹底した．記者がすぐ原稿作成に取り掛かれるに必要な情報を盛り込むと，質問も減り，記者の手間も省け，間違いも少なくこちらの意図する内容での記事となる可能性が高くなるからである．

1.3 試合前の練習が鍵

発表は「試合」で，重要発表は「全国大会」と見なすとよい．プロ野球選手のイチローでも試合前には万全に準備＝練習する．夜11時頃より2時間くらい，完成したプレスリリースとQ＆Aに基づき，私が記者役になって発表リハーサルを行った．

まず，姿勢が大事と真っすぐな立ち方，歩き方や座り方から入室の態度，正しいお辞儀の仕方や話し方，檀上での振る舞い方まで，一つひとつ実技指導した．特に，最敬礼はテレビ映りを想定して腰が90度まで折れるように何度も繰り返し練習した．

数時間の睡眠後，翌日8時半より再度主要部分のリハーサルを行い，声の大きさ，トーン，特にお辞儀の形を徹底して再チェックした．

1.4 消費者庁報告良し，記者会見で質問が出ない！

火曜10時消費者庁訪問，プレスリリースをもとにありのまま報告すると，その誠実な態度が好意的に受け止められたのか30分程度で終了した．すぐ会見室に入ると，既にテレビカメラ6台以上最後列にセットされ，100人以上の報道陣が陣取り，会見開始を待ち構えていた．

そこで，私のアドバイスにより，広報部長は，定刻20分前だがプレスリリースを配布した．すると，記者たちは，一斉にパソコンに向かい原稿を書き始めた．狙いどおりであった．

11時きっかり，発表者2人が入室し広報部長の司会で会見開始．社長が直立のまま詫びを述べた後，揃って「最敬礼（90度）」！，ビデオが回りフラッシュが相次いだ．背筋が伸びた

お辞儀姿は，美的にさえみえた。

発表後，質問を催促するも手が挙がらなかった。ようやく出た質問も数字の確認が主体で，社長の進退等の微妙な質問は出なかった。それは，記者たちがすでに必要項目の網羅されたプレスリリースをみて原稿を書き終え，デスクに送ったからに違いない。結局，1時間の予定が30分程度で終了した。

発表はメディアを通じてステークホルダーや社会に伝えるためであるが，本来は一人ひとりに伝えるべきだ。そこで，公式見解を社内主要部署に徹底し，同じ内容を，営業から主な顧客へ，購買からは主な取引先へ連絡するなどそれぞれの部署から必要なアクションを取るようにアドバイス。同時に自社ホームページにも即時アップして動揺のないように配慮した。

1.5 むしろ好転した

次の関心は，メディア露出状況と顧客や社会の反応である。

まず，昼のテレビニュースで，NHKはじめ全局が取り上げたが，特筆すべきはお辞儀の素晴らしさだった。背筋が伸び90度曲折の姿はお詫びの気持ちあふれる様子で好印象を与え，内容も淡々と事実のみが報道された。しかも新聞の夕刊4紙でも悪い印象の表現はなかった。

翌日の朝刊は，通常は朝刊のほうがより大きな記事になるのに，夕刊のない産経新聞だけという最小限の露出にとどまり，社長はじめ経営陣もほっと胸をなで下ろしたのであった。

今回の一連の成功要因は次のとおりであろう。
① トップによる徹底調査の指示を全社最前線のスタッフまで十分に理解し実行した。
② トップの決意と再生への並々ならぬ情熱と意欲が全社に伝わった。
③ トップと危機対策チーム一丸となった動きが相乗効果となった。
④ 広報部が一貫して情報開示の姿勢を保ち問い合わせにも適切に対応した。

最も大きな成果は，①経営幹部が日頃の危機対応の重要性を肌で認識し，②社内全体が常に危機意識をもつように研修やメディアトレーニングを定例的に行うことになったこと。つまり，社員一人ひとりが広報の本質と危機意識向上，全社的危機への対応の仕組みを理解する啓発活動を実施し始めたのである。こうして"事態を好転"させたことが最良のご褒美であろう。

上記は理想的なプロセスを想定したケーススタディである。
「我が為をなすは我が身の為ならず　人の為こそ我が為となれ」(新渡戸稲造『一日一言』)[1]

2. 企業危機とは

2.1 "危機は人災"を自覚せよ

「犬も歩けば棒に当たり，人も歩けば蹴躓き，会社を営めば危機に逢う！」である。最近，日本マクドナルド㈱の異物混入事件，㈱ベネッセコーポレーションの情報漏えい事件，㈱東芝の不適切会計事件…と大きな企業不祥事，事件や事故が相次いでいる。その他，火災や爆発，脱税や詐欺，水質汚染や食中毒など危機は多種多様だが，すべて人が絡んでいることに気が付く。天災である地震や洪水も耐震偽装や堤防手抜き工事など人が絡んでいることがある。

なぜなら，会社は人が営むからだ。"危機は人災"を肝に銘じよう。

一度危機が発生すれば一挙にダメージを受ける。危機は管理できない，対応するものだ。子どもが転んだらすぐ抱き起こし，傷の程度で応急措置を判断する。クレームも危機であり危機の源泉である。日頃の業務に潜む危機のもとを感じ取ろう。

「或ることを為したために不正であった場合のみならず，或ることを為さないために不正である場合も少なくない」(アウレーリウス『自省録』)[2]

2.2　危機発生による一連のダメージと時系列的回復フロー（図1）

「備えあれば憂いなし」とはいえ，何かが起こるのは人の身辺と同じである。しかし「憂い少なし！」にはできよう。ところが，備えを怠れば，対応の不手際により初動の拙さが一段と事態悪化を促進，金銭的損害の増大，さらにはメディアや社会が企業に抱きやすい不信やイメージダウンを与えるのは当然だといえる。

しかし，起こったことは取り返しが付かない。そこで，適切な措置を講じて，金銭的損害を最小化し最短で業績回復に転じる必要がある。しかも顧客や社会の信用・信頼等ブランド価値は，危機以前の価値が高ければ高い程，大きく失墜する。したがってその回復は，業績回復よりかなり遅れることを覚悟し，厳しい視点での長期的回復策を講じ，事態好転を図らなければならない。

「努力して努力する，それは真のよいものではない。努力を忘れて努力する，それが真の好いものである。しかしその境に至るには愛か捨かを体得せねばならぬ」(幸田露伴『努力論』)[3]

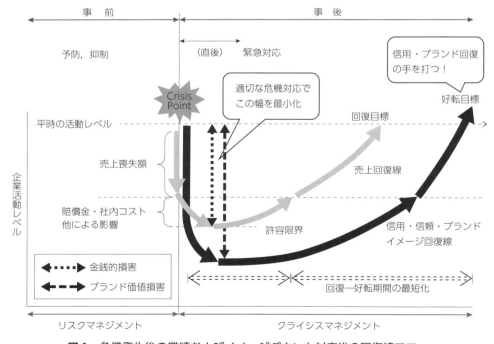

図1　危機発生後の業績およびイメージダウンと対応後の回復線フロー

3. 危機起きて「七つの直」で対応しよう

　危機発生の際には，次の「七つの直」（**図2**）の実践が最小限に乗り切るキーワードだ。危機は，いつでも，どこでも，誰にでも，理由なく，前触れもなく，突然やってくる！　そこで慌てず，七つの直を念頭において実践すれば，適切に迅速に対応でき，最小限のマイナスで乗り切ることができよう。

　「真に大志ある者は，よく小物を勤め，真に遠慮ある者は，細事を忽にせず」（佐藤一斎『言志四録』）[4]

3.1 （トップへ）「直報」

　第一発見者は，「緊急連絡網」に従い直ちにトップに「直報」する。同時に，公式見解（プレスリリース）およびQ＆Aを作成する危機対策本部のメンバーにも直報しなければならない。

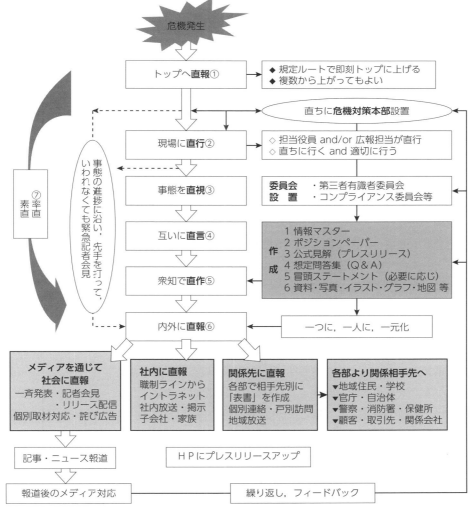

図2 危機が起きたら「七つの直」で対応

そのスピードと正確性が初動の迅速さと適切さに直接影響を及ぼす。警察，消防署等への「通報」も率先して行い，顧客や地域住民，社内に被害拡大の恐れあれば，あらゆる手段を駆使して，直ちに「警報」を発し二次被害の防止に努める。警報は短く端的に表現する。

　「真理はそのままでもっとも美しく，簡潔に表現されていればいるほど，その与える感銘はいよいよ深い」（ショウペンハウエル『読書について』）[5]

3.2　現場に「直行」
3.2.1　直行には二つのアクションあり
　直報を受けた広報は，直ちに現場に「行く」と緊急アクションを「行う」。現場のトップや担当に協力し，緊急対策チームを立ち上げるなど率先して事態を仕切るのである。事態の推移によって，早めに最初の発表（記者会見）が必要になる。
　到着後効果的に進めるために，まず現地に要請することは，
① 到着後直ちに公式見解とQ＆Aをまとめるので必要なメンバーを集めてほしい。
② 特に，○○に留意して情報を集めておいてほしい。
③ 到着後1〜2時間以内に記者会見するので，○○時に記者に集まってもらうように各メディアに案内状を出し，記者クラブには発表申し込みをしておいてほしい。等々

　現場では，まずは安否確認を行い，負傷者への応急措置を急ぐとともに，負傷者増加を避けるべく安全確保を行う。また操業を停止すべきかどうかの判断も必要である。被害の拡大を防ぐために当面の対策をどうするかに加え，その進展する事態を，社員や近隣の人たちに適切に伝達する。当局へ刻々の直報も忘れてはならない。危機の種類や事態の深刻さにもよるが，基本的に行うべきことを，**表1**に整理しておく。

3.2.2　現場における記者対応はこうしよう
　早く現場を訪れた記者へは次のような対応が望ましい。
① 記者室を準備し，広報担当を世話役として1人は常駐させる。
② 記者室には，複数の電話，FAX，コピー機，プリンターや用紙等を準備する。
③ 取材にきた記者は，記者室に案内。要望に充分応え，細やかな配慮を怠らない。
④ 現場写真を撮りたい記者には，安全のために適切な場所に案内する。
⑤ 問い合わせにはQ＆Aの範囲内で回答。しかし不明な点はあいまいなまま答えたり，不用意に臆測で答えたりしない。直ちに上司や本社と相談し承認を得て早めに連絡する。
⑥ 死傷者がいる場合，個人情報開示は慎重に。現場警察署や消防署など関係当局の指示に基づき，家族の意向を踏まえ，本社広報の指示に従う。

　「春風のなごやかさを以て人に接し，秋霜のするどさを以て自ら粛む」（佐藤一斎『言志四録』）[4]

3.3　事態を「直視」
　関係者は「情報マスター」をつくるため，事態をつぶさに直視し，あらゆる関連情報を率直に「危機対策本部」に集中させる。感性を豊かにし，刻々変化する事態のなかから重要情報を見逃さないようにする。

表1　直ちに行う具体的アクション（例）

	直ちに行う	具体的アクション	☑	日時	担当
①	直報	トップ・対策本部メンバーに直報	☐		
②	対策本部立ち上げ	当面の対応、「情報マスター」へ情報収集	☐		
③	状況把握	何がいつどのように起こったか把握	☐		
④	安否確認・負傷者への応急措置	負傷者、死者は？　救急車を呼ぶ	☐		
⑤	負傷者搬送	救急車で病院へ搬送。応急措置	☐		
⑥	家族への連絡	死者・負傷者家族への連絡	☐		
⑦	安全確保・現場保全	被害拡大を防ぐための措置	☐		
⑧	操業停止	機器やラインの停止の検討・実施	☐		
⑨	当局へ通報	警察，消防，保健所，自治体等々への通報	☐		
⑩	緊急社内連絡（家族）	緊急体制で対応。情報収集し「情報マスター」へ	☐		
⑪	地域住民・外部関係者へ通報	地域住民への連絡，監督官庁への報告	☐		
⑫	現場保全	警察等当局の指示による現場保全 立入禁止，交通遮断等	☐		
⑬	問い合わせ対応・緊急記者会見	本社との連携による当面の問い合わせ対応決定 記者，一般からの問い合わせ。緊急記者会見準備	☐		
⑭	第1回目の発表	危機の内容と緊急性・重要性にもよるが，現場の状況を把握した時点で何らかの発表のタイミングがある。その後事態の変化に応じ適宜発表	☐		

　危機の当事者やそこにかかわる人やかかわりそうな人たちは往々にして「保身」意識が過剰にはたらき事実から目を遠ざけようという気持ちに陥りがちになる。逆に，周辺の人は当事者意識なく傍観者的になってあまりかかわりをもちたくない気持ちが頭をもたげ，事態から目を逸らせる傾きあり。情報が正しいとは限らない！　注意しよう。

　「時として外見は実体とおよそかけ離れているもの。世間はいつでも上面(うわべ)の飾りに欺かれる」（シェイクスピア『ヴェニスの商人』）[6]

3.4　互いに「直言」

　事実を重視し，組織を優先して「直言」し合うことが最も重要である。
　しかし，問題の核心に近くなればなるほど当事者には，次のような傾向がみられよう。
① 積極的には情報を上げない。
② 無責任にまたはあいまいに回答して無用な推測を助長。
③ 事実をオブラートに包みすぎ，または情報を少し誇張し意味が不明確。

　加えて，優秀な人や責任感の強過ぎる人も結果的に「隠蔽」になりやすい傾向があることもわかっていよう。ワンマン企業になると率直にものをいえないムードが漂い，「イエスマン」が増え次第に悪い情報が上がらなくなる。そんな内向き企業には「直言しない，できない社員とそうさせない風土」がまん延し，危機に際しても情報が滞り問題拡大を助長する。
　そこで，「直言も"時には"辞さぬ　誇りと勇気　言うべき時に断固言うべし」の心得を堅持。「言うべき事を，言うべき人に，言うべき時に，断固言うべし」との覚悟をもって臨めば，ど

んな状況に陥っても，自己の尊厳を崩さずして，善処できよう。しかし実行には誇りと勇気が必要。時に首筋に刃を感じ，首回りが寒くなる心境にもなろう。しかし身を挺して直言すべき時がある。そんな時には「誰かが見てくれている！　必ず天は見ている！」と信じるのだ。このことを肝に銘じていれば，自らの将来ビジョンも定まるであろう。

直言を信条とする社員を育てる社風や仕組みにしなければならない。経営者は「直言の士」を好んで側近におくべきだ。さもなくば，トップに阿（おもね）る茶坊主に取り巻かれ上下共々危機意識が薄弱に陥る。危機に気付かない悲しい風土に先はない。

「真砂（まさご）なす数なき星の其の中に吾に向ひて光る星あり」(正岡子規『子規歌集』)[7]

3.5　衆知で「直作」
3.5.1　「何を作成すべきか？」と一連の流れ

直ちに作成しなければならないものは，

① 情報マスター(あらゆる情報をここに集約する)
② ポジションペーパー(確認情報・未確認情報を整理および分析して時系列的にまとめる)
③ 公式見解＝プレスリリース(内外に発信する公式メッセージ)
④ 想定問答集(Q & A)(プレスリリースに記述しない項目を網羅。質問予測力を駆使)
⑤ 冒頭ステートメント(必要に応じて，発表者が最初に述べるお詫びおよび挨拶文)
⑥ 諸資料(会社概要，ファクトブック，写真，イラスト，技術解説等々)

危機対策本部の機能とその活動の一連のプロセスフローは図3のとおりである。危機発生の第一報から直ちに危機対策本部立ち上げた後，集まってくる情報を付箋に記し壁に張る，白板に書く，パソコンに入力する等で「情報マスター」を積み上げていくのであるが，一概に情報といっても，各部から均一な情報が，同じタイミングで集まってくるかが問題である。情報は出す人によって，①スピード，②タイミング，③重要性の三つの感覚が異なる。さらに立場により「保身」の心に左右されて，スピードの遅延，タイミングのずれ，情報品質の劣化という現象が露呈することに留意すべきである。

そうして集めた確認情報や未確認情報を時系列的に整理し，「ポジションペーパー」を作成。衆知を結集して直ちに会社としての「公式見解」つまり「プレスリリース」にまとめるのである。その判断に，会社の倫理観や道徳観が如実に表れる。会社のビジョンや行動規範にのっとり，「To be good」＝いかに善くあるべきか，いかにビジョンに沿っているか，を判断の根幹に置かなければならない。人間として，会社としての在り方の問題だからである。

それに加え，プレリリースに「書かないこと」と「書けないこと」を含めてできる限り多岐にわたる質問を数多く予測して「Q & A」に網羅する。最終的にトップのオーソライズ(承認)を経て，経営幹部や各部に徹底を図り，全社統一した言動を行うのである。

記者会見を行う場合には，「冒頭ステートメント」も用意するとベター。そして，記者が原稿を書く際に必要な「諸資料」を準備する。その資料の品質に会社の親切心や誠実さが現れる。そして，広報がメディアを通じて社会に直報する歩調に合わせ，各部はそれぞれ担当の関係先に対して，適切かつタイムリーに直報することが全社的に行うべき行動である。

公式見解(プレスリリース)とQ & Aは，「広報部」で原案を作成し，「対策本部」で修正お

第 2 章　発生時におけるクレーム対応とその事例

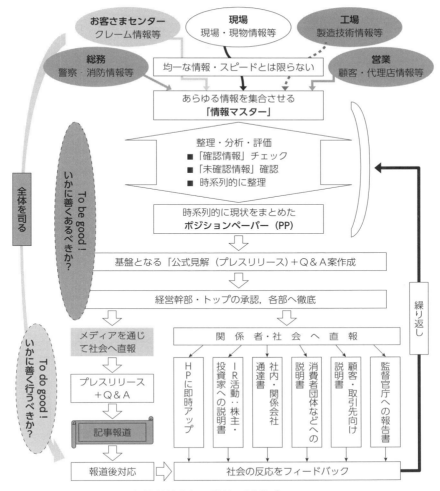

図 3　危機対策本部の機能と活動プロセスフロー

よび調整して作成した案を経営幹部，トップに上申し，会社の公式見解として最終承認を得て，関係幹部や部署に徹底，各関係先に伝達する。これが一連の流れである。必要に応じて法律家（Legal Check）や公認会計士等専門家のチェックを忘れない。

「あなたのやろうとすることが，あなたの生きる使命・天命であるならば，そのような意味のある偶然の一致，いわゆるシンクロニシティ（共時性）が頻繁に生じます」（佐藤康行『ダイヤモンド・セルフ』）[8]

3.5.2　プレスリリース作成のコツ

危機に際してのプレスリリースの基本形は，**図 4** のとおりである。

① タイトル：直面した危機のテーマを端的に表現
② リード文：冒頭に起こしたことに対する詫びおよび危機の現状を簡潔に
③ 本文：伝えたい・伝えるべき内容を箇条書きに

特に図中の 15 項目は，記者や社会の人たちの関心が高い項目で必ず質問される可能性があ

No. XX（通し番号）　　　　　　　　　　　　　　　　　　20XX 年 X 月 X 日
　　　　　　　　　　　　　　　　　　　　　　　　　　　　　X 時 X 分現在
報道関係各位
　　　　　　　　　　　　　　　　　　　　　　　　　　　ABC 株式会社

<u>XX 爆発による死亡事故について</u>

　本日 15 時 10 分頃，東京都千代田区市谷にある当社経営のホテルで，火災が発生，社員 1 人が重傷を負い，近隣の住民 2 人が軽傷となっています。3 人とも都内病院において治療中です。重軽傷を負われた方とご家族の皆さまには心よりお詫び申し上げます。早期回復に向けて，最大限の治療を行う所存です。このような事故を起こしたことに対しまして，重ねて深くお詫び申し上げます。現時点の状況につきまして，下記のとおりご報告致します。

① 【現状の把握】これまでの経緯。事実説明。現時点での状況など
② 【不動の事実】必ずプレスリリースに記載要。特に数字は記載して間違わせない！
③ 【被害の範囲】被害状況の詳細，被害拡大の予測等
④ 【被害者の状況】氏名・年齢等どの範囲まで明らかにするかは個人情報との関係で慎重に
⑤ 【影響の範囲と程度】特に近隣住民，顧客等近い人たちへの影響あれば一刻も早く
⑥ 【拡散の可能性】可能性あれば早めに知らせ，警告要。避難要請，指示命令　等々
⑦ 【過去の同様の事例】必ずチェックしておく。記述するかどうかはその都度判断
⑧ 【再発の理由】なぜ防げなかったのか？　構造的・組織ぐるみか？　が追及される
⑨ 【原因の究明】まだ，原因は完全ではなくとも，その時点で判明していること
⑩ 【当面の対策】直ちにとるべきアクションを記述！　点検回数を増やす等いくつかはあるはず
⑪ 【再発防止策】"組織ぐるみ，構造的"と見なされる場合は特に万全に。原因判明後になる
⑫ 【被害者への補償の範囲と程度】可能であれば速やかに
⑬ 【責任の所在】原因究明に並行して明らかに。必ず，回答を用意
⑭ 【責任者の処分】厳正に行う。決定次第速やかに表明
⑮ 【組織としての姿勢・今後の見通し】重要。これからどうするのか？　会社の意志を明確に！

どれをプレスリリースに記述し，どれを Q ＆ A にて対応するのか？
語尾の表現に細心留意。そこに会社の在り方が露呈する！

図 4　緊急時プレスリリース例

る。このうちどの項目をプレスリリースに記述し，それ以外を Q ＆ A でどんな表現で答えるかを決定しなければならない。ここが最も重要なポイントであり会社の姿勢が現れる。

　プレスリリース作成のコツは，「簡，豊，短，薄，情込めて」である。

● 簡：簡明簡潔に，「ですます調」で基本的に断定的に，あいまいさをなくす
● 豊：間違ってはならない，伝えたい，書いてもらいたい数字や表現を網羅
　　　「プレスリリースへの記載は最小限にし Q ＆ A で対応すればよい」は完全に間違い！
● 短：多量のことを少量の言葉に収めよ。一文も短く一行も短く。「箇条書」を多用
● 薄：1～3 枚。網羅すべきは網羅しつつ枚数を減らす
● 情込めて：情熱および熱意をもって記述。「今後の方針」「見通し」を明記

　そして，イラスト・グラフ・写真・表等を使ってできるだけ Visual に訴えるようにして，「読んでわかる＜見てわかる」ように記述することである。

　一般的な文章の書き方は「5W1H」だが，ビジネスでは不十分で，「6W5H」とすること。5W に Whom（誰に，誰を）加え，1H には，How much（売上高，単価，損害額等），How many

（売上数量，生産数量，損害数等），How long（何時から何時まで，何時までに），How in the future（今後の方針，再発防止策等）の4Hを追加する。これらは必ず質問が出るので公式回答を網羅しておかなければならない。

3.5.3　Q＆A作成のコツ

　Q＆A作成プロセスは，広報であらかたQ＆Aを作成→関係各部に追加QとAを要請→各部から集まったQ＆Aを調整，一本化して上申案作成→トップに上申し決裁を仰ぐ→各部に配布徹底，である。

　その際，"質問予測力"を駆使して「想定外のQをなくす！」がその要諦である。多様な観点，広い切り口，深い視点からQを増やすとよい。そのために，①「テーマ別」（生産，品質，技術等）に，②部署別（企画部，人事部，営業部等）に考え，③旬の話題に関連したQを想定，さらには④「6W5H」であらゆるQを網羅するのである。

　Aは，各部からの回答を調整，一本化。語尾の表現に細心の注意を払いつつ，具体的な簡潔な言葉に収める。この表現にこの案件に対する会社の姿勢や在り方が露呈する。

　メディアは「社会の代表者として情報開示すべし！」との大義名分で，「何でも教えろ！」と迫るが，「情報開示」はすべてをさらけ出すことではない。個人でも「今言ってもいい情報，今は言いにくい情報，言いたくない情報」があるが，会社情報はもっと大量で複雑である。そこで「今，言うべきこと」と「今は，まだ言うべきでないこと」を分けて―承認（オーソライズ）して徹底する。これができていないから嘘を言わざるを得ない羽目に陥るのである。

　Q＆Aは，次の三つに分けられる。
　①　訊かれなくても，言うべきこと（キーメッセージ。プレスリリースの内容）
　②　訊かれたら，言うべきこと（ただし，1に近いものと「いやいやながら」がある）
　③　訊かれても，言えないこと（さらに「今はいまだ言えないこと"と「丸秘」とに分ける）
　「何ぞ，ただ今の一念において，ただちにする事の甚だかたき」（吉田兼好『徒然草』）[9]

3.6　内外に直報

　何か起こった時，目の前の顧客に訊かれたらどう答えればよいのであろうか？　一早く報せるべき人たちとは，最も大切な顧客，取引先や域住民など心配している人たちをはじめとしたステークホルダーであって，メディアではない。この意識をもつことが最も大切である。そのうえで，公式には，メディアを通じて社会へ広く公表する…，これが基本である。同時に，公式見解（プレスリリース）とQ＆Aをもとに，担当窓口から所管のステークホルダーに対して一人ひとり直接伝達するよう心掛けて，常に情報公開姿勢を貫き的確な対応を行うのである。

　「万物の徳を報ぜざる者は日夜万物の徳を失い，万物の徳を報ずる者は日夜万物の徳を得る」（二宮尊徳『一日一言』）[10]

3.6.1　メディアに直報

　刻一刻の状況を最も知りたがっている人たちは，メディアではなく読者視聴者＝顧客や遠くの多くの社会の人たちである。その人たちに一刻も早く伝えるのは企業としての義務であり使

命である。本来一人ひとりに伝えるべきであるが，同じ内容を，同じ時に，多くの人に伝えられないため，巨大スピーカーをもつメディアに協力を仰ぐことが必要である。顧客や社会の代表者であるメディアなくして，どうして説明責任（Accountability）が果たせよう？　メディアは知らせる武器であり，客観的な第三者評価機関なのである。そこでメディアに，正確にいえば，「メディアを通じて社会に」直報し，問い合わせにはＱ＆Ａで回答する。広報以外にはFAQ (Frequently Asked Questions) としてまとめると使いやすい。広報はきちんと伝わっているかよく確認する心掛けが大切で，常に記者が間違わないよう，企業の意図に沿った内容や表現にしてもらうよう全力を尽くすことが求められる。

　直報の原則的方法は「一斉発表」である。ただし，「個別対応」で対応する方法もある。いずれの方法にするかは，情況次第だが，発表すべき時にしなければ会社の姿勢が問われる。それが「意図的遅延」や「隠蔽」と見なされることになる。

　「天下の広居に居り，天下の正位に立ち，天下の大道を行う」（吉田松陰『講孟箚記』）[11]

(1) 一斉発表

　一斉発表とは，①公式に，②同じ内容を，③同じ時間に，④多くのメディアへ情報開示を行うことである。なぜ，きちんとした発表＝情報開示が必要なのか？　その３カ条を以下に示す。

　①　刻一刻の説明責任を果たす：ステークホルダーや社会に一早く現状と対策を知らせる。
　②　組織の姿勢を積極的に示す。
　③　自ら率先して社会的責任を表明する。

　常にこの３カ条を念頭に置き，早め早めのタイミングで先手を打って一斉発表する心構えが大切である。発表は１回では終わらない。状況変化の都度タイムリーに開くこと。発表者はトップでなくてもよい。

　一斉発表にも二つの方法がある。発表者が「レクチャー付発表＝記者会見」する方法と単にプレスリリースを一斉に配布および配信する「資料配布」である。

　発表する場所は，危機発生現場のほか，自社や外部会議室やホテルの場合もある。発表の対象は，記者クラブで発表し，他の多くのメディアに広く発表することもできる。雑誌や地方紙なども含め，どの範囲に発表するかは，発表側の意向で決められる。

　記者クラブは，大手メディアが中心となって構成する任意組織である。担当記者はクラブに常駐。２～３カ月置きに２，３社ずつ「幹事社」となり，発表申し込みの諾否を決めるなどのクラブ運営に当たる。首都圏や大阪では主要業界ごとに，地方自治体には「県政記者クラブ」や「市政記者クラブ」，商工会議所内に「経済記者クラブ」があり，メディアの取材基地となっていて，企業にとっては発表の場として活用できる。複数の記者クラブで発表する場合にはクラブ名を明記する。日頃からの記者クラブとの良好な関係は記者人脈の構築にも有効である。

　発表したい企業は，発表テーマや日時および場所等を幹事社に申し込み，了承を得る。申し込み方法は，原則として発表日の48時間前までに申し込むが，トップ交代，Ｍ＆Ａのほか，不祥事，事件や事故など緊急時の発表は，当日申し込み，当日発表も幹事社の判断で可能。通常，申し込み後１～２時間以内に記者会見する。

〈レクチャー付き発表＝記者会見による発表〉

　どんな場合に記者会見する必要があるか，その決断の要素５カ条を次に示す。

①　会社の姿勢として，公式に記者会見すべきと判断した場合
②　記者クラブ幹事社や複数のメディアから開催要求された場合
③　顧客や消費者に緊急の注意喚起が必要とされる場合
④　誤った風評が流れ公式に説明や釈明しなければ社会をミスリードしてしまう場合
⑤　あるメディアに大きなスクープ記事が出て，会見を行わざるを得ない場合

常に①を旨とし早めの決断で企業の意志を率先して示せば，その誠実な姿勢が評価され事態好転のきっかけにもなる。

発表者を慎重に選ぶことが重要である。できるだけ上位の人が望ましい。発表者が誰か，どの役職かによって，その案件に対する企業の姿勢がわかるからである。さもなくば，「こんな大事件なのにどうして社長が出ないのだ」という批判を浴びることになる。トップが会見すべきときに遅れれば，メディアや社会から強い非難を受け致命的なイメージダウンになろう。最近では，エアバッグ事故のタカタ㈱や免震偽装事件の東洋ゴム工業㈱がその典型例である。

加えて，発表者だけでは，充分回答できない質問に対処するため，適切な同席者を2～3名選ぶことが大切。それには「質問予測力」がものをいう。発表者の心得は後述する。

レクチャー付発表を行う場合は，①発表日時，②自社，社外会議室またはホテル等の公共の場所か，現場など発表場所，③発表者を慎重に決める。発表者は，プレスリリース（公式見解書）をもとに発表し，Q＆Aをもとに質疑応答することはいうまでもない。

「立ち向かう人の心は鏡なり　おのが姿を写してや見ん」（黒住宗忠『生命のおしえ』）[12]

〈資料（プレスリリース）配布や配信だけによる発表〉

資料配布する場合には，発表日時とどの範囲まで発表するかを決めて，その日時に一斉にプレスリリースを配布・配信する。記者クラブに対して資料配布するのもこの方法の一つで通称「投げ込み」と呼ばれる。その後の問い合わせには，Q＆Aをもとに広報が個別に対応する。

(2) 個別対応

一斉発表せずに，個別対応で乗り切る方法もある。問い合わせに対し，プレスリリースとQ＆Aに従って個別に対応する。しかし，この場合には，個々の記事のニュアンスにばらつきが生じてしまう。言い方を変えれば，各メディア報道の語尾がより乱れることを覚悟しなければならない。つまり，記事の内容は本来記者の判断に委ねるので，語尾のばらつきはやむを得ないが，個別取材だけの場合は判断の度合いが大きいので，語尾表現がよりばらつくことになる。そこで，広報はさらによく確認して間違いを防ぎ，企業の意図に沿った内容や表現になるように努力する。周知のとおり，記事は企業が提供する情報に顧客価値か社会価値があれば，メディアの判断で取り上げられる。つまり，企業がメディアのスペースや時間を買い企業のいうとおりになる広告とは全く異なるのである。

自社のある事件や事故に関する記事が出た場合，他のメディアからの問い合わせに対し，①そのとおりと「全面肯定」するのか，②「大筋肯定」か，③「大筋否定」か，④根も葉もないと「全面否定」するのか，それとも⑤「調査中なので明らかになり次第公表」と回答するのかを決めなければならない。

「かくすればかくなるものと知りながら　やむにやまれぬ大和魂」（吉田松陰『留魂録』）[13]

3.6.2 関係者に直報

　各部は，それぞれ担当する相手先のなかで，直接事態を知らせるべき主要な相手先には，公式見解＝プレスリリースとQ＆Aをもとに連絡，問い合わせにも対応する。全社が同じ対応することによって外部に「全社の言動が統一されている！」との好印象を与えることができる。
- 営業部より→顧客へ
- IR部より→株主や投資家へ
- 資金部または経理部より→銀行などの金融機関へ
- 購買部より→ベンダーや取引先へ
- 総務部より→地域住民，警察や消防，中央官庁や地方自治体へ

さらに，必要に応じて，複数の媒体に広告で告知し，広く知らせる方法もある。
　以上のように，どの部署から，いつ，誰がどのように連絡するかは，会社によって異なるにしても，メディアに出る前から前述のアクションを全社的観点から行うことが重要だ。その統一された真摯な姿勢が，信用や名声の下落やブランドイメージの毀損を最小限に抑え，事態を「好転」させるのである。

3.6.3 社内にも直報

　危機の大きさによるが，社内にも周知徹底を図ることが大切である。職制を通じたり，イントラネットや社内掲示や放送等々によって，メディア報道と並行し，時にはその前に知らしめることも必要である。マスメディアで即時に報道され，今やインターネットを通じて，誰でも発表と同時に知る時代である。社内伝達の遅れによって，その案件を知らされていない営業部員が，逆に顧客や外部の人から教えられ恥をかくような無様な事態を招いてはならない。

3.6.4 自社ホームページに即時アップ

　広報は発表と同時にプレスリリースをホームページにアップすることを忘れてはならない。危機の内容や程度に応じて，顧客や社会の人々に企業として知らせたいおよび知らせるべき内容を企業の意志で，公式に，積極的に開示する最もよい手段は自らのウェブサイトである。会社の情報基地として，常に適切かつタイムリーな情報公開姿勢を貫き実行することである。

3.7　率直・素直であれ

　簡単そうな上記プロセスだが，実際には切羽詰まった状況でこのプロセスを数時間で，時には1～2時間で行うことは容易ではない。これら一連のことがスムーズに進むには，悪い情報でも率先して挙げ，肩書きを問わず自由に異見がいえる「素直な風土」，「率直な社風」になっていなければならない。この率直かつ素直な社風づくりこそが広報の役割。これが長年の伝統となり，ブランドとなって末永く敬愛されるのである。
　「至誠にして動かざる者は，未だ之れ有らざる也」(『孟子』)[14]

4. メディアコミュニケーションの方法

4.1 緊急時の発表者（スポークスパーソン）の心得5カ条

　緊急時記者会見時には「一つを，一人に，一元化」し，ワンボイス（一つの声）に限るのが原則である。発表者（同席者）の心得とは，

① 「真の雄弁家」となる：「真の雄弁家とは，言うべきことをすべて言い，かつ言うべきことしか言わないところにある」（ラ・ロシュフコー『ラ・ロシュフコー箴言集』）[15]。流暢に言うとか立て板に水のように話す必要は全くない。むしろ言い過ぎない人。流暢より確実堅実。量より質。「回答のプロ」になろう。

② 記者を協力者と思う：絶対に敵視してはならない。肯定的な人は間違いにくい。たとえ間違えても修正が受け入れられやすい。否定的な人からは失言が生まれやすく，挑発やパニックに弱い。記者は，監視・批判・批評という公的役割から厳しく迫ることを念頭に置いておくと対応に余裕が生まれる。ただし，なかには悪意で迫る記者もいようが，あくまで誠実に！　社会部記者といって対応を変えてはならない。そんな人は信用されない。

③ 融通を利かせ臨機応変に：危機的状況では，わからないことだらけ。あいまいななかで柔軟に立ち振る舞う。

④ 自分をコントロールできることに全力を尽くす：自分は自分自身でしかマネジメントできない。その前提として，何を伝えたいか，どう思ってもらいたいかを明確にし，自分の話す内容に確信をもたなければならない。自らコントロールできることとは，①話す内容，②態度・姿勢，③話し方，④表情，⑤外見・服装の五つである。
　話す内容に沿い，どの程度のお詫びなのか？　毅然とするのか？　などの態度を決め，声の大小，強弱，スピードなど話し方を統制し，穏やかな表情か？　厳しい表情か？　など表情を司り，服装，ネクタイの色や柄等も戦略的に選択する。

⑤ 発言を司る：プレスリリースを棒読みせず自分の言葉で話す。断固たる調子，確固たる態度，明晰判明な表現方法で確信ある発言を。声の調子や目や表情，態度には，言葉の選び方に劣らない豊かな雄弁があり，心中を映し出していることを肝に銘じておく。

　「最も心すべきは，自分に備わっている以上の精神を示そうとして見えすいた努力をしないことであろう」（ショウペンハウエル『読書について』）[5]

4.2 優れたメディア対応9カ条

　特に緊急時のメディア対応は，次の点を心掛け乗り切るとよい。

① 絶対に隠しているとの印象をもたれない。

② どんなに厳しい態度にも，どんなに激しい言葉にも誠実に。記者を，最も愛する人か，最も大切な顧客か，最も尊敬する人にみる。これがプロの対応だ！　そうすれば厳しい問いかけにも「私は寝てないんだ！」はありえない。

③ 「記者は質問のプロ（**図5**）」なので「回答のプロ」になる。つまり，「真の雄弁家に」（[4.1]の①）。

④ 諾否（肯定・否定）の明言を心掛ける。あいまい回答は相手に表現を委ねること！

否定形の質問	――――	「あれはまさかこうではないでしょうね」と否定
予見質問	――――	原稿をつくり，最後の言質をとるために，本題とは異なった質問する
仮定の質問	――――	「こうなったらどうしますか？」と仮定する
誘導する質問	――――	「これはこうですよね」などと決め付けて同意を促す。反応を窺（うかが）う
二者択一質問	――――	この回答とこの回答はどちらが正しいですか？ 三つ目の飛来にも要注意！
言い換え質問	――――	「要はこうですね」と別な表現で同意を得るか，反対させる
不意打ち質問	――――	終わってほっとしたとき，出口やエレベーターホールでズバッと訊く
怒らせ質問	――――	驚かし，煽（あお）り，怒らせるような質問で，瞬時に示す断片の答や目の動き・態度の変化をみて，心中を推測。本心を探る
安心させ質問	――――	メモを取らずにいろいろ訊く。いつの間にか核心に迫る
同意を促す質問	――――	他社や人を批判，または褒めて同意を促す（批判には同意しない！）
沈黙質問	――――	沈黙も質問のうち。本音を言い出すのを待つ。沈黙という言葉がある

記者は質問のプロ
↓
回答のプロになれ！
↓
頭の動き＝言葉への乱れ
目の動き＝表情への表れ ｝を司れ！
心の動き＝態度への表れ

図5 質問のプロの訊き方を予測する

⑤ 不明なことは即答せず，すぐ調べ，確認して回答。
⑥ 喜んで応対，何でもオープン姿勢。疑念を抱かせるような表情や素振りを見せない。
⑦ いつもよりゆっくりした話，確固とした表情，くっきりした顔，はっきりした目，きっぱりとした口調，語尾をしっかり止める。
⑧ 言ってはならない表現に留意しよう（表2）。「オフレコ」や「ここだけの話」は通じない。
⑨ 事態を好転させるつもりで誠実な言葉で誠心誠意対応する。断固たる決意の表明。責任ある態度。逃げない・受けて立つ姿勢を示す。

「肉体を包むだけの衣服の色柄などには私は目を向けない。人間の評価には肉眼を信じない。もっと確実な眼光で真偽を区別する。魂の善は魂に見付けさせるがよい」（セネカ『人生の短さについて』）[16]

表2 記者対応一覧

項目	好ましくない発言
① 当事者意識を欠いた無責任発言	●私にはわかりません。私は聞いていません。私には言えません。 ●こんな小さな事故はたまには起こるものです。 ●同業者だって皆やっていることです。 ●わが社も被害者です。 ●そう大したことではありませんよ。 ●たかが…です。 ●知らなかった。部下がやったことです。 ●遺憾に思います。誠に遺憾です。（尊大な響きあり）

（つづく）

第2章　発生時におけるクレーム対応とその事例

表2　記者対応一覧（つづき）

項目	好ましくない発言
② 配慮を欠いた発言	●取扱説明書で警告しています。 ●当方の見解では無害であり問題ありません。 ●法的に問題はありません。 ●法律は守っています。 ●そんな質問は必要ですか？　答える必要はありません。 ●先ほども申し上げましたが…。何度も言いますように…。 ●原稿を見せてください。こう書いてください。
③ 逃げの姿勢がみえる発言	●ノーコメント！　何も言えません。 ●当局が調査中です。（と言い切る） ●弁護士に聞いてください。 ●○○に影響するのでコメントは差し控えます。
④ 楽観的な見込みにすがる発言	●10万件程度ですので…。（これ以上拡大しないとのニュアンス） ●○○が原因のようですので，私どもには非はないようです。 ●○○（置き石）があった可能性があります。（言い訳）

項目	好ましい発言
⑤ ノーコメントに替わるフレーズ	●私どもはお答えできる立場ではございません。 ●現時点ではお話しできる内容はありません。（明確になれば開示） ●本件は当局より当面言及しないようにとの指導を受けております。

5. 人も会社も情報で生きている―自分と会社を一致させよ

　人の活動はすべて脳の支配下にあり，神経や血液により司られる。人は脳の情報で生きている。正しい指令なくして善行なし。指令に基づき指先は善行もすれば悪行もやる。

　脳が緩めば，指先はもっと緩み，脳が誤れば，指先はもっと誤る。指先情報が狂えば，脳の判断も狂う。神経による指令や血液が滞れば神経麻痺や血行障害により，指先は「壊死」し，末端情報が詰まれば脳は「脳死」する。

　会社は法人である。トップが脳，社員は指先で，各関節には管理職が陣取る（**図6**）。それぞれに脳死・壊死がある。トップの考えが正しくなければ社員の向かう方向は危うい。トップが迷えば社員はもっと迷う。

　人は一つひとつの細胞から成る，会社は一人ひとりの人間から成る。一つの細胞に癌ができれば，転移し知らずにまん延する。痛み＝自覚症状が出たとき＝問題が露呈したときにはもう手遅れである。「メタボが進めば脳溢血の危険が高まる」。それにいかに早く気付き，止めるのかに，社員一人ひとりの感性と危機意識が問われる。それをチェックするのが，各関節やリンパ腺に位置する管理職である。

　最近の企業不祥事をみても，その根源がトップのケースは最悪となる。不祥事を起こす企業は，何年も前から進行する深刻な病に気付かない絶望的な風土・回復できない仕組みに陥っている。根や細胞が腐り，癌が増殖して巨木も一挙に倒れる。事例は身近，明日はわが身である。

　「教養とは単なる物知りや高い教育ではない。真の教養とはいかなる条件の中にあっても，自己の尊厳をくずさず相手の立場を理解してこれに善処し得る能力である」（山見博康『だから嫌われる』）[17]

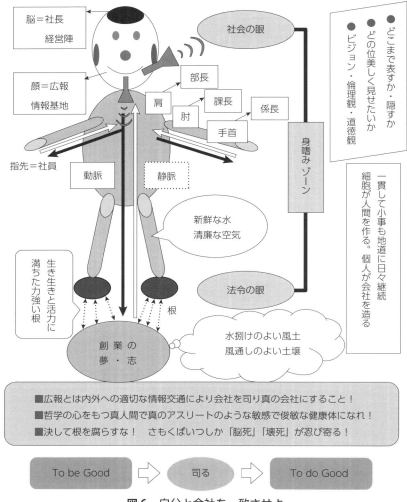

図6 自分と会社を一致させよ

6. 真の危機対応とは

6.1 広報は「真人間」（まにんげん）をつくること

　広報とは，ビジョン実現に向けて，内外への適切な情報交通（コミュニケーション）で会社を司ることで，「真人間づくり」＝「真（まこと）の会社づくり」。それには「倫理」や「徳」が要る。真人間が末永く敬愛されると同様に，真の会社も顧客や社会の信頼によって永続する。これが本質である。そこで，第一義的に，「To be good（いかに善くあるべきか）」を考え「To do good（いかに善く行うべきか）」で行動すべきである。

　情報を司るとは，血流（情報交通）をよくし，神経を磨き，指先の情報を脳に的確タイムリーに伝え，脳はその判断をそのルートで指先に伝えること。社員全員が常時自ら脳死壊死を常時点検して，会社全体が敏感な神経に俊敏な身体と明晰な頭脳をもつ健康体でなければならない。

「顔」が「情報基地」の広報。延髄に位置して脳に密着，みえない情報もみて，聞こえない情報も聴き，微かなにおいでも嗅ぐ。脳の指令で外部へ伝えるべきことを口で発し，内部へは組織ルートで伝達する。

「"彼は数学者だ"とか"雄弁家だ"とか言われないで，ただ，"彼は真人間だ"といわれるようでなければならない」(パスカル『冥想録』)[18]

6.2 真(まこと)の危機対応とは

真の危機対応とは，哲学の心，志，ビジョンをもった"トップアスリートのような真人間＝真(まこと)の会社"づくりである。真のアスリートは，危機(対外試合相手)に備えて日々練習研鑽を積み，危機(相手)に対してはその変化に臨機応変に対応する。間違いを起こさない，起こしにくい。たとえ間違ったとしても素直に謝り，二度と間違いを起こさないように奮励努力する。ピンチにも嘘なく，誠実に対応し，信頼の花を咲かせ，万人からの尊敬が集まる。

会社も同じである。崇高なる企業ビジョンや理念に沿ってコンプライアンスを守り誠実に業務遂行に日夜努力した会社が「真の会社」として信頼を受け尊敬される。問題を起こさない，起こりにくい組織風土，社員の心構えを構築すること，が最大の危機管理対応である。たとえ緊急事態に遭っても，率直に事実を開陳し，責任があれば認め，再発防止に万全を尽くし，いっそうの研鑽に励んでよりよい会社になろうと一丸となって努力するのである。

「非凡のことは平凡の修養に成る。非常のときに身を処するのは，全く日々の平凡の心がけによる。平素の修養があればこそ，非常のときに覚悟が定まる」(新渡戸稲造『修養』)[19]

7. 危機に強い会社とは

7.1 一人ひとりが事前危機対応

社員一人ひとりが，「自分の日々の言動そのものが危機であり，危機の源泉」と心して業務遂行を心掛ける。常に危機を予測し，予防に気を配り，"火消し"より"火の用心"と日々，マニュアルや決済ルール・ルートのチェック更新を怠らない。"まさか"より"ひょっとしたら"を連発し，刻々見直しを繰り返す意識を全社員が抱き，全社的にその仕組みが行き渡り，日々実行する姿勢は確固として揺るがない。

自律心をもち，鋭敏で柔軟，臨機応変な身体(組織)をつくること。情報への感性を研磨し組織神経の活性化を図り，一貫し，小事も地道に日々継続！ 危機が起こらない，危機を起こさない組織風土および心構えを築くと永続する。

「人間の幸福は自己の優れた能力を自由自在に発揮するにある」(アリストテレス『ニコマコス倫理学』)[20]

7.2 危機に強い会社の条件とは

「私の言動が_____です」に心から自社名を書けるか？ 手が震えて書けない人はいないだろうか？ 社員一人ひとりが自信と誇りをもってこういえるよい社員を育てることが大切である。

〈危機に陥りにくい強靭な会社の条件＝善い社員×良い社風×強いマネジメント〉

　よい社員とは，俊敏な運動神経をもつ「真人間」だ。「すべて私の責任です！」その自負心が企業を救うのである。そこで，「品格は一人ひとりが築くもの，会社の品格は私が創る」と自負心をもつ「真人間」を育て，「王道を"凛々"と歩くが達人よ！　目指すはビジョンに志なり」[21]と高らかに王道を歩くよう心掛けたいものである。

　「人間は気高くあれ！　情けぶかくやさしくあれ！　そのことだけが，我らの知っている一切のものと人間とを区別する」（ゲーテ『ゲーテ詩集』）[22]

〈真人間11カ条〉[23]

① 善を求める
② 大志を目指す
③ 大義を為す
④ 言行が一致一貫する
⑤ 情熱と向上の心を抱く
⑥ 業績を遺す
⑦ 徳を高める
⑧ 自己の尊厳を崩さない
⑨ 社会へ貢献する
⑩ 周りの人達に喜び，誇り，自信を与える
⑪ 尊敬が集まり，末永く敬愛される

■ 文　献

1) 新渡戸稲造：一日一言，実業之日本社，東京 (1915).
2) マルクス・アウレーリウス：自省録，神谷美恵子訳，岩波書店，東京 (2004).
3) 幸田露伴：努力論，岩波書店，東京 (2002).
4) 佐藤一斎：言志四録，川上正光全訳注，講談社，東京 (1992).
5) ショウペンハウエル：読書について，斎藤忍随訳，岩波書店，東京 (1960).
6) P. ミルワード：シェイクスピア劇の名台詞，安西徹雄訳，講談社，東京 (2001).
7) 正岡子規：子規歌集，土屋文明編，岩波書店，東京 (2007).
8) 佐藤康行：ダイヤモンド・セルフ，アイジーエー出版，東京 (2007).
9) 吉田兼好：新訂徒然草，岩波書店，東京 (1985).
10) 寺田一清編：二宮尊徳一日一言，致知出版社，東京 (2007).
11) 吉田松陰：講孟箚記，近藤啓吾全訳注，講談社，東京 (1991).
12) 黒住宗忠：生命のおしえ，平凡社，東京 (1977).
13) 古川薫訳：吉田松陰留魂録，徳間書店，東京 (1990).
14) 孟子：孟子，小林勝人訳，岩波書店，東京 (1968).
15) ラ・ロシュフコー：ラ・ロシュフコー箴言集，二宮フサ訳，岩波書店，東京 (1989).
16) セネカ：人生の短さについて，茂手木元蔵訳，岩波書店，東京 (2004).
17) 山見博康：だから嫌われる，ダイヤモンド社，東京 (2007).
18) パスカル：パスカル冥想録，由木康訳，白水社，東京 (1970).
19) 新渡戸稲造：修養，たちばな出版，東京 (2002).
20) アリストテレス：ニコマコス倫理学，高田三郎訳，岩波書店，東京 (1973).
21) 山見博康：広報の達人になる法，ダイヤモンド社，東京 (2005).
22) ゲーテ：ゲーテ詩集，高橋健二訳，新潮社，東京 (2004).
23) 山見博康：企業不祥事・危機対応広報完全マニュアル，自由国民社，東京 (2013).
24) 山見博康：広報・PR 実務ハンドブック，日本能率協会マネジメントセンター，東京 (2008).
25) 山見博康：この1冊ですべてわかる広報・PRの基本，日本実業出版社，東京 (2009).

26) 山見博康：勝ち組企業の広報・PR戦略，PHP研究所，東京（2015）．
27) 中島茂：その「記者会見」間違ってます！，日本経済新聞社，東京（2007）．
28) 佐々淳行：わが記者会見のノウハウ，文藝春秋，東京（2010）．
29) ジェームス・C・コリンズ，ジェリー・I・ポラス：ビジョナリーカンパニー，山岡洋一訳，日経BP社，東京（1995）．
30) 國貞克則：究極のドラッカー，角川書店，東京（2011）．
31) 岡田基良：トップセールスのDNA，アイジーエー出版，東京（2007）．
32) 花村邦昭：知の経営革命，東洋経済新報社，東京（2000）．
33) ジム・バグノーラ：人生のプロフェッショナル思考，藤井義彦監修，原田稔久訳，経済界，東京（2014）．

第2章 発生時におけるクレーム対応とその事例

第4節　異物混入に対する消費者心理

公益社団法人日本消費生活アドバイザー・コンサルタント・相談員協会　戸部　依子

1. はじめに―消費者にとって食品中の異物とは

　食品の危害要因としては，病原微生物，大量の化学物質，アレルギー原因物質，危害を及ぼすほどの大きさや硬さをもった物質が挙げられる。これらは，適切な管理（混入や増殖の防止，残留量や使用量の管理，検出と除去，情報提供）によって，危害発生のリスクを低減することができる（うち，アレルギー原因物質は食材が該当するため，表示の不備や意図しない混入が問題となる）。これらの物質が食品中に混入した際には「異物」と捉えることができる。しかし，食品中で溶解した場合など「形状」が認識できない場合は「○○が混入」といわれ，「異物」とは表現されないことが多い。

　異物については，『食品衛生法』では定義は定められていない。第6条には「販売を禁止される食品及び添加物」として四つの項が掲げられており，第4項として，「不潔，異物の混入又は添加その他の事由により，人の健康を損なうおそれがあるもの」が挙げられている。

　法律では，異物に限らず，人の健康を損なうおそれがあるものは販売が禁止されるということである。これは，「安全性」の基準で整理したものであり，法律上の指標としては妥当であると考えられる。しかし，「人の健康を損なうおそれ」については，その基準が定まりにくく，ともすればゼロリスクを求めてしまう。

　実際，異物による危害の発生可能性がなくても，意図しないものが混入したことをもって安全性上，問題があると認識されたり，当該食品は回収されたりする。消費者がおいしく，安全に食べるためには，安全性という指標だけでは割り切れない。また，病原微生物のように取り扱い条件によってその量やリスクが変化するケースや，カビのように増殖によってにおいや色など消費者の五感による感知や視認性が時間の経過とともに変化するものがあることから，混入の量や健康への危害の程度の評価を待たずに「異物の混入」という客観的事象をもって，「人の健康を損なうおそれ」が「ある（ゼロではない）」との判断になることもある程度はやむを得ない。

　また，昨今では，「骨なし○○」「種ぬき○○」のように，本来の食材の一部であるようなものでも，それを取り除いたことが訴求されている商品では，取り除かれているはずのものが入っていると「異物」と認識されるケースもある。

　このように「異物」について対策の必要性や程度を検討，議論する際には，物質としてのプロファイルだけではなく，「食品」に対する消費者の期待と実態とのギャップを考慮する必要がある。このことを踏まえて，管理や消費者対応（情報提供，説明，返品や交換）基準，手順を検討する必要がある。

また，事業者における消費者相談の対応については，表示の不備や液漏れ，数量不良といった異物以外の品質不良への申し出に対する対応と異物についてのそれとでは，基本姿勢に変わりはない。消費者の期待を的確に把握し，対応方針を決めて，混入を未然に防止することは当然に求められることといえよう。

2. 消費者にとって食品中の異物とは

2.1 異物に対する不安と不快感

図1に，食品に含まれる危害要因について特性，管理手段と消費者の受け止め方を示す。

消費者は，微生物を，例えばカビのコロニーなどのように目視で確認できるまでは，存在に気付かない。また，コロニーを形成しない，形成していても視認しにくい，あるいはにおいを発しない菌やウイルスではその存在に気付かない。したがって，これらの状態では「異物」と認識されない。しかし，対象の食品が軟らかくなったり，パッケージが膨らんだりといった結果の外観や，におい，食感で認識し，「腐っているかもしれない」と不安になる。

消費段階においては視認性が安心感，安全性の認識に影響する。毛髪や虫は，健康への影響，懸念よりも不快感を強く与える。また，消費者が名称を聞いてもどのようなものかがわかりにくい化学物質や病原微生物は，消費者の五感で認識できるかどうかよりも，存在そのものや様々な情報が安心感，不安感に影響している。

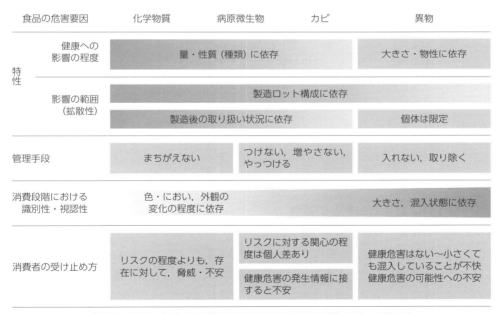

図1 食品に含まれる危害要因の態様と消費者の心理への影響

2.2 混入経路に対する消費者の認識

一般的に加工食品へのフードチェーンの各段階における異物の混入経路の例としては，次のものが挙げられる。

- 原材料：原材料に混入および付着，残留，運搬用容器の破片の混入および付着
- 製造，加工：設備，施設，器具への付着，破損，外部からの混入および付着，残存
- 保管：梱包，包装の破損部，開口部からの混入。保管状態不備による微生物の増殖。保管条件による内容物の結晶化
- 調理：調理場および保管場所における混入，器具や食器の破損，器具等への付着物の混入，調理する人からの混入，包装材料の混入
- 摂取：食器の破損，食器の付着物の混入，人からの混入，提供場所の環境からの混入

　これら混入経路の推定のためには，異物混入が発見されたときの異物そのものの状態，混入が見つかった食材や食品の数や範囲，時間，食品中での異物の所在（食品の表面か内部か。包装材料と接触する部分か）や，発見されたタイミング（各製造工程の前/後，出荷前/後，開封前/後，摂食の前/ある程度食べたとき/食べ終わったとき）に関する情報が重要である。

　一般的にフードチェーンの後工程に進むほど，混入経路の可能性の範囲は広がるため，特定が難しい。また，製造，加工段階であれ，消費段階（調理や摂取）であれ，想定していない経路を特定することは難しい。〔筆者は歯科矯正終了後，数年後に矯正治具の接着剤（樹脂片）が口内で見つかった事例を経験した。〕

　いずれの段階においても混入可能性があるような材質の異物や，混入経路の特定が困難な事案については，フードチェーン全体あるいは混入可能性の検証が困難なプロセスにおいて，均等に混入可能性が存在することを，ステイクホルダー間で認識し，経路の特定に必要な情報収集や処置，事後の再発防止対策に向けて協力する体制をつくることが重要である。

　しかし，消費者がマスコミ報道等を通じて接する異物混入の事故情報は，混入経路を製造プロセスに起因するとして捉えたものが多く，製造以前や消費も含めた製造以降のプロセスに起因する混入可能性，および混入の防止対策に言及するものは少ない。また，生鮮，加工を問わず食品の製造や包装技術の向上に伴い，消費段階における異物混入防止対策は進んでいる。例えば，以前はホチキスで開口部を留められたシシトウガラシやオクラのパッケージも，今では包装容器を溶着して留められており，家庭で調理する際にさほど注意を払わなくても済むようになった。このことは，元来，消費段階においても，異物混入の可能性があることや，注意を払う必要があることの認識をもつ機会の少なさにつながっている。

2.3　検査工程に対する消費者の期待

　食品の原料は農畜水産物であり，原料段階での均質性を確保することは極めて困難である。また，農畜水産物を原料とするがゆえに，食物連鎖や生息域により小さな生き物，寄生虫が付着，混入することがある。シラス干しにエビが混入していることは少なからず経験している。ところが，異物混入に関する消費者相談では，「冷凍枝豆のさやに虫が入っていた。検査したのか？」というような声が寄せられることがある。

　また，農作物では砂や小石が混ざることがある。これらについて，検査工程ですべてを取り除くことができる，あるいは取り除くべきであるとの認識や，当然に除去されているべきであるといった趣旨の声もある。

　このような消費者の声に対応するように，事業者からは，「すべて検査しています」，「検査

をしているから安心です」との情報が発せられることも多い。それによって，消費者もまた，検査によっていかなる異物も見つけ出すことができるという期待を抱きがちになる。

　食品の加工，製造の現場では，例えば，金属検出機やX線検査機などによって，金属やプラスチックなどの混入した製品を検出し，系外排出するように，製造ラインで設計されてはいるが，これらの検査機器には，「検出精度」や測定のバラつきがあり，いかなる異物も検出できるわけではない。また，食品中ではある一定の条件下で結晶化が起こることもあり，それがあるとき，異物と認識されることがある。カビや菌の増殖による腐敗や変敗のように外観上の変化や異臭といった異常を来すこともある。食品は，工業製品とは異なり，ある時点で検査によって問題がないことを確認できても，その後の取り扱い条件や時間の経過によって異常が現れることがある。

　特に，微生物の混入や内容物の凝集や結晶化は，異物となって発見されるまでに時間を要し，製造直後の検査では検出できないことが多い。また，異物の有無を目視によって確認する全数検査は，食品の形状によっては，加熱等が終了した製品を露出した状態でライン上に置くことになり，検査者を介した病原微生物の交差汚染など，食品衛生上の新たなリスクが生じるケースがある[※]。

　したがって，検査によって異物を検出することや，異物が混入した可能性のある製品の排出のみに頼るのではなく，製造に関わる各工程でこれら異物の混入や微生物の増殖を低減するための管理をし，その後の取り扱い条件を守ることが重要である。

　すなわち，不具合の発生防止として，「検査をしているので大丈夫です」と応えることは，妥当でない場合があるということである。原因と対応していない検査や異常の発見ができない検査を殊更に主張することは，同様のクレームが再発した場合，かえって不安を増長することにもなりかねない。

　異物を発見する検査の限界や，原因究明と未然防止に関する考え方や対策を消費者に適切に説明することが重要で，製造現場や品質管理の担当者だけではなく，営業部門や消費者対応部門においても情報を共有しておく必要がある。

3. 社会とのコミュニケーションとして消費者対応の"7S"

　従来，消費者の苦情への対応に重要なポイントとして，「迅速」「正確」「誠実」が挙げられていた。"クレーム対応の3S"といわれるものである[2]。しかし，事業者の顧客満足への取り組みが進み，その状況について，企業がインターネットホームページなどで，商品の情報や使い方，注意事項を積極的に伝えるようになり，また，消費者対応の様子や消費者にとって納得できない対応について消費者自身が掲載しているものを見受ける機会が増えたことから，消費者対応に求められる要件も多様になった。つまり，従来は，対応する事業者の姿勢，すなわち，消費者の申し出をよく聴き，誠実に迅速に対応することが重要なポイントとされてきたが，受け手側，すなわち消費者にとって納得できる対応であるかといった視点が重要となり，「満足」

※　特に，ノロウイルスが蔓延する時期において人の手を介する全品検査はリスクが高まる[1]。

「信頼」の重要性が高まった。先の3Sに，Satisfaction（満足），Shinrai（信頼）を加えて"クレーム対応の5S"と表現することもできよう。さらに，昨今のSNS（ソーシャルネットワーキングサービス）の発達により，情報の波及範囲の広さだけではなく，波及速度も一気に増大し，人々の行動への影響も広範囲に及ぶことから，事後の対応の迅速性だけでは対応しきれなくなってきた。このような状況においては，事業者は消費者からの苦情が発生したときにいかに対応するかということだけではなく，苦情が発生する前の段階から苦情が発生したときの対応を想定し，その際に必要なデータや対応する要員を計画的に育成，配置することが重要となってきている。すなわち「計画性」が求められている。まさに，現在（2015年）においては，Scheme（計画），Souzou（想像力）が要求される。すなわち，7Sが求められているといえよう。

　先述のように商品やサービスを購入，利用する顧客だけではなく，広く社会の人々がその状況に注目し，意見を公開する機会が増加したことから，従来のように当該商品やサービスの利用者，あるいは利用場面への影響という想定だけでは対応しきれない事項も増えている。消費者対応の計画にあっては，事業者にとっての「想定外」をいかに減らしていくかという点も重要となる。さらに，消費者対応部門のように直接に消費者と接する部門だけではなく，生産や製造の現場での活動の影響や効果が消費の現場，そして情報の行く先まで，多段階，広範囲に及んでいることを想定しておくべきであろう。これまでも，事業者と消費者とのコミュニケーションにおいては，部門を問わず，「企業にとってのお客さまは誰か」「お客さまのことを一人ひとりがイメージして業務にあたる」といったことがいわれてきた。製品やサービスを安全に届け，お客さまの満足の実現につなげるためには，現場や業務において生じている問題，課題が，製品やサービスのみならず，お客さまへの影響として必ず現れるということを前提に改善に向けた対策をとる必要がある。帳票の記載もれ，生産現場で目に付きにくい施設の隅にたまった食物残渣などを放置することは，お客さまからは見えないが，順守事項の逸脱が問題になったり，虫の発生や食中毒の発生など衛生面での不具合となったり，お客さまに見えるかたちとなって現れたときには，手遅れであるとの認識を事業者はもつ必要がある。このような点から，日常における不具合や問題がどのようにお客さまに影響するのかを考え，問題発生を未然に防止するために対応できる「想像力」が重要であることが示唆される。HACCPシステムにおける衛生管理基準，ハザード分析，HACCPプランの策定および検証において，今，その場面で問題なければ問題なしということではなく，それが消費者に提供された段階，消費者との接点において，問題がないかということを考慮することが重要で，それこそが，HACCPシステムが目指している本来の役割であると考えられる。

4. 消費者心理を踏まえたこれからの消費者対応の枠組み

4.1　対応フローの明確化

　消費者対応においては，クレームや事故が発生したときの対応だけではなく，そのような状況になった場合に，どのように対応すべきか，対応の場面だけではなく，事業にどのように取り込んで，将来にわたってどのように活用していくべきなのかを考えることが重要である。

　さらに，先述のように食品に関するクレームや事故，殊に異物混入の事例では，異物の種類

第2章　発生時におけるクレーム対応とその事例

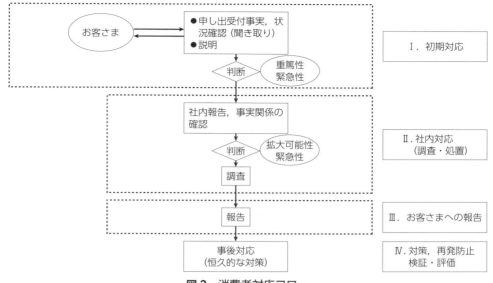

図2　消費者対応フロー

によっては，フードチェーンのあらゆる過程において混入の可能性が考えられ，特定が難しい場合に，どのような可能性を検討し，どのような方法で調査をするのかを事業者だけではなく，消費者も共有できるようにしておくことは，相互の信頼性を確保し，再発防止に向けた取り組みにつなげる上で重要である。

図2に事業者による消費者対応（異常に関するお申し出対応）のフローを示す。消費者から事業者にクレームや問い合わせなどの申し出があり，事業者がその対応の程度を判断するまでを初期対応とする（Ⅰ）。さらに，社内において必要な事項を調査，修正処置や緊急時対応のための実態調査，原因調査などをする社内対応（Ⅱ），初期対応，社内対応を踏まえて，その経緯や結果を当該消費者にフィードバックする報告の段階（Ⅲ）に分かれる。

従来はⅠ→Ⅱ→Ⅲのように順序立てて迅速に進められてきたが，SNSが発達した現在においては，これらのⅠ～Ⅲの対応をほぼ同時に効率的に進めることが大事である。

なお，これらの消費者対応のフローの後に続く，事業者の恒久的な対応や，再発防止に向けた検討も顧客満足や事業の継続的発展のためには重要であることはいうまでもない。そして，初期対応時や初期の社内対応における検討を継続的な取り組みに反映し，品質や顧客満足につなげることが消費者対応の目的，役割であるといえよう。

4.2　消費者の信頼につなげる対応
4.2.1　消費者にとっての1件，事業者にとっての1件，その影響力

初期対応において，苦情を申し出た消費者が抱く不満として多いのは，「話をよく聞いてもらえず，一方的に返品対応だけで済まされた」，「異常はないといわれたが納得がいかない」といった内容である。

商品やサービスに不満をもった，あるいは異常を発見した消費者にとって，最初にその状況や気持ち（不安，怒り，あきらめなど，マイナスであることが多い）を伝える相手（事業者）の

反応は，その後の対応の受け止め方やその商品に対するイメージに大きく影響する。当該消費者にとっては，日常に起きた「異常」である。事業者にとってもまた，これまで受け取ったことのない苦情であったり，これまでの経験では対応しきれない申し出であったりすることがある。しかし，内容によっては，それまでに類似の申し出を複数受け取っていることもあれば，異常ではなく製品品質や使用状況のバラつきの範囲で，想定内のことである場合もある。すなわち，「異常」と捉える基準や程度が消費者と事業者とでは必ずしも同じではない場合があり，そのことが双方のコミュニケーションの妨げになることがある。さらに，そのズレが，消費者対応の段階が進んでも解消されない，あるいは大きくなってしまうと，消費者にとってはさらに不満が強くなり，事業者を信頼できなくなることがある。

　リスクは，「健康への悪影響が発生する確率と影響の程度」と表現される[3]。食品にゼロリスクはないとの考え方から，リスク評価，リスク管理をする立場ではそのように定義付けることができる。しかし，消費者にとっては，わが身に悪影響が発生すれば，発生確率は100%であり，程度の大小にかかわらず発生そのものがリスクであると捉えることもある。

　事業者にとっては，多くのうちの1件，あるいは，リスクの程度として緊急性，重篤性が懸念されるものからリスクがかなり低い異常まで様々なクレームがある中の1件であっても，当該消費者にとっては，自身が経験したこの1件をどのように扱われるかが重要である。

　そして，SNSの普及により，実際に当該食品，あるいは当該企業の商品を買った顧客以外の人々もその「1件」について事業者の対応を知る機会がある。その結果，1人の消費者の不満をきっかけに多くの人々の不満や事業者の批判に発展することがある。もちろん，事業者の対応に理解を示す消費者も存在するであろうが，不特定多数の消費者がその意思をあえて表明することは少ない。苦情を申し出た消費者以外の，当該製品を購入していない，または今後も購入する予定はない顧客も含めて，人々の受け止め方を認識し，どのように対応するかを検討しておくことの必要性が増している。

　このように，1件の異常の捉え方，つまり「1件の重要さ」が消費者と事業者とでは異なることや，1件の影響力を認識して消費者と事業者が相互に理解し納得できる対応をすることが重要である。

4.2.2　三直三現主義

　一般的にクレーム対応に求められる対応のありさまを「三現主義」と呼ぶことがある。申し出を受けたら可及的速やかに，消費者のもとに出かけ（現場），現物を引き取り，現状を確認することの重要性を表現したものである。そして，これらに「直ちに」という修飾語を付けて，「三直三現主義」ともいわれる[4]。

　先述のように，食品に関する異常はその原因によっては，当該食品の状態が時間とともに変化する可能性がある。毛髪や硬質異物などは変化しないが，ウイルスや菌，カビのように時間の経過とともに数が増減したり，食品のにおいや外観に変化をもたらしたりするものがある。したがって，電子媒体による迅速な情報共有はもとより，できるだけ速やかに現物の確認をすることが重要である。そして，消費の現場で，消費者から直接，状況を確認することは，言葉以外によって得られる情報を得るという点でも意義がある。

消費者も，異常を発見した状況をできるだけ保管することが，原因究明に役立つことを知っておく必要がある。そして，苦情や不具合に対する事業者の適切な対応のためには，状況をありのままに伝えることが消費者の担う役割であると認識することと，事業者と消費者が相互に協力することが大事であると理解する必要がある。

また，事業者が消費者から預かった現物を紛失，あるいは誤って廃棄してしまうといったミスが起こることがある。そのような場合にも，どのように対応すべきか，例えば，誤って廃棄してしまった場合は，上司に速やかに連絡することや，万が一の紛失に備えて，現場で写真を残しておくなど，次善の策，未然防止の策を決めておくことも重要である。また，消費者が内容物である食品や異物は保管しているが，包装材料は廃棄してしまったためロットが不明というケースも生じうる。このような場合でも，現物がないため，調査ができないとするのではなく，購入時期や購入店の所在地など現物に代わる情報を当該消費者から聞き取るということも重要である。このようなコミュニケーションを通じて，たとえ，原因の特定に至らなかったという調査結果であっても，消費者に満足してもらえることを目指すという事業者の対応の仕方は，信頼関係を築くうえでも，また，消費者対応や原因究明の質を向上するうえでも必要である。

4.2.3　対応の計画と共有による効果

消費者からの申し出に基づき，社内では，クレームや苦情となった事象の発生原因を推定し，健康危害の有無と程度，品質への影響，危害や影響を及ぼす可能性のある製品の特定と対応の判断，是正処置，再発防止策の検討を行う。

混入経路や原因究明へのインプット情報として，消費者からの情報は重要である。消費者からどの程度の情報を入手できるかが，その後の対応の精度や顧客満足に影響する。とはいえ，その後の対応に必要な情報のすべてを適時に入手できるわけではない。特に異物混入では，混入経路を特定するために，食品中における異物の所在や発見された場面，消費者が感じた異常の程度（変だと思う程度なのか，すぐに吐き出すぐらいの程度なのかなど）の情報が有用である。これらの情報をできる限り入手する必要があるが，消費者がこれらのことをすべて覚えているとも限らない。また，当然，消費者の認識間違いが生じることもあるし，情報の収集具合によっては事業者が状況を正しく把握することができない場合もある。

必要な情報を効率的に収集するためには，事前に各段階，工程において，リスク要因となるハザードを洗い出し，混入の可能性がある工程や異物となりうる要因，種類や状態を予測し，異物が見つかった場合に，確認すべき内容を想定しておくことが重要である。例えば，HACCPシステムにおけるハザード分析に基づくアプローチも一方法であろう。あるいは，品質機能展開の手法を用いて，製品における不具合の発生箇所と製品を構成する原材料，資材，工程，設備，管理パラメータの関係を明確にしておくことにより，不具合の現象から，起因の推定の精度向上が期待される。また，ロット構成とロット番号による識別の詳細さ，製造時間との関係，作業過程における異常の発生に関する記録をトレースできるようにしておくことにより，影響の範囲の特定につながる。

そして，これらの取り組みにより，異物混入について申し出た消費者からどのような情報を提供してもらう必要があるのかをあらかじめ明確にしておくことができる。さらに，事前にこ

のようなことを消費者と共有しておくことにより，消費者としても，異物混入を経験したときに何を確認し，どのような情報を事業者に提供するとよいのかを知ることができる。

　また，消費者対応においては，時間的な要素も重要である。消費者にとっては，初期対応の段階で，「社内で調査します」ということのみを告げられ，この間に何の説明もなく，しばらくたってから，「社内（製造現場）での混入は考えられません」という結果のみの報告では，到底満足できるものではない。もちろん，原因究明には時間を要することがある。しかし，申し出てから結果が出るまで，事業者から何の連絡もなく待っているというのは消費者にとっては，長い時間に感じられる。また，時には事業者に対する不信感となることもある。事前に調査計画を立てておくことができれば，おおよその所要時間や途中段階での報告の内容などを初期対応の段階で消費者に伝えることができる。

　さらに，このような事前の検討は，事業者にとってはクレームや事故の対応としての，回収コストや不具合発生によるコスト面でのダメージを最小限にとどめることができる。そして，これらを論理的，客観的に整理することが可能であれば，クレームや不具合の発生による回収の必要性の判断の根拠を説明する際にも役立つ。

　このように，対応のあり方を事前に計画し事業者と消費者とが共有しておくことにより，原因究明や再発防止策の精度を上げることができる。これらの成果は，社会の財産ともいえよう。

5. おわりに

　食品製造の工程管理の要素としては，その食品の安全性を確保し，保証することが第一である。一方で，消費者は客観的な安全性だけでなく，心理的な側面も重視する。限られた食糧資源のもとにわれわれはどのような指標と基準で異物混入による影響や対策を考え，許容すべきか。また，異物混入は，その経路の特定の難しさがある。特に，混入経路が不明な場合に，混入している事実を目の前に，事業者，消費者は，混入経路を特定できないことによるリスクをどう分担し，どう向き合うべきか。

　誰が責任を負うかということではなく，異物混入防止に向けて，フードチェーン全体でどのように対応すべきか，そのような議論と検証を活発に行うことこそが，安全に生産，加工，調理，食事をし，安心して食生活を送るためにも重要である。

■文　献

1) 浜松市保健所：浜松市内で発生した大規模食中毒事例について (2014)．
2) 松本隆，超 ISO 企業研究会編：お客様クレームを減らしたい，28-29，日本規格協会，東京 (2005)．
3) 内閣府食品安全委員会：食品の安全性に関する用語集第 5 版，(2015)．
4) 名古屋 QS 研究会編：クレーム管理，47，日本規格協会，東京 (2006)．

第2章 発生時におけるクレーム対応とその事例

第5節　情報開示が促す企業と消費者とのコミュニケーション

サステナビリティ消費者会議　古谷　由紀子

1. はじめに─企業と消費者のコミュニケーションのカギは「情報開示」

　昨今，食品に，虫，ビニール片，金属片，プラスチック片など様々な異物が混入していたというニュースが大きく取り上げられた。現在，一連の騒ぎは収束したかにみえるが，問題は解決したといえるのだろうか。問題の本質的な解決に至ったものでなければ，またどこかで異物が発見されれば再び社会問題化する可能性もある。

　食品の問題は，幾度となく，企業，消費者，行政それぞれの問題として，大きくクローズアップされてきた。企業の取り組みを強化するだけでは問題の解決ができない事例と考える。なぜなら異物混入問題は企業の品質管理ばかりではなく，企業の消費者対応，さらには消費者の意識や行動も大きな要因になっていると考えられるからである。品質管理によって消費者の安全が損なわれない取り組みはもちろん必要である。しかし，これまでの異物混入の事例をみてもわかるように，申し出た時点で「ありえない」として，消費者が疑われ，結果的にSNS（ソーシャルネットワーキングサービス）への投稿に至り，大きな問題になったことを考えると，品質管理が強化されればされるほど，異物混入があった際に企業の「ありえない」との反応を引き起こすことも考えられる。また異物混入は消費者側の勘違い，つまり消費者の手元で発生したが，それに気付かず申し出て大きな騒ぎになることもある。さらには企業の対応が進んだとしても消費者側がその対応を知らない，あるいは信頼をしないでSNSに投稿することもある。このように異物混入には企業と消費者とのコミュニケーションの問題が大きくかかわり，その要素に企業の情報開示の問題があると考える。本節では，企業にとっては，大きなリスクになっている異物混入について，その解決方法として，企業と消費者のよりよいコミュニケーションのために，企業の情報開示の在り方を探るものである。

2. 異物混入の実態と消費者

　問題解決の前提として異物混入の実態をみておこう。現在，企業が自社の商品等に関して異物混入の実態を明らかにすることは稀である。また，日本全体での食品の異物混入の実態も明らかではない。しかし，異物混入の実態についてはいくつかの関係者がその実態を報告している。主なものとして，東京都と㈱国民生活センター（以下，国民生活センター）による報告をみよう。

2.1 東京都「食品の苦情統計」[※1, 1)]にみる異物混入の実態

保健所は届けられた食品の苦情の実態をホームページ上で「食品の苦情統計」として報告している。東京都の報告をよると、異物混入の届出は毎年 600～900 件程度、食品苦情全体のうち、13～15% 程度を占めるという。東京都では他にも「食品ナビ」という「食品クレーム事例紹介サイト」[2)]もあり、食品の異物の例など、写真付きで紹介し、異物かどうかわからないときに消費者が調べられるようになっているほか、食品の自主回収情報なども提供されている。

「食品ナビ」の事例をみると、さまざまな異物が原料に、製造工程中に、流通時に、保管時に入っていることがわかる。また製造工程以外の「消費者起因」のものとして次のようなものが挙げられている。

- 未開封のペットボトルの内側に虫の抜け殻が混入（同じ場所に保管の他社のペットボトルも同様。保管中にキャップの隙間から侵入したものと推定）
- 開封後1週間（1日ほど常温保存の可能性）経ったりんごジュースの中に 2.5 cm×3.5 cm のフィルター状異物（開封後にクモノスカビに汚染され、保管中に発育増殖した可能性）

2.2 国民生活センター「食品の異物混入に関する相談の概要」[※2, 3)]

国民生活センターが2015年1月26日に公表した上記報告書には、全国の消費生活センターに寄せられた消費者の相談が分析してまとめられ、相談件数、危害情報件数、異物内容、消費者の相談内容などが報告されている。

2.2.1 相談件数と危害情報件数

同報告書によると、食品の異物混入に関する相談は、2009年度以降の累積で 16,094 件（2015年1月10日までの登録分）、「異物によって歯が欠けた」、「異物によって口内を切った」などの危害情報は 3,191 件となっている。

国民生活センターでは事例以外にも、消費者に対して、「医療機関の受診」、「消費生活センターへの相談」、「飲食せずに事業者に連絡」、「健康被害につながるおそれが否定できないときは、保健所にも連絡」などのアドバイスが掲載されている。

2.2.2 異物の内容

同報告書における「食品の異物混入に関する相談」（1,852 件）を異物の内容別でみると、ゴキブリやハエなどの「虫など」（345 件）が最多で、次いでカッターや針金などの「金属片など」（253 件）、毛髪や体毛などの「人の身体に係るもの」（202 件）と続く。

※1 東京都の保健所等には、年間を通じて食品等の異物混入やカビの発生などの苦情・相談が届けられており、その分析結果が毎年公表されている。

※2 PIO-NET に登録された「食品の異物混入」に関する相談件数や相談事例等についてまとめたものである。PIO-NET（パイオネット）とは全国消費生活情報ネットワーク・システムのことである。

2.3 その他の情報

　異物混入の実態については，この他にもさまざまな形で情報が発信されている。行政からの情報発信もあれば，専門家からの情報発信もある。主なものをみてみよう。

2.3.1　行　政

　先に述べた東京都や国民生活センター以外にも各地域の保健所や消費生活センターの情報提供もある。また，厚生労働省，農林水産省そして消費者庁などから，異物混入問題への対策として，事業者の取り組みの徹底や消費生活センターへの消費者からの相談への対応の通知が出されている。

2.3.2　専門機関や専門家

　(一財)食品分析センター(SUNATEC)のホームページでは，専門家による「異物クレームの実態とその対策」が提供されており，そこでは異物が時代によって変化していることや異物混入の難しさは安全の問題より気持ちの問題でもあると指摘している。

　また，(一社)Food Communication Compass (FOOCOM)[※3]では，異物混入の実態が必ずしも企業側の責任ではなく消費者側の勘違いもあることや社会問題化することによって流通によるメーカーや飲食店への無理な要求が増えていること，さらにメディアが異物混入の実態を知らぬまま消費者の言い分をそのまま報道することの問題点なども指摘し，「異物混入はゼロにはできない。消費者側の勘違いもたくさんある。この事実を踏まえて，少し冷静になりましょう。」と述べている。

2.3.3　事業者団体

　事業者団体による情報発信として，例えば(公社)日本通信販売協会では異物混入の相談事例に基づき，インターネット上[4]において，「事業者相談　顧客対応編『異物混入の苦情対応』」が掲載されている。これは消費者への情報提供というよりも，事業者への対応のアドバイスである。また，(一財)食品産業センターの「食品事故情報告知ネット」[5]には事業者が公表した事故情報の整理分析がなされており，年度別や告知理由別の報告には「異物」についての件数等が掲載されている。

2.3.4　メディア

　ほとんどの消費者はメディアの報道によって異物混入の実態を知ることになる。その意味でメディアの情報発信には期待が大きいが，時にセンセーショナルな報道によって，実態とはかけ離れた消費者の反応を引き起こすこともないわけではない。しかし，消費者にとっては事実を知る重要な機会となるものである。

※3　FOOCOMとは，科学的根拠に基づく食情報を提供する消費者団体である。

2.3.5 SNS等インターネットメディア

　企業にとって問題になるのはSNS，特にツイッター等への投稿によって，異物混入の事例が事実かどうかが確認されないまま，一方的に拡散することであろう。企業によっては，リスクマネジメントあるいはクライシスマネジメントの一環として情報収集やタイムリーな情報発信を行っているところも増えているようだ。

　一方，消費者にとっては，SNSに限らずインターネットを使った情報収集あるいは発信については，タイムリーに，しかしも消費者の生の声を伝え，知る手段として利用されている。消費者にとっては気軽な情報発信手段やある種の信頼できる情報源のようにみえる。実際，インターネット上では，「自分も経験したが，どこに相談に行ったらいいか」，とか，「企業に申し出たら○○な対応された」とか，さらには異物混入の際の苦情の申し出方法などのアドバイスまで実に多様だ。もちろんインターネット上には行政や専門機関の情報も存在する。

　2014年，まさに異物混入が社会問題になっていた時期の大学での授業の際に，異物混入の問題について大学生に聞いたところ，「今まで異物混入がこんなにあるとは知らなかった。SNSがあったからこそ異物混入の実態と事実を知ることができた」との声が少なからず聞かれた。

3. 異物混入に関する企業からの情報

3.1　企業の情報開示の在り方について

　[2.]で述べたように，さまざまな機関や人が異物混入に関する情報を発信しているが，企業が自らの商品の異物混入について情報開示をする例が少ない。

　しかし，異物混入が発生したときに，消費者が最も知りたいのは当該企業からの情報ではないだろうか。2014年1月，M社が自社の異物混入が相次いだ際の記者会見において，記者に異物混入の件数を聞かれて答えなかったことがある。これは企業の実態としては，やむを得ないようにもみえる。企業が異物混入の件数を伝えることでその情報が独り歩きし，誤解を招く可能性もあるからである。また同社では当然保健所にも報告し，当該消費者には説明もしている。しかし，M社の記者会見は，消費者にどのような印象を与えただろうか。M社が"隠している"との印象をもったのではないだろうか。

　現段階での同社の異物混入への説明に問題があるとは必ずしもいえないが，この記者会見は今後の情報開示の在り方を見直すべきことを示唆しているのではないか。そしてその情報開示は不祥事として社会問題になってからでは遅く，むしろ日頃から異物混入も含めて苦情等の情報開示の在り方が問われているように思われる。

　しかし，企業側からは，「メディアが適切な情報を流すべき」，「消費者がSNSに安易に投稿したり，SNSやメディアの情報を鵜呑みにしたりするのは問題だ」などの声が聞かれることも少なくない。たしかに，そういう一面もあるだろう。しかし，メディアも消費者もすべてがそのように行動しているわけではなく，たとえそのように行動していたとしても，メディアが適切な情報発信ができるよう，あるいは消費者が適切な行動が可能となるよう，自らの情報開示を見直すことこそ必要なのではないだろうか。

3.2 企業の異物混入等にかかわる情報開示例について

　企業の中には日頃から積極的に情報開示を行っているところもある。あるいは異物混入の社会問題化を受けて情報開示を始めた企業もある。今後の企業の情報開示の在り方を考えるにあたって，企業の情報開示の実態を，通常時と不祥事等問題の発生時とに分けて，みてみよう。

3.2.1　通常時の情報開示について

　通常時の情報開示例として，キユーピー㈱（以下，キユーピー），カルビー㈱（以下，カルビー），雪印メグミルク㈱（以下，雪印メグミルク）の3社の事例を紹介する。

(1) キユーピーの情報開示について

　キユーピーでは，現在，ホームページ上で，「異物混入」をカテゴリーごとに件数と簡単な調査結果を開示している。2015年6月24日現在の検査結果の公表分は，6月10日に申し出たお客さまのもので，6月23日に「毛髪の混入経路の特定には至らなかったこと」を公表している。

　同社の情報開示は，現在社会で問題になっている異物混入について，件数のみならず調査結果を開示したことが評価できる。情報開示方法にはさらなる工夫も期待されるものの，現在の社会課題を解決するための情報開示として，持続可能な社会への取り組みであるCSR（企業の社会的責任）の事例ともいえる。同社では「お客様とのより良いコミュニケーションを図りつつ品質向上に努めていく取り組みを行っています。その一つとして，お客様が最も心配される異物混入のお申し出について，主な調査結果の概要を掲載することとしました。」と説明している。

(2) カルビーの情報開示について

　同社は，ホームページあるいは「社会・環境報告書2015」[6]の中で，「フードディフェンス（異物混入防止）」として，従来のX線や金属探知機による防止策に加えて，「混入リスクを防ぐモニタリングカメラ」を16拠点に最終防衛策として導入したことを写真付きで掲載している。また，異物混入防止の例を「優秀品質ヒヤリハット！！」の例として紹介している。

　同社ではこれらの取り組みを「品質保証」の中の取り組みとして報告しているが，2000年8月と2001年6月に発生した異物混入事故を教訓に，安全・安心な商品づくりへの決意を忘れないようにと，異物混入や印字不良などの防止に取り組む「消費者クレーム撲滅キャンペーン」を2001年度から継続して実施していることがその背景として挙げられる。

(3) 雪印メグミルクの情報開示について

　雪印メグミルクでは，ホームページや「活動報告書」によって，消費者の申し出の件数と割合，さらには苦情のうち，消費者の協力によって検査ができたものの起因別割合として，「生産過程」，「流通関係」，「当社起因とは認められないもの」を報告している。最新のものは「活動報告書2015」[7]に詳しく記載されている。

　同社の情報開示は，消費者に相談や苦情の実態を知らせるだけではなく，問題が企業起因なのかどうかも知らせるもので，消費者にとっては異物混入の実態をより知ることになり，消費者啓発の可能性も含むものといえる。同社の取り組みの背景には，2000年の食中毒事件をきっかけにした，外部有識者を構成メンバーに加えた企業倫理委員会の設置や社外取締役の選任等のガバナンス体制の構築と「消費者重視経営」の徹底があると考えられる。

なお，同社と同様の情報開示をしているところとして日本生活協同組合連合会があり，毎年発行している「品質保証レポート」に詳しく異物混入への取り組みが記載されている。

3.2.2 問題発生時の情報開示について

通常時に比べて問題発生時の情報開示は非常に難しい。2014～2015年にかけて多くの事例が発生したことから，今後の情報開示に参考になるものをいくつか紹介する。日本マクドナルド㈱（以下，マクドナルド），まるか食品㈱（以下，まるか食品），カルビーの事例を紹介する。

(1) マクドナルドの「お客様対応プロセス」の検証

マクドナルドでは2015年1月7日には記者会見に併せて，ホームページ上で「日本マクドナルドにおける食品の異物混入対策について」として，事例内容とその対策結果を公表しているが，ここで紹介するのは，その後の情報開示の例である。

それらは「お客様対応プロセス・タスクフォースの取り組み」の中に，消費者からの問い合わせについての対応プロセスを再検証して，今後の適切かつ迅速にお客さまに対応できることを目指した取り組みを報告している。内容は同タスクフォースについての活動内容，最終答申書，同社の回答，さらにこれらに関連して策定した「食の安全と品質についてのお客様とのコミュニケーションに関わる自主行動計画」も公表している。

これらの情報開示の背景としては，同社の異物混入が大きな社会問題になり，同社の対応が批判されたことを受けたものであり，第三者も交えた対応についての検証や今後の再発防止策の策定とこれらの公表は徹底しており評価できる。しかし，開示の仕方が「品質改善の取り組み」として，「対応プロセス」を検証したものとなっており，その背景としての異物混入の問題や対応の問題については不透明な報告になっているのが残念である。

(2) まるか食品の「安全・安心への取り組み」

まるか食品では，2014年12月に製造段階での異物混入の可能性が否定できないとの発表，自主回収，製造販売休止発表を経て，2015年6月に同商品の製造販売が再開された。再開後のトップページには「私たちの安全・安心への取り組みをご覧ください」として，同社の品質管理が開示されている。工場では，製造ラインおよび工場内のあらゆる環境を見直し，厳格な品質管理体制を整えていること，さらに，パッケージの仕様変更や従業員教育の徹底なども報告されている。「工場を見学する」のページには製造工程が写真付きで説明され，しかも「製造・販売再開に向けてのQ&A」には，異物混入についての混入原因や混入経路，再発防止策，再開の根拠，再開後の商品について解説が掲載されている。

同社の異物混入問題は，SNSでの投稿やそれにかかわる同社の対応姿勢などもあって大きな社会問題になった。そして，現在の同社の情報開示は徹底した品質や異物混入防止の取り組みについて，消費者に見える形で丁寧に説明していることであろう。しかし，今回の問題は品質管理の問題だけではなく，対応の問題もあったのであるが，それらの問題についてはふれられておらず，いかに品質改善に取り組んでいるかに焦点が絞られているのが残念である。

(3) カルビーの「商品回収のお知らせ」

紹介する事例は，前2事例と異なり，商品回収の際のホームページの情報開示の方法である。同社では，商品回収の情報が「大切なお知らせ」としてトップページの最上段に掲載され

ている。しかも，この情報は同社のどのページに行っても，最上段に掲載される仕掛けになっている。商品回収のお知らせは通常トップページの中段当たり，しかも他のページには掲載されないことが多いだけに同社の積極的な情報開示が評価できる。

この背景には，同社があらかじめ「自主回収に当たっての基本方針」を策定し公表していることがあると考えられる。同方針は 2012 年の異物混入事例の改善結果として策定されたとある。緊急時であっても通常時の備えが活きた事例といえる。

4. 情報開示を核にした企業と消費者のコミュニケーション

4.1 異物混入の申し出と消費者

東京都や国民生活センターなどの報告をみると，異物混入が意外と身近にあることがわかる。しかし，このような実態を消費者は知っているだろうか。そして，異物混入の騒ぎを経て，消費者は正しい実態認識をもつに至っただろうか。

インターネットの時代の消費者の周りには，行政から，専門家から，メディアからの情報があふれているようにみえる。しかし，肝心の情報がないということはないだろうか。食品の異物混入の事例がその一つだと思われる。異物混入に出会ったとき，そして異物混入の情報を耳にしたとき，消費者が問題解決のために，まず知りたいのは，当該事業者の実態と対応ではないだろうか。そしてこれらを知るためには，企業の「情報開示」がカギを握るのである。自分の出会った異物混入は通常ありうることなのか，企業に申し出たら応じてくれるのか，などの情報は本来企業が開示すべき情報である。もし，企業が異物混入について日頃からどれくらいの情報を開示し，企業が消費者の声を真摯に受け止めて対応してくれると知っていたら，消費者は安心して企業に相談するだろう。

前述した授業の例においても，学生の多くが，異物混入を経験しているにもかかわらず，どこに申し出ていいか，企業が適切に対応してくれるかがわからず，結果としてほとんどの学生はどこにも申し出ていなかった。その結果，SNSへの投稿が消費者に実態を知らせ，問題解決に寄与するものと考えていたのである。

4.2 企業の情報開示がつなぐ消費者とのよりよいコミュニケーション

消費者が適切に判断し，不満や被害などがあった場合に適切に申し出を可能とする必要があり，そのために重要となるのは，企業は異物混入の実態やその対応などに関する情報開示ではないだろうか。企業の情報開示が企業と消費者とのよりよいコミュニケーションをつなぐことになると考えられる。日本のほとんどの企業はその経営の基本に「お客様第一」や「CS（顧客満足）」を掲げ，消費者の安全を確保するための品質向上や消費者対応に不断の努力を重ねている。しかし，この発想だけでは十分ではないのが現在の社会だ。

まず，企業は消費者とのコミュニケーションをする際に，市場経済における消費者と企業の実態を考慮しているだろうか。一般に企業と消費者との間には情報格差，あるいは情報の非対称性といわれる実態が存在する。企業と消費者が対等な私人として取引するためには，情報の完全性が必要とされるが，市場の実態では圧倒的に企業側が情報をもっていることから消費者

の適切な選択が難しい，あるいは消費者の被害や不利益の問題として表れるのである。このような消費者の実態をもとに消費者政策が実施されており，その基本に『消費者基本法』が存在する。同法の目的には「情報格差」が明記され，基本理念には「消費者に対し必要な情報および教育の機会が提供される権利」，さらに事業者の責務には「消費者に対し必要な情報を明確かつ平易に提供すること」などが明記されている。異物混入についてもこのような市場における消費者と企業の実態を踏まえた対応が必要となる。自社の商品情報および関連情報は，圧倒的に企業がもっているのであり，企業には消費者に必要な情報を開示し，消費者の安全や消費者の適切な選択を可能にすることが求められることを忘れてはならない。

　次に，消費者が必要な申し出をしているかの視点も重要である。企業が思うほど消費者は企業に苦情の申し出をしていない実態があることを考慮しているだろうか。2014年3月に公表された国民生活センターの「第41回国民生活動向調査」によると，1年間に購入した商品等について「不満をもったり被害を受けたことがある」のは33.7%，その苦情を「相談したり伝えたりした」は58.4%であり，半数近くは苦情を相談していない。これらの実態を踏まえると，企業は自社に苦情の申し出を促すことによって市場で起こっている問題を自ら主導的に解決することも可能となる。もちろんそのためには消費者に必要な情報開示と消費者対応体制の充実が必要になる。せっかく申し出ても過去の異物混入事例であったように，苦情の申し出を「ありえない」とした対応ではかえって問題が大きくなってしまうからである。マクドナルドの再発防止策のように消費者対応のプロセスの検証などが有効になるだろう。

5. おわりに──持続可能な社会の構築を目指して

　異物混入問題は品質管理の問題のみならず，企業の消費者対応，そして消費者の実態への認識や行動にかかわる問題があり，それらを解決するためには企業の情報開示が欠かせないことを確認してきた。いくつかの企業の意欲的な情報開示例も示したが，どれも完全というわけではない。今後企業は消費者とのよりよいコミュニケーションのために，どのような情報開示をすべきか，企業，消費者，行政その他の関係者によるコンセンサスが必要であろう。「○○が悪い！」だけでは問題は解決しない。関係者が問題解決に向けてそれぞれ第一歩を進めるために企業の積極的な情報開示を期待したい。

　そして問題解決は持続可能な社会の構築を目指したものにすべきと考える。現在，社会の持続可能性への懸念が大きく，それらを解決するために，企業にはCSRの要請，2010年には社会の関係組織がそれぞれ社会的責任を行うためにガイダンス規格であるISO26000の公表，平成24年には『消費者教育の推進に関する法律』（平成24年8月22日法律第61号）の成立による公正で持続可能な社会として消費者市民社会の構築に参加する消費者教育の要請，さらには今年2015年の9月，国際連合ではSDGs（持続可能な開発目標）が採択されようとしている。異物混入問題の解決もこのような持続可能な社会の構築への関係者の取り組みとつなげて考える必要がある。また，異物混入の問題は企業の情報開示の問題の他にも，商品の自主回収の増加をもたらしていることの解決も必要であり，その際にも，持続可能な社会の視点で適切なリコールか，必要な情報提供がなされているかなども考える必要がある[※4]。

■ 文　献

1) 食品衛生の窓ホームページ：http://www.fukushihoken.metro.tokyo.jp/shokuhin/kujou/
2) 食品ナビホームページ：http://www2.tokyo-eiken.go.jp/shoku-navi/index.jsp
3) 国民生活センターホームページ：http://www.kokusen.go.jp/news/data/n-20150126_1.html
4) JADMA：JADMA NEWS, 4 (2015). http://www.jadma.org/jadma_news/kokyaku_201504.htm
5) 食品事故情報報告知ネット：http://www.shokusan-kokuchi.jp/AnalyzeList
6) カルビー：社会・環境報告書 2015, 14-16, (2015).
7) 雪印メグミルク：活動報告書 2015, 22, (2015).
8) 朝岡敏行, 関川靖編著：消費者サイドの経済学, 同文館出版, 東京 (2012).
9) ISO/SR 国内対応委員会監修, 日本規格協会編：ISO26000：2010 社会的責任に関する手引き, 日本規格協会, 東京 (2011).
10) 古谷由紀子：商品の安全性と社会的責任, 187-206, 小野雅之, 佐久間英俊編著, 白桃書房, 東京 (2013).
11) 古谷由紀子：消費者志向の経営戦略, 芙蓉書房出版, 東京 (2010).

※4　2011 年(公社)日本消費生活アドバイザー・コンサルタント・相談員協会 (NACS) では有志で「食のリコールガイドライン」を提案している。ガイドラインの内容は,「回収の判断基準は, 消費者への健康被害の可能性があるかどうかで決める」「事業者は環境配慮および経済的損失に配慮する」「回収の判断主体者は事業者とする」「事業者と行政は消費者への注意喚起と適切な行動を促す」「事業者は説明責任を果たす」「適切な回収の実効性を確保するためのデータベースを構築する」の 5 項目である。

第 3 章

現場別異物混入対策

イカリ消毒株式会社　尾野 一雄

1. はじめに

　ここでは飲食店やスーパーなどの小規模厨房，食品工場の製造ライン，食品倉庫の三つに分けて，異物混入防止対策について記載する。これは，規模や構造によって実施できる対策，実施すべき対策が異なることを考えるためである。実際には，すべての施設をこの三つにはっきりと分けることができるわけではなく，それぞれの施設に該当するからといって同じ対策を実施すればよいというわけでもない。しかし，異物混入防止対策を考えるうえで，基本からそれぞれの施設での異物混入防止対策に対してどのように考えているのかを知ることで，自社施設での異物混入防止対策を実施するヒントにしていただけるのではないかと考え，チャレンジしてみた。

　異物混入防止対策は，三つに大別される。「一般異物混入防止対策」，「毛髪混入防止対策」，「有害生物管理」である。これらは，それぞれの特徴から対策も異なる。ここでは，これらすべてに対して詳細に述べずに，例を挙げながら進めていきたい。

　先述したが異物混入防止対策の基本は，どの業種でも同じである。ただ，業種ごとに実施することの強弱や実施できることが変わってくる。

　以下は，まず異物混入防止対策の基本について記載した後，飲食店やスーパーなど小規模厨房，食品工場の製造ライン，食品倉庫の順にそれぞれの異物混入防止対策の話を記載したい。

2. 異物混入の基礎

　異物混入を防止するための基本として3原則がある。それは，現場に異物の原因になるものを「入れない」，現場で異物を「つくらない」，入ってしまった異物を「取り除く」である。これらはどの異物混入防止対策でも同じであるが，それぞれに合った言葉に変えていたり，三つを四つに分けていたりする（表1～3）。

　では，3原則に対して少し細かく説明を加える。

表1　異物対策の3原則

1. 入れない
   現場に異物の原因になるものを入れない
2. つくらない
   現場で異物をつくらない
3. 取り除く
   入ってしまった異物を取り除く

表2　毛髪対策の4ステップ

1. 現場に入れない
   現場に抜けかけた毛髪を持ち込まない
2. 落下毛髪をつくらない
   現場で毛髪を落とさない
3. 落下毛髪を入れない
   落下してしまった毛髪を製品に入れない
4. 取り除く
   入ってしまった毛髪を取り除く

表3　有害生物対策の4ステップ

1. 誘引源コントロール
   現場に有害生物を寄せないための対策
2. バリア機能
   現場に有害生物を入れないための対策
3. 発生源コントロール
   現場で有害生物を発生させない，繁殖させない
4. サニタリーデザイン
   清掃しやすい，確認しやすいレイアウト・構造をつくる

2.1 現場に入れない

現場に入れないは，製造現場内に異物の原因になるもの，毛髪，有害生物を入れないということである。

通常は，持ち込み禁止品を定め，私物の持ち込みを禁止して従業員が異物の原因になるものを持ち込まないようにする。異物の原因になるものとしては，作業に使用しないもののほか，なくなってもわからないようなものも含まれる。例えば，キャップつきのボールペンである。これは，キャップがなくなっても気にせず使ってしまうことが多く，そのキャップが異物混入してしまうかもしれないからである。ほかにも，鉛筆，折れ刃式のカッターなどもそれに含まれる。

このような持ち込み禁止品は，食品工場では設定されていることが多いが，小規模厨房の中でも一般店舗の厨房などでは実施されていないことが多い。しかし，そのような施設でも実施しておくと異物混入の危険性を減らすことができる（図1）。

また，入場ルールもしっかりと手順を決める。一般的な手順を以下に示す。

- 着衣着帽をする
- 身だしなみを確認する（図2）
- 異物の原因になるものを持っていないことを確認する
- 粘着ローラーを掛けて，帽子や着衣に付着した異物や毛髪を取り除く（図3）
- 手洗いをする（これは異物対策ではなく，微生物対策である）

この手順を実施することで，毛髪，異物の原因になるものを持って入らないようにする。

昆虫に関しては，製造現場に入れないためには，ドアや扉などをしっかり閉め，侵入できるような穴や隙間をなくすこと（バリア機能），昆虫の好きなにおいや光を外部に漏らさないよ

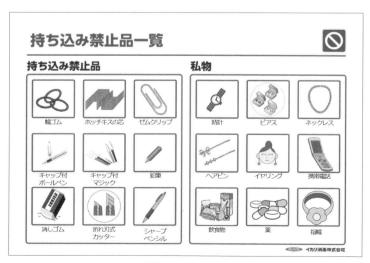

図1　持ち込み禁止品の例
数を多く使用するために一つなくなってもわからないもの（ゼムクリップ，輪ゴムなど），一部がなくなっても気付きにくいもの（折れ刃式カッター，シャープペンシル，消しゴム，キャップ付きのもの）などを使用禁止にすることが多い

第3章 現場別異物混入対策

図2 身だしなみ確認のポイント例
基本的には毛が脱落しやすい作業服や帽子のふちの部分から毛がはみ出していないか確認する。また、そのような部位は、ほつれも起こりやすいので注意する。その他、チャックは上まで上げているか、上着はズボンに入れているなどの確認も毛髪落下を防止するためのポイントである

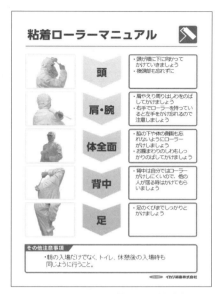

図3 ローラー掛けの手順例
基本的には上から順番に掛けていく。それは、下からすると、ローラー掛けしているときに、上の方についている毛髪がローラー掛けが終わったところに落ちてきて付着するかもしれないからである。また、しわの間なども取り残すことが多いので注意が必要である

うにする（誘引源コントロール）ことが必要である。においに関しては、製造場内だけでなく、製造場外や外部のゴミ置き場なども清掃してにおいがしないようにしておく必要がある。

2.2 現場でつくらない

現場でつくらないは、製造現場にあるものから異物が発生しないようにすることである。

そのための大前提は、製造現場の整理整頓である。製造現場に不要物が多く存在すると異物の原因になるものが増えていたり、また製造現場にあるものが異物になっていたりしても気付きにくい。逆に、製造現場に使用するものしかなければ、異変に気付きやすくなる。

整理では不要物を撤去するのだが、異物対策を考えた場合、不要物の定義をすることが重要である。不要、必要ということで考えると、人間の心理としてどうしてもほとんどのものが必要と考えてしまう。そこで、以下のようなものを不要物と定義するとよい。

- 当日、使用しない原料、資材
- 製造現場で使用する備品の予備
- 使用頻度が○○に1回以下のもの
- 製造に使用しないもの
- 私物

使用頻度が低いものを製造現場に置いておくとものが増えていくので、使用頻度で区切って、必要か不要か判断しなければならない。設定する使用頻度に関しては、製造現場の広さにもよるが、製造現場が狭い小規模厨房などでは1週間に1回、製造現場にある程度の広さがあ

る食品工場では1カ月に1回も使用しないものを不要物とするとよい。

実際に，これから製造現場の不要物を減らす取り組みを実施する場合には，上記のような基準を明確にしておくこと以外にもう一つコツがある。それは，必要，不要以外に保留品というものを設定しておくということである。実際にものを減らすときには，不要，必要の判断に迷うことが多い。その場合，保留というものを設定しておくと不要物を減らしやすくなる。保留品は，1カ月や3カ月といった期間保管しておいて，必要なものは製造現場に戻し，その期間使用しなければ廃棄する。ものの量としては，製造現場以外に保管できるスペースがあればそこに置いておける量を保管しておけばよい。食品工場であれば倉庫，小規模厨房であれば，保管できる収納スペースに併せて決めておく必要がある（図4）。

ほかに減らすことが難しいものとして工具がある。これは，どうしてもセットで購入するために実際に使用しないものが増えていく。不要物を減らすときには本当に使用する工具のみを残すようにする必要がある。

整理が終われば，次に整頓を実施する。異物対策では整頓で行うものの置き方を決めるところも重要である。そのためのポイントがいくつかある。

一つは，清掃しにくい場所，異物が付着しやすい場所にものを置かないことである。例えば，棚の裏や天板の上，窓の枠部分などにものを置くと，その場所が清掃しにくくなり，置いているものに異物が付着しやすくなる。

もう一つは，一目見てものがなくなっていることがわかるように置くということである。調理器具や道具などを箱や容器の中に入れておくと，その中に本当にものがあるのか，汚れていないか，不要なものが入っていないかなどを確認するために中を確認しなければならない。それは，相当面倒なことである。そこで，一目見て不要物がない，必要なものがなくなっていないことがわかるようにしておくとよい。その一例を図5に示した。これは食品工場の例であるが，小規模厨房などでは壁などに調理器具をかけて保管すると同じように一目見てわかるようにできる。

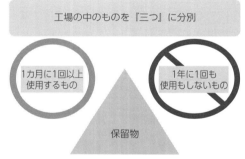

図4　不要物を捨てるコツ

整理整頓を実施し，異物混入を予防できる環境を整えることができたら，次に管理の方法を考える。まず，考えることは始業前と終業後の点検である。一般的な点検の内容を以下に示す。

- 機器・器具・清掃用具の欠けや破損
- 文具などの紛失
- 製造機械内の残渣

これらを始業前に点検したときに問題があれ

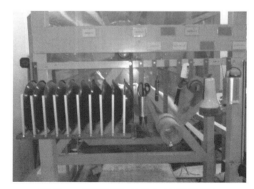

図5　一目見てわかるものの置き方

ば解決しておく。破損箇所を見つけた場合の仮補修の方法と本補修の計画も決めておく必要がある。仮補修をする場合，ガムテープなどの劣化しやすいものを使用するとそれ自体が異物の原因になる。アルミテープ，インシュロックなどの劣化しにくいものを使用し，本補修の計画を決めておく。本補修するまでは定期的に劣化していないか点検する必要がある。

　問題がない状態で作業を開始し，始業前にあったものが終業時になくなっていれば製品に混入した可能性が考えられる。つまり，この点検を実施することでいち早く異物混入の可能性に気付くことができるのである。また，このような点検を効率よく行うためには，点検しやすい現場の状況をつくっておくことが重要である。そのためには前述したとおり，整理整頓することでものを少なくし，ものがなくなっていたり，ものが増えていたりした場合に気付きやすい環境をつくらなければならない。

　毛髪に関しては，工場内で毛髪を落下させないために，しっかりと着衣着帽する必要がある。しっかりというのは，帽子の隙間から毛髪がはみ出さない，裾，袖や襟口に緩みがない，上着をズボンの中に入れるといったことである（落下毛髪をつくらない）。

　また，落下してしまった毛髪が製品に混入しないように，清掃を行ったり，低い位置に原材料を置かないようにしたり，床に近い位置に置いているものをライン上に上げないようにしたりする（落下毛髪を入れない）。

　昆虫に関しては，発生源コントロールとサニタリーデザインが重要になる。発生源コントロールとは，昆虫が現場内で発生しないように清掃・洗浄することである。よく昆虫が発生するポイントとしては，排水溝などの汚れ，水溜まり，空調機内のカビや粉，機械下や機械内部の汚れ，粉溜まり，パッキン部分のカビなどが挙げられる。こういった場所の清掃・洗浄を行うためには，清掃しやすい状況をつくらなければならない。それがサニタリーデザインである。清掃しやすい状況をつくるためには，見えない場所，入れない場所をなくす必要がある。例えば，壁と機械などとの間に人が入れるスペースを確保したり，棚と床との間が見える程度（30 cm程度）にスペースを取ったりする。

2.3　除去する

　除去するとは，製品に混入してしまった異物を除去することである。そのために実施できることは大きく二つある。

　一つは，製品から除去する行為，もう一つは除去しやすくする工夫である。

　除去する行為には，いろいろあり機械に頼る方法と人によって除去する方法である。

　具体的な内容については，それぞれの異物対策で記載する。

3.　飲食店やスーパーなど小規模厨房での異物対策

3.1　特徴：ルールを決めて実施することはできるが，どうにもならない要素がある

　飲食店やスーパーなどの小規模厨房では，完全に異物対策を実施することが難しい。というのは，これらの施設では利用者は普通の格好で外から来店し，いろいろな人が食材や商品に触れる可能性があるためである。いくら施設の従業員がしっかりと対策を実施しても，施設外か

らの利用者がいろいろ異物の原因となるものを持ち込んでしまうのである（意図的ではないとしても）。また，商品を提供する場所と厨房との間の行き来も完全に遮断することができない場合もあるため，ウェイターや販売員などがホールや売り場で付着させた異物を小規模厨房に持ち込んでしまう可能性もある。

　こういった事情は，業態によっても大きく変わってくる。例えば，最近のスーパーのバック厨房やフードコートの厨房などは調理者以外が入れないようになっているところも多い。そういった場所では，ある程度食品工場に近い管理が可能である。一方，厨房とホールがしっかりと区切られていない飲食店舗などではウェイターが調理場に入ることもありうる。さらにバイキング形式の店舗だと利用者自体が食材に触れる機会があるため，利用者から商品に異物が入る可能性が高くなる。

　逆に，これらの施設のメリットは管理すべき範囲が狭いということである。バック厨房や飲食店舗の厨房は食品工場と比べるとそれほど広くはない。そのため，目は行き届きやすく，管理はしやすいというメリットがある。

　以上のことから完全に異物混入を防ぐことはできないのだが，自分たちが異物を入れないためにできることを最低限しっかりと行っておくことが重要である。

　ちなみに，ここでいう小規模厨房には，個人経営の飲食店やスーパー，チェーン展開しているファミリーレストラン，大手のスーパーなどすべてを含んでいる。このようにその規模や母体などが大きく異なるため，ここで記載する小規模施設の内容より次に記載する食品工場の製造ラインに近い異物混入防止対策のほうがよりマッチする施設もある。

3.2　小規模厨房に入れない

　基本的には，私物はロッカーもしくは更衣室などに保管し，バック厨房や一般飲食店の厨房などには，調理に必要のないものを持ち込まないようにする。もちろんホールや売り場にも持ち込まないようにし，あちらこちらに私物を置くことのないようにする。

　バック厨房に入る際のルールとしては，スーパーなどのバック厨房の場合は，ローラー掛けをしたり，着衣着帽の状況をチェックしたりするのがよい。また，バック厨房に入れる人を限定することも必要である。

　飲食店の厨房に関しては，最低限きれいな身だしなみをして入るようにする。調理の際に着用する服もほつれ，チャックの破損がないものを着用する。また，当然自宅でも毎日入浴および洗髪もしておく。そうすることで抜けかけている毛髪を厨房に持ち込みにくくすることができる。

　厨房とホールとの行き来に関しては，できる限りウェイターや従業員が厨房に入らないようにしておくべきである。また，お金のやり取りなども厨房の人間が行わないようにし，調理に必要なもの以外には触れない状況をつくっておくほうがよい。そのため，少ない人数で営業する厨房の場合は，カウンター越しに商品を提供できるようにして，ホールとの行き来を少なくする工夫が必要である。

　有害生物の侵入に関しては，構造的に調理場所（バック厨房や一般飲食店の厨房）とホールや売り場との間を壁やガラスなどで隔離している構造であればよいが，そうでない場合は厨房

内にまで昆虫類が侵入してきてしまう。

隔離できていない場合に重要になるのが，きれいに清掃して汚れをなくすこととゴミなどを蓋つきの容器に入れておくことである。というのは，有害生物にはにおい，特に腐敗臭に寄ってくるものがいるためである。ゴミ箱に蓋ができない場合には，定期的にゴミを捨てる必要がある。その場合にもゴミ袋から廃液などが漏れないようにしなければならない。

光学捕虫器を設置することで侵入してきた飛翔性昆虫類（飛んで施設内に侵入してくる昆虫類）を捕獲する方法もある（**図6**）。

ネズミに関しては，人がいる時間に現れることは少ない（全く現れないわけではない）。人がいない時間に侵入してくるため，ドアなどの通常，人が出入りする場所ではなく，閉店後でも出入りできる壁，天井などの割れや穴，パイプが壁や天井を貫通している周りの隙間などから侵入してくることが多い。そのような場所をネズミ用資材で埋めておくことが必須である（**図7**）。

(a) 調査用捕虫器　　(b) 大型捕獲用捕虫器　　(c) 一般店舗用捕虫器

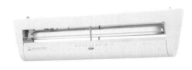  

食品工場で多く使用されている。調査目的で使用されることが多い。20W1灯で誘虫ランプが外から見える位置に付いている。一般店舗の厨房などでは捕獲用として使用されることもある

食品工場で捕獲用につけられている。たくさんの虫を強く誘引することができる

一般店舗で使用される。形がスタイリッシュで外からランプが見えないため，捕虫器に見えない

図6　光学捕虫器の種類

光学捕虫器は，青い光で昆虫類を寄せて捕獲する装置である。サイズやランプによって捕虫効果は変わる。一般的にはトリモチがついたリボンが設置してあり，誘引された昆虫類はそれに捕獲される

(a) ネズミ穴埋め用のパテ　　(b) 実際の使用している箇所の写真

  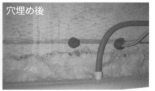

粘土状で使用しやすい。粘土を噛むとネズミの嫌いな味がするため，穴を開けられにくい

図7　ネズミ用の資材

穴が少しでも開いているとネズミはそこをかじって，穴を広げ侵入してくる。そのような箇所を普通のパテなどで塞いでも再度かじられて，穴が開いてしまう。気付いた穴はこのようなネズミ用の資材で穴埋めをしておくと安心である

既存の設備ではこのようにいろいろと工夫をするしかないが，新しくつくる場合は，あらかじめ考慮して施設設備を設計するべきである．

3.3 目で見る，つくらない，除去する

小規模厨房でも，整理整頓は大前提である．特に少人数で調理する一般店舗などは個人的な意識や能力で整理整頓の状況に差が出てしまう．しかし，異物混入を考えた場合にはこの整理整頓は必須である．

整理整頓ができていることも重要であるが，小規模厨房では，調理する際に自身が使用する調理器具や道具を使用するごとに確認していろいろな問題を解決していくことが可能である．これは，提供する料理数が少なければ少ないほど有効である．

例えば，包丁を使う前に刃こぼれを確認したり，皿を用意する際に割れや欠けを確認したりする．食品工場のように大量に商品をつくるわけではないので，つくるごとに劣化や破損がないことを目で見ておくことが望ましい．また，調理器具をしっかりと洗浄し，きれいになっているかも洗浄するたびに目で見ておくべきである．調理中の食材も最終的に出来上がった料理も，異物が混入していないことを目で見ておく．

小規模厨房では，自分自身が実施していること，その対象を目でよく見ておくことが重要である．

また，劣化しやすいものを長期間放置しないようにすることも重要である．例えば，レシピなどをテープ等で壁に貼っている場面が見られる．それが長期間貼りっぱなしになっていると，メモもボロボロになり，テープもパリパリに劣化してしまう．そういったものはいずれ落下してしまい，異物混入の原因になる．テープ類などは極力使用しないようにし，使用する場合でも長期間放置しないようにしなければならない．

昆虫類などの有害生物が発生しないようにするためには，清掃が重要である．特に厨房内の機器の下，グリストラップのような排水内の残渣を除去するところは清掃漏れが起こりやすいので，注意して清掃する必要がある．広さのそれほどない厨房のようなところで発生してしまうと，料理に昆虫類が混入する可能性が高くなる（**図8**）．

ネズミについては厨房内に住み着かないようにする必要がある．基本的には見ない箇所，清

(a) グリストラップ

図のようなグリストラップは厨房内にあることも多く，昆虫の発生源や誘引源になるので，きれいにしておくことが重要である

(b) 機械下の汚れ

厨房は狭いため，機械を壁際にくっつけて設置することが多い．そのため，壁際や機械下は確認しにくく，汚れが溜まりやすい箇所になる．注意が必要である

図8 清掃漏れが起こりやすい箇所

(a) 厨房上部のダクト上につくられた巣　(b) 冷蔵庫上部のモーター部につくられた巣　(c) 機械下のモーター部につくられた巣

図9　ネズミの巣

以上のような場所も注意が必要である。(b)や(c)の事例に関しては，可能であれば，カバーを外しておくと巣になりにくくなる

掃できない箇所がないようにする。それは，棚の下，機械の裏といった見えない箇所に巣をつくることが多いからである（図9）。

最後にガラス製品が割れた場合の対処も重要である。ガラス，陶器の食器，蛍光灯が割れた場合は，破片が飛び散ることが多い。特にテーブルの上，調理台の上などで割った場合には，必ず破片を集め，すべてそろっていることを確認しなければならない。

3.4　点検と環境づくり

ここまでの対策を実施しやすくするためには，点検しやすい環境づくりが必要である。小規模厨房はスペースが狭いのでものを増やすと途端に点検しにくくなり，目の行き届かないところが出てくる。そのため，調理に使用しないもの，長期間使用していない原料や調味料は常に廃棄していかなければならない。

また，壁際に棚や調理テーブルなどを置かなければならないことも多いため，それらの下を30 cmは上げて，簡単に見えるようにしておくことは重要なポイントである。調理器具もきれいに配置し，汚れや不要物が目立つようにしておくことも重要である。

以上のような環境づくりを行うことで，自然と汚れ，不要物，劣化や破損，テープなどの放置に目が行くようになり，日常的に異物混入を予防できるようになる。

4.　食品工場の製造ライン

4.1　特徴：ルールを守れば異物混入を減らすことができるが，管理が難しい

食品工場は，飲食店やスーパーや倉庫と異なり，人の出入りを制限できるというメリットがある。そのため，ルールをしっかりとつくり，工場内に入場する関係者だけをしっかりと管理していけば異物混入を防ぐことができる。

また，機械を使用して製造するため異物除去装置を導入し，機械的に異物を除去することができる。

ただし，管理すべき範囲が広いため，隅々にまで目が行き届きにくく，見落としや管理不足が起こりやすいというデメリットがある。また，従事者の数も作業内容も多いため，最適なルールをつくることも非常に難しい。

(a) 昆虫類が好む光の波長をカットする蛍光灯やフィルム　　(b) 自動で開閉し，昆虫類が侵入しにくい高速シートシャッター

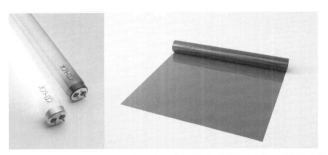

図10　有害生物を寄せない，入れない具体例

4.2　入れない

　食品工場の場合は，製造場内への持ち込み禁止品を定め，私物管理ともども製造場内には，製造に関係ないものは持ち込ませない。入場する際には，決められたきれいな作業服を決められたとおり着衣着帽する。決められたとおり着衣着帽できているか姿見の鏡で確認する。次に体全体に粘着ローラーを掛け，体に付着している毛髪や異物を取り除く。工場によってはエアシャワーが付いているので，その中を通過し，細かい埃などを除去してから工場内に入場する。

　そのほかに，納品業者，工事業者，清掃業者など製造場内に入る人間には同じ入場ルールを守ってもらう必要がある。有害生物については，光が好きな昆虫を寄せないために防虫ランプを使用したり，窓に防虫フィルムを貼り付けたりする。また，工場内に入れないためにドアやシャッターの開閉時間を短くする必要があるので，自動で開閉する高速シートシャッターを設置したりする（図10）。

4.3　つくらない

　食品工場では，整理整頓は異物対策として必須である。製造エリアが広く，点検を隅々まで実施することが難しいので整理整頓を実施して，点検をしやすく，問題に気付きやすくしておくことは重要である。

　そのうえで異物をつくり出さないためには，施設設備，機械器具，人などの管理をしていく必要がある。それぞれから異物が入らないように劣化，破損，ねじの欠落，汚れがないことを確認し，それらが見られたときは迅速に補修が必要である。点検が必要な箇所の一例を以下に示す。

- 施設設備
    - 天井部分の塗料の剝がれ
    - 空調器からの汚れの吹き出し
- 機器・道具
    - 包丁の刃の欠け
    - ミキサーの回転部分のねじの脱落
    - コンベヤーとガイドがこすれて出た金属粉
    - コンベヤーの網の欠損

- ●人
    - 作業衣服のささくれ
    - 帽子の隙間からの毛髪の落下
    - 手袋の破れ
- ●有害生物
    - 排水溝の汚れからの昆虫類の発生
    - 壁のコーキング部分のカビからの昆虫類の発生

上記のような，劣化，破損，ねじの脱落および有害生物の発生を管理しなければならない。ただし，非常に工場は広いため異物の原因になりそうなポイントを絞らなければ管理はしきれない。

基本的には，製品がむき出しになる直上，製造ライン上に乗せるものを保管している場所などを重点的に管理するべきである。その場合，製造機械内の製品が通る箇所やその天面も見落とすことが多いので注意が必要である。

4.4　除去する

食品工場の製造ラインでは，異物を除去するために，目視点検や機器による除去が行われている。異物を除去する機械には，以下のようなものがある。

- ●金属検出機：鉄，ステンレス，鉛などの金属を検出できる機械
- ●X線探知機：X線によって金属だけでなく，ガラス，石，骨，貝殻，硬質ゴム，プラスチックなどの異物を検出できる機械
- ●ストレーナー：網のようなもので，パイプライン内に設置し，流れる液体から異物を除去する
- ●マグネット：磁石。機械やライン内に設置し，磁石にくっつく金属を除去する

これ以外にも，石取り機，色彩選別機など製造しているものによって様々な異物除去装置を使用している。

また，工場で使用する備品等に関しても金属検出機で検出できるようにするために，いろいろな商品が販売されている。例えば，絆創膏，インシュロック，清掃用のブラシといったものは通常は金属ではないので金属検出機では除去できないが，金属を練りこんだものが販売されている。このようなものを現場で使用することで万が一製品に混入しても金属検出機で除去することができる。

それに対して，人の目で異物を除去する行為を目視検品という。目視検品は，製品を人の目で確認して，異物が入っていないか確認し，見つけた異物を取り除く行為である。この行為は人の目に頼るため，除去しやすい環境づくりが非常に重要である。そのためにできることを以下に記載する。

- ●目が疲れないように，また異物を発見しやすいように明るさを調整する（明るくしすぎると目が疲れる。暗くしすぎると異物を発見しにくい）
- ●検品の時間を長くしすぎない（疲れることで集中力が散漫になる）
- ●検品する商品が流れてくるスピードを調整する（早すぎると目視検品が雑になる。遅すぎ

ると集中力が散漫になる）

これらの目視検品がしやすい状況は，一概には決められないため，作業者と相談し実際に目視検品で見落とした異物の数などから決めていく必要がある。

除去する工程で排除した製品が誤って正常品として取り扱われないように識別しておくことも重要である。金属検出機で金属が混入している製品として排除されたにもかかわらず，ちょっと横に置いていて，別の人が製品を置き忘れていると判断して出荷してしまうという事故は多い。

図11　排除品ボックス

そこで，排除された製品だということがわかるように専用の容器に入れたり，排除した製品自体に「×」と記入したり，「不良品」というシールを貼ったりして正常品として取り扱われないようにしておかなければならない（図11）。

4.5　点検と環境づくり

食品工場の製造ラインでも点検しやすい環境づくりは重要である。棚や機械の下に関しては，前述した飲食店やスーパーなどと同様だが，食品工場の製造ラインで非常に困る箇所が機械内部である。機械の内部を確認するためには多くのねじをドライバーなどで外さなければならない場合が多く，非常に面倒である。このような状態だと点検しなくなってしまう。しかも，機械内部は製品に非常に近いために，一度有害生物，破損，残渣溜まりなどが発生すると異物混入に直結してしまう可能性が高い。アクリル板などで内部が確認できるようにしておいたり，ビスではなく蝶ねじなどで簡単に開けられるようにしたりしておくと点検が楽になる。

5.　食品倉庫

5.1　特徴―異物混入の可能性は低いが，意識を高く保つことが難しい

密封，梱包されたものを扱うため，基本的には倉庫で異物が混入することは考えにくい。そのため，最低限の異物混入対策を実施しておけばよい。

そのなかでも注意すべきことがいくつかある。一つは，製品の外装を汚さない（異物を付着させない）ために整理整頓清掃を実施するということである。外装をあまりにも汚してしまうと出荷先で開梱する場合に混入してしまう可能性もあるので，気を付けなければならない。

また，長期保管の際の有害生物による食害や穿孔，屋外に一次置きする場合の鳥類による製品の汚損にも，注意が必要である。

それ以外にも，倉庫で再梱包，サンプリング，小分け出荷などをする場合には，より混入しないように注意する必要がある。

このように危険性も低く，実施することもそれほど難しくないのだが，逆にそれが衛生意識を低下させてしまうため，意識を高く保つことが難しい面もある。

5.2 倉庫に入れない

　食品倉庫では，製品の入出荷の関係で人や製品などの出入りが多いため食品の保管庫だという意識が薄くなってしまう。特に食品以外のものも扱っていると，なおさら衛生意識が薄くなってしまう。

　そのため，できるだけ食品とそれ以外のものを分けて保管することが必要である。また，倉庫内に製品以外のものを入れないように徹底しなければならない。

　運搬容器など使用するものであっても，予備品は食品を置いている倉庫には置かないようにするほうがよい。

　倉庫という感覚は，物置というイメージになるため気を許すと車のタイヤ，予備のガソリン，殺虫剤だけでなく，野球道具，サーフボードといった個人の私物までもが置かれているケースがある。

　倉庫に食品以外のものを入れないことを徹底していくことが食品倉庫で異物対策をしていく重要なポイントである。

5.3 倉庫内でつくらない

　「倉庫内でつくらない」で重要な点は，有害生物を発生させない，有害生物を住み着かせないことである。

　昆虫類に関しては，倉庫内で発生しないように清掃が必要である。棚や立体倉庫のラック裏，鉄骨の上などに埃が溜まり昆虫類が発生することがある。場合によっては，食品の袋に穴を開けて内部に入り込む昆虫や幼虫の発生につながる場合もある。

　また，粉体食品を扱っている場合は，こぼしたりした場合の清掃はすぐに行う必要がある。というのも小麦粉，米などで発生する貯穀害虫と呼ばれる昆虫類には，先述したような袋に穴を開けて入り込む種類のものが多くいるからである。

　ネズミに関しては，住み着かないようにすることが重要である。これは小規模厨房で記載したことと同様であるが，人に見られない場所，普段入り込まない場所を巣にする傾向があるため，そういった場所をなくしていく必要がある。ネズミは一度住み着き，食品を食べてその味を覚えてしまうと，食品に関係する施設では駆除することが非常に難しくなる。それは，毒餌などを大量に使用することが困難であるといったように，実施できる対策が限定されるからである。そのため，住み着きにくくすることが重要である。

5.4 点検と環境づくり

　食品倉庫も点検しやすい状況をつくらなければならない。倉庫で特に問題となるのは，以下の点である。

- 置きっぱなしにしたパレットの下
- 長期間，置いている製品の裏
- 壁際に置いた棚などの下や裏
- 立体倉庫のラックと壁の間

　こういった箇所は，見えにくいため有害生物の発生源や棲みかになったり，不要なものがい

ろいろ置かれたりするので，よく点検する必要がある。長期間置いているものは定期的に動かして下や裏を確認したほうがよい。また，動かせないものは，棚の下を 30 cm 以上あけることで点検しやすくなる。

とにかく，ものを減らし，見えないところを少なくすることが重要である。

6. おわりに

今回は，特に注意が必要なことを記載した。そのため，ここに記載されている以外にもいろいろな事例やケースがある。また，飲食店やスーパーなどの小規模厨房，食品工場，食品倉庫と三つに分けて解説したが，最初に記載したとおりそれぞれがこの分類に縛られることは適切ではない。同じ分類であったとしても皆さまの施設の構造，状態，従業員数などによって適切な管理は異なってくる。

前半に記載した異物混入防止対策の基本を知り，自分たちの施設でできること，するべきことを考えることで意味のある異物混入対策が実現できると考える。

第 4 章

異物分析と同定技術

第4章　異物分析と同定技術

第1節　異物分析技術と種類同定の実際

合同会社IR分析研究所　谷川　征男

1. はじめに

　汚染混入異物は食品工業ばかりでなく，あらゆる製造業に対して存在する宿命的な事故である。その混入過程や発生原因を特定するのが異物分析の核心事項であり，それにより導かれる責任の所在は，企業にとって取り返しの付かない事態へと発展する可能性を有し，重大な結果に陥る事態への回避につながるものである。問題への迅速な対応は，さらなる状態悪化を回避する唯一のものであり，置かれた状態を理解し，執るべき的確な行動方針を正しく導くのが異物分析による解析結果の役割である。

　FT-IRスペクトル分析（Fourier Transform InfraRed spectroscopy，以下，IR分析）の最も利用頻度の高い分野は，工業化成品を含めたプラスチック関連材料である。IR分析の低廉ながら迅速に有機無機にまたがる広範分野を適用範囲とする特徴は，新規材料商品調査，品質管理，異物分析，製品クレームやトラブルにおいてその真価を発揮している。IR分析の対象範囲は，食品工業関連においては変質や昆虫類や塵埃などの天然物質による異物事例を除いて，ほとんどの異物が製造工程や包装容器材料で使用されている工業化成品を含むプラスチック関連材料であり，製造業全般ではさらに広く石油化学商品がほとんどであるという言い方をしても差し支えない。

　一般的な異物分析では，異物物質の名前付けが主要な目的であり，例えばポリマーの詳細な立体構造解析や超微量成分の定量を行うような高度な要求は含まれていない。また最先端の高価な高度分析装置類のデータの奥深さの特徴に反する，その適用範囲の狭さや，利便性のなさは必ずしもこの分析要求に沿ったものではない。IR分析法が提供する簡易な分析環境と奥行きもありながら間口も広い分析結果はまさに比類のないものであり，他に比すべき機器は存在しないといっても過言ではない。

　異物分析では，異物が現代物質文明下で生じた混入物や物質破片や老廃物などであるため，対象物は多方面の工業分野にわたる広範な物質が混合した状態であり，かつ大きな固まりから極微量分析領域の濃度範囲までを考慮した幅広い分析要求に対応せねばならない。しかしながらIR分析は，FT-IR装置1台と各種付属装置，X線分析情報，簡単な分離手段の支援があれば，ほとんどの異物分析要求に対応することが可能である。

　IR分析法の幅広い対応力は最も有用な分析機器の一つであると認められていながら，実際には経験に頼るIRスペクトル解析の実務が災いして，IR分析の利用価値を大きく減じているのは否めない。論理的解析ができないIR分析の欠点をカバーするためには，莫大な情報量をもつ市販IRスペクトルデータベース（IR-DB）の十分な活用が不可欠である。検体が単成分

で，検索作業のみで運よく解決できる事例はわずかであり，IR-DBからくみ取れる添加剤を含む樹脂商品のパターン変化，共重合体樹脂商品の存在範囲など化成品としての広がりなどを参考にするとともに，パターン類似性の検索により，部分化学構造が有する特徴パターンを組み合わせた概略の化学構造の推定を行うことができる。

実務例として，プラスチック材料やその抽出物にみられる多様な混合物状態のIRスペクトル解析は大きな困難を伴う。測定された混合物スペクトルパターンの解釈は，機械的な検索結果だけに頼ったり，解析の教科書を片手にピーク位置を探ったりするだけでは，何ともし難いものである。これを手助けしてくれるものが工業材料にかかわる経験的な知識や常識と純プラスチック材料のスペクトル知識である。プラスチック材料，副材料や添加物など工業材料に対する広いスペクトル知識と技術的知識は，IR-DB検索時に訪れる混在する成分候補の取捨選択を迫られる場面において大きな力となり，正当な第1成分擁立を手助けしてくれ，さらに正当な第1差スペクトル作成の大きな原動力になってくれるのである。同様な過程を経て，第1差スペクトル中から正当な第2成分を擁立し，正当な第2逐次差スペクトルを作成する。このような手順を踏んで3成分混合スペクトルくらいの解析を可能とすることができる。

このように，天然物から石油化学商品，その一部であるプラスチック関連材料からなる異物の分析において，IR分析を異物分析法に必須の定番的物理手段として位置付けることが必要である。

2. 異物分析における各種分析技術（IR分析法の優位性）

実際の異物事件においては，唯一無二の検体である場合が多く，証拠品の意味をもって，試料形態の保存を強く要求される場合も多い。したがって，依頼者側との相談で検体破壊程度の妥協線を決めてかからねばならない。また検体の大きさと状態は，多くの場合ごく少量または微小であり，溶媒不溶が一般的で，大きな固体の一部や表面部であることも少なくない。多くの汎用分析機器は検体が溶液状態であることを要求する例が多く，有形不規則な外観の検体をそのまま測定できるのは電子顕微鏡や蛍光X線くらいのものである。つまり，異物分析用の各種分析装置というのは不適切で，数少ない分析機器のみが異物分析に対応できるにすぎない。そのなかでもIR分析は，検体に対する卓越した間口の広さと奥深い解析結果を与える唯一のもので，第1段階の調査手段としてまず実施すべきものである。

IRを第1段階の調査手段として使用する理由は，化学的には非破壊的測定手段である選択肢の多さが妥協線を緩やかにできるためである。再測定やIRに代わる二次的分析法への引き継ぎも踏まえての最も無難な選択肢と判断され，分析者はその試料に許された破壊できる範囲，あるいは試料の性状，状態による処理上の困難さなどの制約を考慮し，これに見合った付属装置や前処理を選択して迅速に結果を導くことができる。

無機元素や分子量に情報量が少ないIRの特性を補う手段として，エネルギー分散型X線分析〔EDX (Energy Dispersive X-ray Spectrometry)，EDS (Energy Dispersive X-ray Spectroscopy)，XMA (X-ray Micro Analyzer) など〕，ガスクロマトグラフィー質量分析法（Gas Chromatography Mass Spectrometry；GC-MS），熱分析（Differential Scanning Calorimetry；DSC）が利用され，異種分子混合によるスペクトル情報の混乱を解消するために，高速液体クロマトグラフィー（High Performance Liquid Chromatography；HPLC），ゲル浸透クロマトグラフィー（Gel Permeation Chromatography；GPC，Size Exclusion Chromatography；SEC）による分離分析が併用される。また不溶化した高分子物質等では熱分解物のIRや熱分解ガスクロマトグラフィー（Pyrolyzer GC-MS；Py-GC-MS）を適用しなければ解決できない事例もある。パイログラム（Pyrogram）蓄積データをデータベースとして照合検索するのは既に特別のものではなくなっている。化合物によって特徴の現れる分解条件は異なるが，最も高温で安定分解する例として，ビニル系ポリマーの解重合反応によるモノマー組成分析法がある。スチレン，アクリル樹脂などは550～600℃で安定した結果を示し定性や定量に利用できる。重合の天井温度を解重合に利用できるビニル系以外の樹脂では，情報量の少ないモノマー以外の分解ガス発生が主体となり，定性に役立たないため，ゴム類など多くの樹脂では，官能基の残った不完全分解オリゴマーを発生させる350～450℃が定性に利用される。この分解物はIR分析で標準原料ゴムのパターンとの比較照合で原料が帰属される。熱揮発と熱分解双方を実施できるダブルショットパイロライザーという装置が市販され，三次元ゲル化形樹脂の分析に有効利用されている。

　分子量情報はポリマーや添加剤の場合はGPC装置を使用しておよその分子量を知り，フラクション分取物のIRスペクトルから定性をする。さらに精密な分子量や同定を行う手段はLC-MS法により行う。

　異物を含む混合物や溶液中の成分定性のために，HPLC，GPCまたはSECによる分離分析が利用できるが，異物分析では成分欠落がある分離法は使用できない。例えば，HPLCのシリカカラムやODSカラムは溶解性に難点のある成分がカラム内にトラップされて消失する欠点があり，GPCではキャリア溶媒が限定されるため，溶媒不溶性の物質が含まれる場合は分離できない。

　この欠点を補う分離手段が薄層クロマトグラフィー（Thin Layer Chromatography；TLC）であり，溶媒を順次変化させて展開することで，溶解性の幅広い範囲をカバーする分離展開が可能である。さらに展開スポットをかき取って溶媒抽出することで，微量ながら成分を回収でき，IR分析による物質同定が可能となる。

　異物を含む混合物や溶液中の成分定性のためのもう一つの手段は，物質の溶解特性を利用した沈殿～濾過操作や溶媒抽出操作である。無機物は一般的には溶媒難溶であり，油類はヘキサン可溶であり，樹脂類はケトン類に溶けるものが多い，などの一般的な知識は当然ながら利用されるべきである。この手段は，物質と溶媒の物性情報がバックボーンになっており，これを説明する物理が極性である。類は類を溶かす，水と油，などの格言を数値として説明するのが溶解性パラメーター（SP値ないしδ値，表面凝集エネルギー密度の平方根，Solubility-Parameter）という物理量であり，[8.1]で詳述する。

3. 異物トラブルとIR分析

　異物分析で最も頻度が高く登場するのはプラスチック関連の物質なので，まず工業的に身近

な汎用プラスチック材料の名前はもとより，プラスチック材料の原料組成についても知っておく必要がある。

図1[1]に汎用プラスチックの分類木を引用掲載したが，それぞれ数多くの種類があり，さらにその中でまた機能を求めて細分化されている。

副材料には，樹脂の本質にかかわる第二，第三の樹脂成分と，製造工程での安定性，製品の目的効果の発現，品質向上または維持のために加えられる添加剤とがある。これらが異物化した状態では，複数の工業化成品が混合し，汎用樹脂関連といえど混合物状態の樹脂や配合剤などのIRスペクトル解析は困難なものに変化している。混合物分析ではさらに異種の混合物同

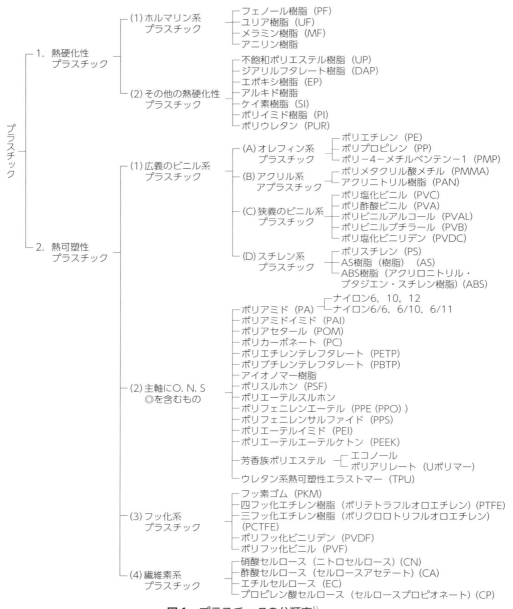

図1　プラスチックの分類表[1]

士の相互接触汚染の可能性も加わり，IR スペクトルパターンの解釈は教科書を片手にピーク位置を探るだけでは，何ともし難いものとなる。

　これを解きほどく鍵は，その製品が属する工業界の常識や経験知識で，これを筆者は「業界フィルター」と呼ぶことにしている。樹脂の理にかなった組み合わせ，材料のあり得ない組み合わせなどに関する理解や，樹脂の性質が起因する添加剤の巧妙な使用形態に対する理解などがこの中心的な情報になっている。これはノウハウといった特殊な技術の話ではなく，その業界内で物質の自然淘汰のように時間をかけて決まっていった材料選択の妙といえるもので，この知識の一部は業界の使用材料ポジティブリストという整理された形でみることができる。プラスチックを含む工業化成品の知識は極めて膨大なもののようでありながら，実は食品工業においてはこれらのポジティブリストや FDA（アメリカ食品医薬品局）間接食品添加物リストに記載された化成品や樹脂がほとんどであり，知識としてもちうる数である。

　異物の発生で偶発的なものは少なく，製造環境や材料ないし内容物の化学的性質や物理的性質に，起こるべくして起こった理由が存在する。異物トラブルと異物同定分析ではこれらの現象への考察が物質同定の判断岐路のとき，大いに役立つものである。

4. 異物分析において IR スペクトルでわかること

　IR スペクトルは，官能基情報が有用で，他の分析機器からは得られない高度な情報が簡単に決定できる。**図 2**[2)]に特異な官能基例が現れる領域を集めている。これらは IR スペクトル独自の特徴の一部で，こと官能基に関しての絶対性を誇示している。

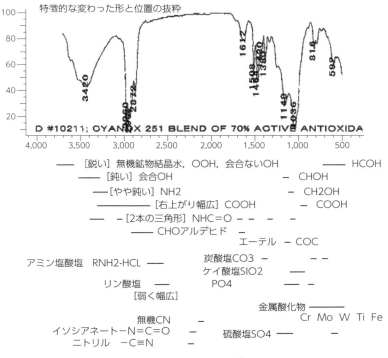

図 2 IR スペクトル解析[2)]

IRスペクトルは官能基情報において他と比較しえない卓越したものがある。しかし，論理的解析ができないIRスペクトルの欠点をカバーするためには，莫大な情報量をもつIR-DBの十分な活用が不可欠で，IR-DBからくみ取れる添加剤を含む樹脂商品のパターン変化，共重合体樹脂商品の存在範囲など化成品としての広がりなどを参考にするとともに，パターン類似性の検索により，部分化学構造が有する特徴パターンを組み合わせた概略の化学構造の推定を行うことまで可能である。

5. プラスチック材料関連のIRスペクトル解析と差スペクトル利用

有機化合物純物質とポリマーの基本構造単位（モノマー単位）が同じ構造の場合，IRスペクトルはほとんど同形で，末端官能基部分の微細差異が現れるだけという特徴がある。無極性樹脂ではこの傾向は顕著でパターンの分子量依存性は極めてわずかである。しかし結晶性ポリマーや分子内会合が存在する極性樹脂では，例えばポリエチレングリコール-200と同-20 Mとでは別物といえるほど異なるといった例も存在する。

図3は汎用プラスチックの一部のIRスペクトルをモノマー単位化学構造ごとに主たる吸収帯位置を黒のバンドで図示し，強度を帯の幅で示している。このような官能基とケミカルシフ

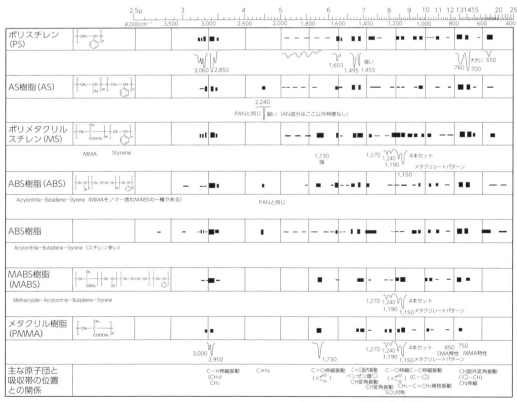

図3　ポリマーのコルサップ表

トとを対比させた図を通称コルサップの表と称している。モノマー構造単位にはそれぞれ特徴的な固有のパターンを示す領域があり，極めて有効な定性情報となる。図には2～3種のモノマー成分からなる共重合体も含まれるが，それぞれのモノマー単位からなるホモポリマースペクトルパターンを重ね合わせたものになるといっても過言ではない。

図3では行間にそれぞれの樹脂を断定できるほど特徴的な部分を手書き図で書き加えたが，2段目のAS樹脂（アクリロニトリルスチレン共重合体）などでは，2,240 cm^{-1}のピークを見ただけでアクリロニトリルモノマーがあることが断定され，工業材料として存在する樹脂名の可能性がわずか数種類に絞ることができる。

プラスチック材料，副材料や添加物など工業材料に対する広いスペクトル知識と技術的知識は，IR-DB検索時に訪れる混在する成分候補の取捨選択を迫られる場面において大きな力となり，正当な第1成分擁立を手助けしてくれ，さらに正当な第1差スペクトル作成の大きな原動力になってくれるのである。同様な過程を経て，第1差スペクトル中から正当な第2成分を擁立し，正当な第2逐次差スペクトルを作成する。このような手順を踏んで3成分混合スペクトルくらいの解析を可能とすることができる。

ポリマーに添加剤が加わると，添加剤のスペクトルパターンがこれらに上積みされ，ポリスチレン単独のパターンが複雑に変化したものになる。このポリマー材料での差スペクトル法成分解析例について図4以下に説明する。この差スペクトル演算の精度は，FT-IRによるスペクトル精度の高さと，IRスペクトルが有する吸光度加成性とにより裏打ちされており，混合物スペクトル解析における差スペクトル法の重要性は高い。

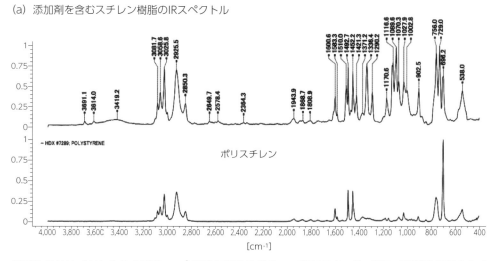

（a）添加剤を含むスチレン樹脂のIRスペクトル

（解釈）検体スペクトルの3,000 cm^{-1}領域の部分的パターン検索でベンゼン環モノ置換体芳香族化合物主体のポリスチレンが上位のヒットリストが得られる。ヒットリスト中物質と検体の硬く脆い性状と，ベンゼン環モノ置換体芳香族の汎用樹脂はポリスチレンだけという工業常識を併せ，主体成分（第1成分候補）はポリスチレンと断定する。次いでポリスチレンのスペクトルを引いて第1差スペクトルを作成する。

図4　差スペクトル法成分解析例

(b) ポリスチレンを引いた差スペクトル作成

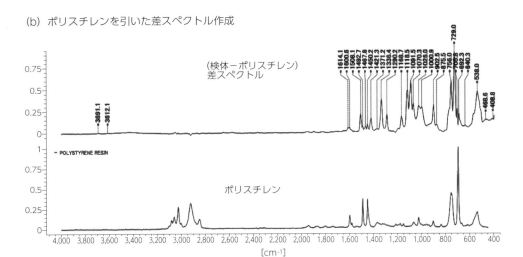

(解釈) 第1差スペクトルには，3,600cm⁻¹付近の結晶水と538cm⁻¹の存在からケイ酸塩系無機物，3,000cm⁻¹付近にアルキル基不在で1,600cm⁻¹以下のシャープなピーク群から芳香族化合物が存在し，2物質の混在が推察される。2本の結晶水ピークの位置と1,026，1,000cm⁻¹のピークから，カオリンを第2成分候補とする。第2逐次差スペクトルを作成する。

(c) 第1差スペクトル中の第2成分候補擁立と第2逐次差スペクトルの作成と第3成分候補の確定

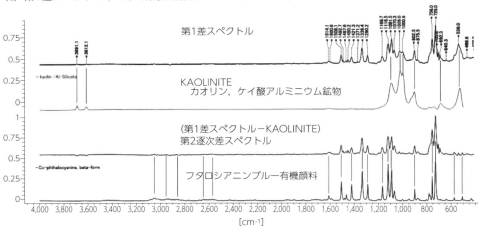

(解釈) 最終的第3逐次差スペクトルはほとんどノイズであり，0.1％(1,000ppm)を超える第4成分は存在しない。この検体がポリスチレンとカオリンと銅フタロシアニンブルーの3成分から成っていることが確認された。

※口絵参照

図4　差スペクトル法成分解析例（つづき）

6. IR分析の特徴と弱点の補足—IR分析の長所短所（表1）

表1　IR分析の特徴

長所	短所
1. 化学的情報量の多さ（官能基，構造）。 2. スペクトルは物質固有，定形で指紋的特徴をもつ。 3. スペクトルは成分加成性（定量性）がある。 4. 高感度なスペクトル分析である（10 ng＜はFID-GC検知器に近い）。 5. 試料の形態を問わない測定法と測定付属品の多様さ。 6. 化学的には非破壊測定。 7. 市販されている標準スペクトル集の量が多い（約20万件）。 8. PC用データ処理ソフトウエアが優れている。 9. スペクトルデータの共通フォーマットの存在（JCAMP-dx）。 10. 装置が安価（本体500万円でも十分な性能）。	11. スペクトルは論理優先の解析が困難。 　（複雑な重なり合いで情報がブロード化） 　（知識および経験が求められる） 12. 未知混合物の解析は機械化対応が難しい。 13. 真っ黒な試料は苦手。 14. 水試料は苦手。 15. 好ましい厚み許容幅が小さい（10～50μm以下）。 16. 分子量がパターンに反映する例は少ない。 17. 元素構成を推定できない。

7. 異物形態とIR測定法の選択

7.1 各種IR測定法

　IRの特徴として表1のなかで非破壊分析を挙げた。この非破壊の意味は化学的な分解を伴わないという意味と，形状までもが保存されるという意味とが含まれる。しかし存在が確認されても直接観察のできないこともあり，この場合には異物ないしその周辺に対し何らかの破壊を伴った加工を施す必要が生じる。これがIR分析での前処理で，スペクトルを測定するには異物を触れられる状態まで取り出す必要があり，採取方法として以下の機械的，物理的手段が挙げられる。またスペクトル測定法には大別して以下の基本的な方法が使用される。

7.2 IR測定の共通的手法

① ペースト法，ヌジョールマル法（Nujol Mull）
② 錠剤法（KBr Tablet）
③ 透過法（Transmission）ビームコンデンサー式微小点透過装置
④ 鏡面反射法（Specular Reflection Method）
⑤ 拡散反射法（Diffuse Reflection Method；DRIFT）
⑥ ATR法（Attenuated Total Reflection，図5）
⑦ 高感度反射法（Reflection Absorption Spectroscopy；RAS）
⑧ 顕微IR法（Infrared Microscope，図6）

　これらのうち，異物分析では①～④，⑥，⑧に手法が多用される。ビームコンデンサー微小点透過法が最善の基本的測定法である。

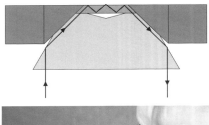

出典：㈱エス・ティ・ジャパンカタログ資料

図5 ATR法装置例

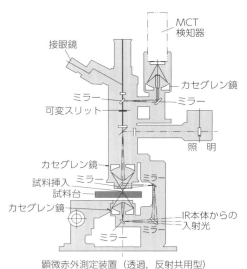

図6 顕微IR装置の光路例

8. 異物同定分析のための分離技術

8.1 TLC（薄層クロマトグラフィー）

　TLCは異物分析には分離した成分のIR測定にために不可欠の道具で，蛍光剤入りプレコートTLC板が市販されているので，ヘキサンで一度洗浄展開した後，110℃で乾燥してから使用する。TLCにはシリカゲルの順相と逆相があり，一般的に順相を使用する。逆相は有機酸塩類，界面活性剤などがかかわる水溶性成分分離などの事例に使用する。

　溶媒は展開可能な溶媒を順次変えながら何回でも繰り返せるのがTLCの長所で，溶剤極性を変えながら乾燥および展開が行える。N-ヘキサンからN-ブタノールアルコール/トルエンまでの範囲で実施するが，この間にアセトン，メチルエチルケトン（MEK），ジクロルメタン，クロロホルム，テトラヒドロフラン（THF），ジオキサン，アセトニトリル（AN）などを試行する。イオン性塩類を含む場合は酢酸を添加した溶媒も使用できる。ただし，高沸点の粘性溶媒，ジメチルホルムアミド（DMF）やジメチルスルホキシド（DMSO），C4以上アルコール，クレゾールなどの単独使用は展開が遅すぎ，乾燥も大変なので避ける。

　溶媒の選択は対象物質の極性との関係で行うが，近縁化学構造同士の組み合わせは展開が早く，相反する場合は原点にとどまるか，わずかに移動するだけとなる。極性は溶解性パラメーター（SP値，δ値）から知ることができるので，[10.]に記載のδ値を参考にされたい。

　展開されたスポットは，紫外線ランプ下で無色物も確認でき，密閉容器内でヨウ素蒸気にさらすことにより有機物スポットが確認できる。ヨウ素は自然に昇華するので，その後の各種分析に影響を与えない。はじめから有色のものは発色不要なので，スパチュラ等でかき落とし，超音波をかけて短時間に溶剤で抽出し，濾過乾燥残渣のIR測定を行う。このとき，濃縮途中で全量を金プレートやATRプリズム面にマイクロシリンジを用いて移し，注意深く蒸発させる。

8.2 他の分離法とクロマトグラフィー

固相抽出法（Solid Phase Extraction；SPE）は充填剤と溶媒の選択で分離が決まるが，異物分画の損失がないことを確認できるかが難しく，やむを得ず使用する器具である。

LCとしてGPC（SEC）を使用する場合，異物が水系ゲル向きか，スチレンゲルのクロロホルムがよいのか，THFがよいのかの異物種類とカラムの選択が重要である。使用溶媒に溶かして注入するので，事前に不溶解分の有無を判断でき，注入すれば100％流出する原理なので，安心して使える。100～500 μL注入はHPLCの10倍量であり，捕集フラクションのIR測定に有利である。検出器として示差屈折計（Refractive Index Detector；RI）と2次元紫外，可視（UV，VIS）検出器と2台連結とすると正常品のパターンと問題品との差異を発見しやすく，異物分析には重宝なシステムである。図7にGPCグラフィー分離例を示した。

HPLCとイオン交換クロマトグラフィーは注入量と緩衝液の問題でIR確認に不利な面があり，100％溶出しない可能性もあるため使用しにくい。

8.2.1 フラクションのIR測定

クロマトグラフィー的分画のIR測定は，ミクロATR，1回反射ATR付属装置，ビームコンデンサー透過法，顕微IR法で行う。1 μgあれば十分確認できるので，クロマトグラフィー1回分の分画量でスペクトルが得られる。どのクロマトグラフィー法を使用してもバックグラウンドとなる溶媒の乾燥残渣やピーク以外の部分の空フラクションは不可欠で，溶媒不純物や定常汚染分の消去に用いる。また異物と思われるピークやスポット前後の分画は必ず採取して，スペクトル相互混入分を互いに相殺してそれぞれの分画のIRスペクトルとする。

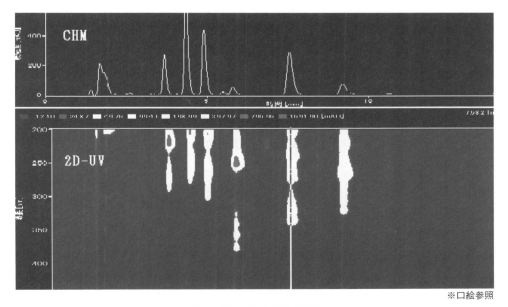

※口絵参照

図7　GPC-2D/UV-VIS分析例

9. 抽出法による異物母体からの成分分離

9.1 溶媒抽出による前処理
9.1.1 抽出原理（表2）

異物が極性物質か非極性物質か，あるいは中極性なのか，母体溶液が水なのか他の溶媒なのかなどで抽出条件は異なる。抽出用溶媒は，母体溶媒と混和しないことが基本条件であり，抽出後の留去が容易な低沸点溶媒であることも重要である。この作業では，分配係数（K）と溶解性パラメーター（δ）の物性値が重要な物理量として影響を与える。しかし異物物質の母液と抽出溶媒間での分配係数値は実測せねばわからないものであり，こと異物分析においてその余裕はなく，実際は分配係数を1.0（50：50）と想定しておく。異物物質が親水性か疎水性かも重要で，母液との関係で対応法はいくつかに分かれる。この関係は極めて重要なもので，溶かし出す手段として，いきなり，ソックスレー抽出することはここでは正解とはいえない。

表2 液−液抽出での4態

異物	母液	方法
親水性	親水性	蒸発乾燥残留物を高δ溶媒で異物を優先的に溶解
親水性	疎水性	水，メタノール，アセトニトリル等で抽出し乾燥
疎水性	疎水性	母液と混じない高δ溶媒でソックスレー，分液ロート抽出
疎水性	親水性	低沸点炭化水素，エーテルでソックスレー，分液ロート抽出

実際は性質不詳なのが異物であるから，母液と混じない低沸点溶媒を何度も繰り返して抽出することで分配率を補う。母液を蒸発乾燥できるなら，乾燥残渣をとびとびの溶解性パラメーターのδ値をもった低沸点溶媒で順次抽出し，それらを別々にIR測定する。溶解性パラメーターの異なる何通りかのセットによる抽出は適用頻度の高い操作である。溶剤と樹脂のδを[10.]に記載したので参考にしていただきたい。

異物物質の分配係数（K_f）と抽出操作の関係は式(1)〜(3)で示され，抽出溶媒と異物およびその溶媒それぞれの溶解性パラメーター（δ）（SP値）との関係は式(4)のように表される。

$$K_f = \frac{C_m}{C_s} \tag{1}$$

C_m：抽出溶媒側異物濃度，C_s：被抽出溶媒側濃度

$$E_f = \frac{K_f}{\left(K_f + \dfrac{V_s}{V_m}\right)} \tag{2}$$

E_f：1回の抽出率，V：溶媒の各容積

$$R_f = (1 - E_f)^N \tag{3}$$

R_f：異物残留率，N：抽出繰り返し数

$$\ln[\text{モル } K_\mathrm{f}] = \frac{V_\mathrm{f}(\delta_\mathrm{s} + \delta_\mathrm{m} - 2\delta_\mathrm{f})(\delta_\mathrm{s} - \delta_\mathrm{m})}{RT} + V_\mathrm{f}\left(\frac{1}{V_\mathrm{m}} - \frac{1}{V_\mathrm{s}}\right) \quad (4)$$

　　V：溶媒容積, δ：$[\mathrm{MPa}]^{1/2}$, $([\mathrm{cal/cm^3}]^{1/2})$

　式(1)は分配比ともいい, 分液操作後に両液相で平衡化した異物の相中濃度の比である。K_f が大ならよく抽出されたことになる。s は抽出される側の溶液, m は添加する抽出溶媒を意味する添え字とした。どちらを分母にするかは定義の意味合いがかかわり, 上式のような抽出の場合には, 原液相を分母, 移動流体を分子に置いて, 取り出す方向に意味をもたせる。反対に, 吸着材やクロマトグラフィー分離では, 分子に固定相を分子に置いて吸着保持に意味を与える表現にしている。

　式(2)の E_f 式は, 「抽出後溶媒中の異物総量/元の溶液中異物総量」の意味。

　式(3)は最終的に抽出されなかった異物の母液中残留率。

　式(4)はモル表現での分配係数と溶解性パラメーター(SP 値, δ 値, 分子間力の凝集エネルギー密度平方根, 極性パラメーターと相関)の関係を示す。

　異物の抽出溶媒への分配を増やすには,
- V_m (モル体積：分子容)が小さい (つまり低沸点溶剤)がよい
- 水溶液 ($\delta_\mathrm{s} = 47.9\,[\mathrm{MPa}]^{1/2}$) からの抽出は δ_s が極めて大きいので異物の δ より少し小さい δ (極性の低い)の溶媒が K_f を大きくする
- 抽出溶媒と被抽出両溶媒の極性が同じ場合は, 右辺が極小となり異物の極性にかかわらず抽出が難しい (実際は両溶媒が混和する)
- 良好な分配抽出は, モル体積が大きい (Mw 大)母体溶液と低分子量の抽出溶剤との組み合わせにおいて得られる

などが理解できる。

　付け加えて, 抽出溶媒の不純物は濃縮後の IR 定性に妨害することがあるので, 残留農薬分析用や液体クロマトグラフィー分析用など, 純度の高い溶媒の使用も大切である。

9.1.2　抽出液の濃縮

　抽出溶媒の濃縮操作は分析過程に必ず存在するものであり, 不純物のスペクトルリファレンスを得るために, 同一操作での空抽出物のスペクトル取得が不可欠である。異物データは測定スペクトルからブランクスペクトルを差し引く演算処理から得られるが, 通常はブランク物質 (母体成分と操作汚染物)量のほうが多く, 差スペクトルによって初めて異物の存在が実感されることが多い。乾燥方法は溶媒量順に, ロータリーエバポレーター, 開放ガラス容器での加熱通気乾燥法, 風乾などの操作が行われる。

　濃縮操作に限らず, 原試料やその溶液の保存, 移動に際して, これらとプラスチック材料の接触 (フィルム, シール, テープなど)が問題を複雑にする可能性があり, 取り扱いに十分な注意が必要である。

9.2 油脂中の汚染物質分離

食用油中に溶け込んだ異物がこの代表的な例である。食品関係混入物，潤滑油不純物など，液体形の母体をもつ異物の事故例は多い。前記溶液のタイプ中の疎水性/疎水性タイプと粘性以外は同じことであるが，ここでは特に代表的な食用油中の溶解異物（汚染物，混入物）について記す。

動植物油（油脂）は天然高級脂肪酸トリグリセリドで，分子量は 800～1,000 と大きい。油脂の溶解性パラメーター（δ）は 18 [MPa]$^{1/2}$ 前後であり，中極性ゆえに広い範囲の物質と混和する性質がある。食品包装関係では材料成分や添加剤の油脂への移行（Migration）の問題があり，衛生性の重要度に隠れていて異物とはいわれないが，異物問題であるに相違はない。

9.2.1 前処理

油脂（トリグリセリド）からの異物抽出法は AN（δ は 24 [MPa]$^{1/2}$）液－液抽出が一般的で，AN が油脂と混和しないことは大変ありがたい性質である。また油脂の分子容は大きく（Mw 大），式(3)の V_s 項が大きくなるために，油相からの溶解物質の抽出効率はおもいのほかよく，混入異物抽出は困難な作業ではない。それよりも AN 中には脂肪酸やカロチン，トコフェロールなど天然有機物が多数抽出され，GC や HPLC 分析ではこれらを前処理で除去する作業が必要である。このためにシリカゲル，フロリジル，スチレンゲルなどカラムクロマトや固相抽出カートリッジを利用した分画を行う必要があるが，IR 異物分析では異物の性質が不明でもあり，分画は好ましくない。異物分析ではそこまではしないで，同一ロットの非汚染油脂による抽出ブランクから導かれる差スペクトル法で判断できるレベルをもって，定性限界にすべきである。

9.2.2 測　定

溶液と同様で，ブランクとの差スペクトルが基本である。

9.3 グリス状，ペースト状，流動形食品からの異物分離

粘性の強い試料中の異物は，試料としては取り扱いが面倒なタイプで，いかに異物物質に触れられるか，その前処理が結果を左右し，処置なし状態に至る場合もありうる。母体物質が親水性か疎水性か乳化性かで前処理も異なる。

9.3.1 前処理

親水性のタイプは食品が多いと思われる。粘度を低下させて水溶液にし，先の溶液に準じて処理する。水不溶性の親水性ゲルでは δ の大きな有機溶媒でゲルの縮小と抽出をはかる。いずれにしても不溶解残渣が生じると思われ，これらの濾過分別物も試料に加わることになる。

疎水性のタイプはバターなどの食品と潤滑油類が含まれる。非極性溶媒（δ 小）で希釈し，混合しない高 δ の溶媒で抽出操作を行う。この溶媒組み合わせ例は少なく，ヘキサンとメタノールないし AN が代表的なセットである。異物物質が，この母液側に主に分配して残留するケースでは，IR 分析のみでの対応は困難で，クロマトグラフィー分離法が併用される。

乳化形は乳製品，食品の多くが含まれ，これに溶解した異物物質の分離は困難な作業となる。これはアミノ酸，蛋白，レシチン，乳化剤等が界面活性剤的に作用して抽出分離を不鮮明化，起泡現象発生のため，pH調節によるイオン性失活による界面活性破壊や溶媒の使用条件の検討などが求められる。SPE や TLC，HPLC の併用が前処理に必要と考えられる。

10. 溶解性パラメーター（δ）

10.1 極性にかかわる材料物性の理解（表3～5，図8）

物質の極性を表現する量には，表面張力をはじめ厳密ながら断片的，局所的な物理量としていろいろな力，エネルギー単位の呼称のものが登場する。しかしこれらの物理表現は実務的に材料を同じ土俵上で比較することが難しいという欠点があり，例えば液体の表面張力と固体の界面張力を同じ尺度として比較するのは無理がある。

溶解性パラメーター（δ）は物質の凝集エネルギー密度の平方根と定義される分子の性状に

表3 樹脂の表面物性と接触角―高分子材料の臨界表面張力，水接触角，溶解性パラメーター

	γc [mN/m]	θH_2O [°]	θH_2O [$\cos\theta$]	δ [MPa]$^{1/2}$		γc [mN/m]	θH_2O [°]	θH_2O [$\cos\theta$]	δ [MPa]$^{1/2}$
Nylon66	48.0	65	0.423	27.8	PVAC	37.0	89	0.018	19.2
Nylon66	46.0	65	0.423	27.8	PVA	37.0	36	0.809	25.2
PVC	43.9	83	0.123	18.9	ポリスチレン	36.0	84	0.105	18.3
PET	43.9	81	0.157	21.9	ポリスチレン	33.0	84	0.105	18.3
PET	43.9	79	0.192	21.9	PE	31.0	73	0.293	17.0
PMMA	43.5	74	0.276	18.7	PP	30.0	91	−0.017	18.0
Nylon11	43.0	75	0.260	19.2	PP	29.8	95	−0.809	18.0
PET	43.0	71	0.326	21.9	PP	29.0	108	−0.308	18.0
ポリスチレン	43.0	84	0.105	18.3	フッ化ビニリデン	28.0	82	0.140	22.7
Nylon6	42.0	70	0.343	26.0	PIB	27.0	113	−0.390	16.2
Nylon6	42.0	52	0.616	26.0	PIB	27.0	111	−0.358	16.2
PVDC	40.0	80	0.174	19.0	フッ化ビニリデン	25.0	82	0.140	22.7
フッ化ビニリデン	40.0	82	0.140	22.7	ジメチルシリコーン	24.0	90	0.001	15.2
PVC	39.0	83	0.123	18.9	ジメチルシリコーン	23.5	90	0.001	15.2
PMMA	39.0	59	0.511	18.7	PTRIFL-E	22.0	72	0.310	14.4
PMMA	39.0	62	0.470	18.7	テフロン	21.5	150	−0.865	14.5
PE	38.3	103	−0.224	17.0	テフロン	21.5	112	−0.374	14.5
PE	38.3	95	−0.086	17.0	テフロン	21.5	108	−0.308	14.5
PE	38.3	94	−0.069	17.0	テフロン	18.5	104	−0.241	14.5
PVAC	37.0	89	0.018	19.2	PDF アクリレート	10.0	114	−0.406	12.5

（多数の文献より引用）

PTRIFL-E；トリフルオロエチレン共重合体，PDF アクリレート；ペンタデカフルオロアクリレート

かかわる物理量であり Hildebrand によって提唱されたもので，液体状態と固体状態とにある材料の極性を統合的に相互比較できる物理量である。

「類は類を溶かす」という言い方が過去からされてきた。この「類」という類似性を数字で表現できる唯一のものなので，ぜひ利用していただきたい。

凝集エネルギー（ΔE）は表面張力などをもたらす分子引力の総和で，モル蒸発エネルギー（ΔE）でもある。**溶解性パラメーターは Solubility Parameter（SP または δ）と呼称され，δ と凝集エネルギーとは式(5)の関係をもって定義される。**

その値は単位化学構造のモル分率和から，あるいはその物質の他の物性値から誘導される。実験的には δ 既知の溶媒類によるその物質の溶解試験で推定できる。

$$\delta = \left(\frac{\Delta E}{\Delta V}\right)^{1/2} \quad (5)$$

また，δ 値の参考値がないものは分子引力常数法という化学単位構造ごとの凝集エネルギーインクリメントの総和によって推算する Small が提唱した方法も採られるが，シリコン樹脂類構造単位のインクリメントは記載がなく参考にできなかった。シリコン樹脂は文献が少なく，唯一記載があったジメチルポリシロキサンの δ と単位モノマー

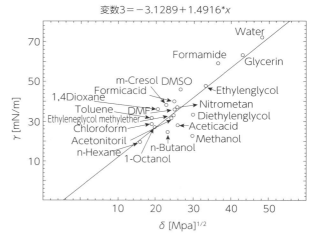

図8　汎用溶媒の δ と γ の相関

表4　汎用溶媒の物性

物質名	Bp [℃]	γ [mN/m]	δ [MPa]$^{1/2}$	分子容 [mL/mol]
Chloroform	61.3	29.9	19.1	80.0
Methanol	64.5	22.6	29.7	41.0
N-Hexane	68.7	20.4	15.0	130.8
Ethanol	78.3	24.1	26.4	58.4
Acetonitrile	81.6	31.8	24.4	52.0
Water	100.0	72.8	48.2	18.0
Formicacid	101.0	39.9	24.9	38.0
Nitromethane	101.2	36.9	25.8	54.0
1,4Dioxane	101.3	36.2	20.5	85.1
Toluene	110.6	30.9	18.2	106.1
n-Butanol	117.7	24.6	23.2	91.0
Aceticacid	118.0	27.6	25.8	57.0
Methylcellosolve	124.6	33.3	24.7	79.0
Cellosolve※	135.6	30.0	23.7	97.0
DMF	153.0	36.76	24.8	77.0
DMSO	189.0	45.8	26.5	71.0
1-Octanol	195.2	29.1	19.8	157.0
Ethyleneglycol	198.0	45.0/50.0	33.4	56.0
Formamide	211.0	58.2/59.1	36.5	40.0
m-Cresole	220.0	38.0	22.8	104.0
Diethylenglycol	44.0	33.1	29.9	95.0
Glycerine	290.0	63.0	43.2	73.0

※　Ethyleneglycol Monoethylether

（多数の文献より引用）

表5　汎用樹脂の表面物性例

樹脂名	γ c [mN/m]	γ [20℃]	θ [RT]	δ [MPa]$^{1/2}$
メタクリレート	39	43.2	62	18.7
ポリスチレン	33	40.6	84	18.3
ポリエチレン	31	35.6	73	17.0
ポリプロピレン	29～31	33.1	91	17.2～18.8
ジメチルシリコーン	23	23.5	90	15.2
テフロン	18.5	21.5	104	14.5
ペンタデカフルオロアクリレート	9.5～10.4	12.1	114	12.5

単位に類似する物質を引用して共重合体等のδを推算できる。

　δ値は現在のMKS単位系表現 [MPa]$^{1/2}$ と旧来の [cal/cm^3]$^{1/2}$ が文献書籍中に混在するので，8～10のδが多い表類はCGS単位なので，数値は2.05倍してMKS系に変更して使用する。

　2物質混合に限ったδ値推測法には，Smallの式による近似計算法があるが，それぞれのδとモル分率 (X) の積どうしを加算した直線内挿形の近似式である。

$$\delta_m = X_1 \cdot \delta_1 + X_2 \cdot \delta_2 \tag{6}$$

　　　X：成分のモル分率

　δ既知の3種混合における推算式はないので，ここに新たに多成分混合系物質のための推算式として筆者は式(7)を提案した[2)3)]。

$$\delta_{mix} = (X_1 \cdot \delta_1^2 + X_2 \cdot \delta_2^2 + X_3 \cdot \delta_3^2 + \cdots X_n \cdot \delta_n^2)^{1/2} \tag{7}$$

3成分系以上では新たに式(7)によって，各成分モル分率とδの2乗の積和の平方根で推算できるが，2成分系でもSmallの式とほぼ同じ推算値を与える。

　これまでの内容について，文献1)，4)～9)に参考となる書籍および文献を列挙する。ぜひ参照されたい。

11. 食品中異物分析事例—差スペクトル活用法
「逐次的差スペクトル法による微少物質の定性」

11.1 例1—食品中着色部の異質物質（図9）

白蒲鉾表面に紫色斑点が発見される原因調査の結果を示す。

(a) IR-1　黒紫色部分薄片のIRスペクトル

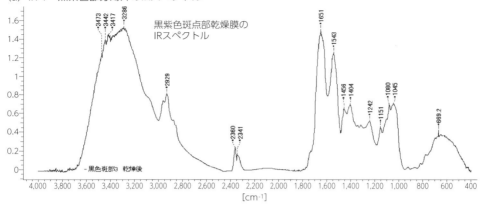

（解釈）1,651，1,543 cm^{-1} のピークは蛋白質，3,400，1,400〜1,200，1,100〜1,000，ブロードな 660 cm^{-1} は炭水化物由来である。

(b) IR-2　黒紫色部と正常部の重ね書き比較

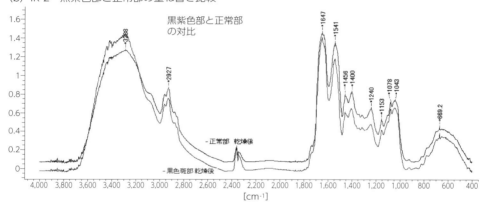

（解釈）着色物質を示す差異は線幅程度の変動で肉眼では判断できない。

(c) IR-4　(黒紫色・正常)の差スペクトル成分と正常部スペクトル対比

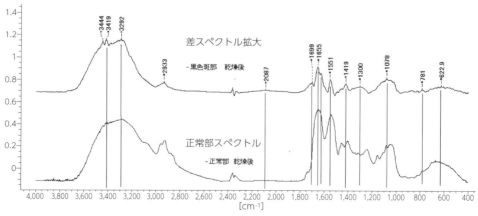

（解釈）差スペクトルは差異変動分を数十倍に拡大表示している。1,600，1,500 cm^{-1} の小ピーク，781 cm^{-1} 存在から多置換芳香族物質であることを示す。1,655 cm^{-1} は芳香族ケトン (C=O 基) で 1,551 cm^{-1} はカルボン酸塩 (COO$^-$M$^+$) を示す。3,400，1,000 cm^{-1} 付近は糖類環を示す。

図9　例1―食品中着色部の異質物質

(d) IR-5　差スペクトルの類似物質のスペクトルとの対比

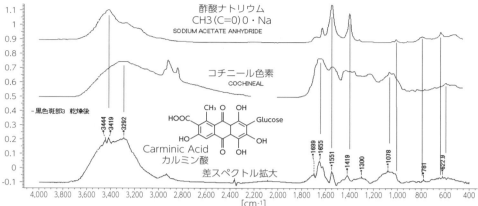

（解釈）1,500，1,400 cm^{-1} のピークは酢酸ナトリウムの -COONa が近いパターンを示し，色素でこのスペクトルパターンを示すのは一部の天然色素で，芳香族キノン系のポリフェノール物質配糖体の塩類であるカルミン酸のみが類似している。コチニール色素は食品添加物で蒲鉾の着色にも使用され，酸性で赤，アルカリ性で紫とされ，蛋白質中では紫になることが知られ，明礬（ミョウバン）が色調整安定剤であることは公知である。食品添加物として認められている天然色素コチニールが蒲鉾の蛋白質中で紫に呈色したものと推察される。

※口絵参照

図9　例1―食品中着色部の異質物質（つづき）

11.2　例2―工業薬剤中の黒色異物（図10）

粉末薬剤に黒色物が混在していた着色物質の色素成分を推定した。

(a) IR-1　工業薬剤中の黒色異物のIRスペクトル

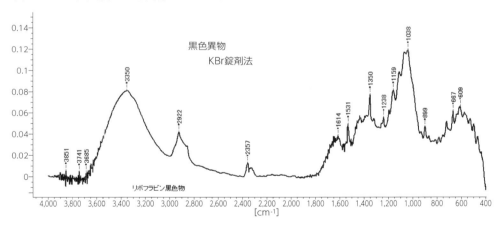

（解釈）スペクトルはセルロースの特徴を有する。1,531，1,350 cm^{-1} の鋭いピークはニトロ基が置換した芳香族化合物を推察させるパターンである。

図10　例2―工業薬剤中の黒色異物

情報社会における食品異物混入対策最前線

(b) IR-2　異物とその周辺（リボフラビン薬剤主体）と標準リボフラビンの対比

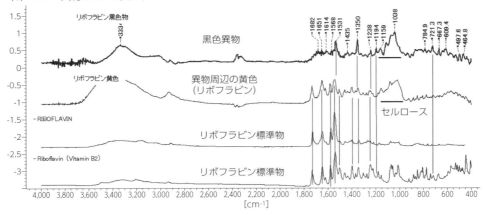

（解釈）1,531，1,350，1,194，721 cm^{-1} はリボフラビン成分と別であることがわかる。

(c) IR-3　黒色物とセルロース類との対比

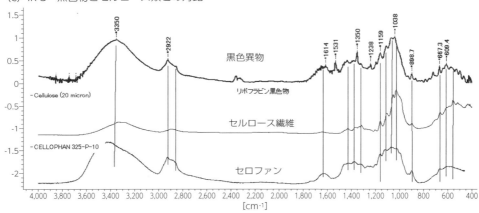

（解釈）セルロースとほぼ一致するので，差スペクトルを作成し，第2成分を推察する。

(d) IR-4　（黒色異物－セルロース）の差演算スペクトル

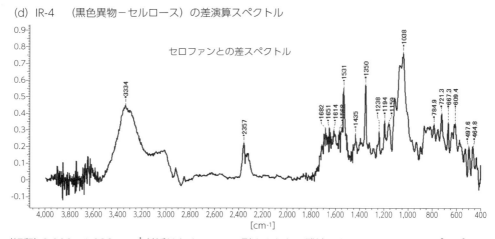

（解釈）3,300，1,038 cm^{-1} 付近はセルロースの引ききれない残渣である。しかしシャープなピークが複数に認められ，ニトロ基（-NO$_2$）を含む芳香族化合物存在が明らかとなる。

図10　例2―工業薬剤中の黒色異物（つづき）

(e) IR-5　差スペクトルの類似物質との比較

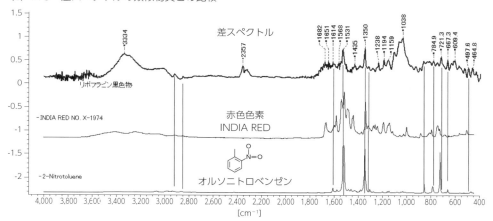

（解釈）芳香族ニトロ化合物と共通点がある。置換位置は o 形とともに他が複合している。

(f) IR-6　差スペクトルと置換構造推察

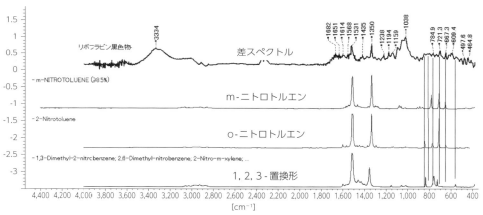

（解釈）o, m 位, 1,2,3 位形のいずれかの構造をした色素であるが, 具体的な類似物を検索する。

(g) IR-7　ニトロ基を有する色素類似物

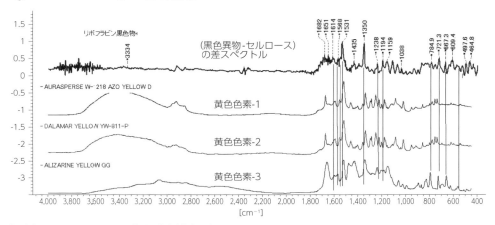

（解釈）一致はしていないが類似化学構造を有する。

図 10　例 2 ─ 工業薬剤中の黒色異物（つづき）

(h) IR-8　部分構造が類似する化成品中間体

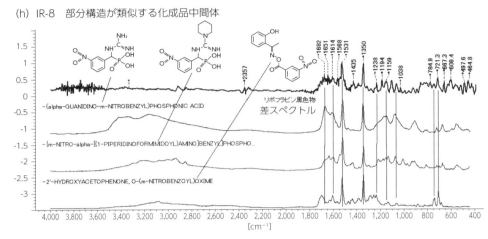

（解釈）色素はニトロ化された m-フェノン類（最下段）部分構造との一致性が高い。　※口絵参照

図10　例2―工業薬剤中の黒色異物（つづき）

　黒色異物は，ニトロ基を置換基に有する芳香族系色素（黄色～赤～茶）で，黒色は濃色着色物が塊状で存在するため黒く見えるものと考えられる（図11）。アゾ系に属するニトロ基を有する黄色色素か，アリザリンイエロー系〔ニトロ基とキノイド基を含む2核芳香族化合物：図11（b）〕のものがスペクトルの類似性が高い。

図11　部分構造

　本例のように，部分構造特有のピークを手がかりに高度な化学構造の推定を行うことが可能である。このIRスペクトルの加成性に基づく官能基の積み重ねは，骨格構造＋特徴ピークとして多くの化合物群に見ることができる。
　酸化防止剤の例を示す（図12）。

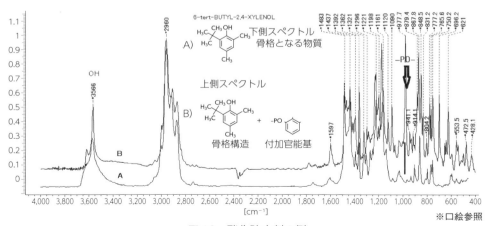

※口絵参照

図12　酸化防止剤の例

11.3 例3—菓子中の淡赤色異物(図13)

洋菓子に混入した無機充填材を含む高分子材料の定性例を示す。

(a) IR-1 異物の透過法IRスペクトル

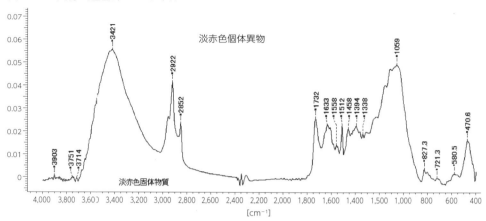

(解釈) 1,100 cm^{-1} の特徴的なパターンを含め全てセルロースなどの炭水化物が主体であることを示し，さらに 1,633，1,558 cm^{-1} の吸収パターンはポリアミドに類似するが，この両ピークは水分と有機酸金属塩を考えうる。1,000 と 470 cm^{-1} はシリカ鉱物，580 cm^{-1} は酸化鉄顔料で淡赤色の調色に添加されたものと考えられる。

(b) IR-2 異物のIRスペクトルと類似物の対比

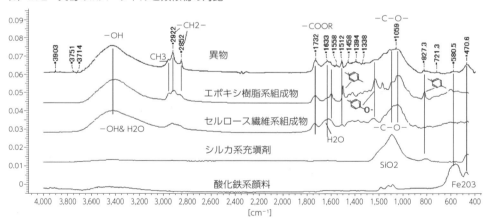

(解釈) 2,900 cm^{-1} 付近はメチル基の多い短いアルキル基とベンゼン核を有する樹脂として他の吸収帯を含めエポキシ樹脂が候補に挙げられる。その他，樹脂組成物成分としてのセルロース繊維，シリカ充填剤，ベンガラ酸化鉄色素が解析される。

図13 例3—菓子中の淡赤色異物

12. おわりに

　IR 分析の異物分析への適用は，IR スペクトル法の特性を最も活用することができる最善の分析手段である。スペクトル解析力の強化に励まれ，食品工業をはじめ各製造業の品質管理部門に活用され，さらに再発防止にもつながっていくことを願っている。

■文　献

1) 旭化成アミダス，「プラスチック」編集部編：プラスチック・データブック，工業調査会 (1999).
2) 谷川征男：Analytical Sciences, **23** (11), 1267-1274 (2007).
3) 谷川征男：Analytical Sciences, **25** (6), 743-752 (2009).
4) 井本稔著：表面張力の理解のために，高分子刊行会 (1993).
5) 石井淑夫ほか編：ぬれ技術ハンドブック―基礎・測定評価・データ，テクノシステム，東京 (2001).
6) T.Young：An Essay on the Cohesion of Fluids. *Philosophical Transactions*, **95**, 65-87 (1805).
7) A.W.Adamson：Physical Chemistry of Surfaces, 6th Edition, Wiley, New Jersey (1997).
8) I.Skeist：Handbook of Adhesives, 2nd Edition, Van Nostrand Reinhold Company, 12-70, New York (1977).
9) 日本化学会編：化学便覧―基礎編，改訂 5 版，丸善，東京 (2004).

第4章 異物分析と同定技術

第2節　混入毒物の迅速分析の実際

一般社団法人日本分析機器工業会　後藤　良三

1. 混入毒物はどこから来るのか

　異物や毒物の種類は多種にわたっており，その性質によっても混入経路は異なってくる。異物および毒物は金属片などの物理的なもの，微生物などの生物的なもの，農薬やシアン化物，ヒ素化合物などの化学的なものと広範囲であり，さらには意図的に混入されたものや偶発的に混入したもの，あるいは直接ではなく食品の変質によるものなど，その混入状況も多様であり，これらの組み合わせは無限に近いといっても過言ではない。そのすべてに対応することは不可能であり，製造商品の種類，製造工程，使用材料と納入経路等を考慮のうえで，考えうる混入物等を類推しておく必要がある。これを考えるのに，幸いなことに食品関連ではHACCPシステムの導入が多くのところで行われている。文字どおり重要なポイントごとに危害分析を行うシステムで，当然のことながら材料の導入から材料保管，製造工程，製造品の検査，包装，商品保管，出荷までも含めた川上から川下までの全行程を明らかにし，ポイントごとのチェックを行うシステムである。したがって，混入毒物の分析を考える際に，想定される危害と混入経路をあらかじめマッピングし，対応に関して定め，訓練をしておかなければならない（図1）。

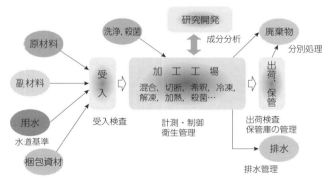

図1　食品工場の流れ

2. 分析機器はどのようなものがあるか

　分析機器はどのような物質がどのくらいあるのか，表面状態がどのようになっているかなどを測定（観察）し，解析をするもので，目的に合わせて様々な手法と分析機器が使い分けられる。物質の定性，定量，状態比較などをするために様々な手法でアプローチをすることになる。一般的には次の手法がよく用いられる。

① 電気化学的手法
② 光分析手法（吸光，散乱等）
③ 光分析手法（発光，蛍光等）
④ 電磁分析手法
⑤ 表面分析手法
⑥ 分離分析手法
⑦ 生物化学的手法
⑧ その他

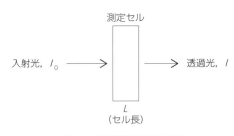

図2　吸光光度法の原理

①の電気化学的な手法であるが，酸化還元反応等による電子の移動に着目し，それを電気的指標でとらえるものである。代表的なものとしてはpH，電気伝導度，酸化還元電位（Oxidation-Reduction Potential；ORP），ポーラログラフィーなどがある。感応部分はセンサーと呼ばれ，比較的簡単な装置で，連続測定が可能のものも多い。特に，pHはよく使われており，水質管理や製造工程，排水管理などに広く使われている。pHは水素イオン濃度を「－log」で表しており，pH7を中性として数値の低いものを酸性，数値の高いものをアルカリ性としている。細菌のほとんどは中性付近で生存および増殖するために，酢漬けなど酸性の強いものが保存食として使用されている。電気伝導度は電気の通りやすさを示す指標であり，値が大きいほど電気は通りやすい。一般に，イオンになりやすいものは電気伝導率が高く，砂糖などのイオンになりにくいものは電気伝導率が低くなる。食塩など塩はイオン化しやすく，電気伝導率が高くなるために，塩の総量の指標として使用される。②，③はともに光を使った手法である。②は光を物質に当てたときに，物質が特有の波長の光を吸収する性質を利用している。波長によって紫外（Ultraviolet；UV），可視（Visible；Vis.），近赤外（Near Infra Red；NIR），赤外（Infra Red；IR）等に分かれる。また，物質を燃焼等で原子状態とし，原子特有の吸収をみる原子吸光（Atomic Absorption；AA）等もよく使用される。光の吸収はLambert-Beer（ランベルト－ベール）の法則に従う（図2）。

入射光 I_0，透過光 I，測定セルの長さ（セル長）を L とすると，式(1)に示した関係とある。

$$\text{Abs.} = \log_{10}\left(\frac{I_0}{I}\right) = aL = \varepsilon CL \tag{1}$$

　　　a：比例常数，ε：物質によって定まる常数（モル吸光係数），C：濃度

入射光に比べて，透過光が少なければ，試料溶液によって光が吸収されたことを示し，濃度が濃いことを表す。εはモル吸光係数と呼ばれ，物質特有の係数となる。入射光と透過光の強さの比をlog（対数）で表したものを吸光度（Absorbance）と呼び，Abs.等で表す。Abs.＝1は透過が入射の10％であり，90％は試料によって吸収されたと考えることができる。物質によって吸収する波長が異なっており，試料そのもの，あるいは化学反応によって特有の大きな吸収をもつ物質に変換することによって，高感度で選択的な測定が可能となる。例えば毒性の強いクロム（6価）はジフェニルカルバジドという試薬と反応して赤紫色の発色をする。この色の吸光度を測定することで濃度を知ることができる。

光の利用に散乱を利用する方法がある。散乱は光が細かな粒子に当たったときにあちこちに

光が散乱する現象を利用しており，濁度測定などに利用されている。③は化学反応やプラズマ状態にすることで不安定な励起状態（エネルギーが上の状態に高まった状態）となり，もとの安定状態（基底状態）の戻るときに光を発する現象を利用している。誘導プラズマ発光分光（Inductively Coupled Plasma Atomic Emission Spectroscopy；ICP-AES）や化学発光（Chemiluminescence；CL）などである。励起状態にするためのエネルギーに光を利用したものが蛍光と呼ばれている。この場合，試料に照射した波長よりもエネルギーの低い長波長側の発光現象がみられる。金属の高感度分析に使用される ICP-AES は，高温の高周波誘導結合プラズマ（ICP）の中に試料を噴霧し，励起された原子から発する個々の波長の発光強度を測定して，試料中の元素の濃度を測定するものである。高感度分析が期待され，しかも，多元素同時分析のため，多くのところで使用されている。測定に質量分析計を組み合わせた誘導結合プラズマ質量分析計（ICP-Mass Spectrometry；ICP-MS）はさらに高感度の分析が期待され，環境中の微量金属の分析等に利用されている。**表1**は主な金属の ICP-AES および ICP-MS の感度，測定波長などを示したものである。

　生物・化学発光の例としては ATP（アデノシン三リン酸）の分析がある。これは蛍の発光現象と同じで，ルシフェリン-ルシフェラーゼの作用により ATP が発光する現象を利用している。ほとんどの生物体は ATP を体内に蓄積しており，これを利用して，細菌の検査や食品残渣による汚れ具合，手などの洗浄効果の検証に利用されている。④の電磁分析は X 線などの放射線を利用した蛍光 X 線分析や電場や磁場を利用した質量分析などがある。⑤は電子顕微鏡などに代表され，物体の表面等を観察するのに利用されている。透過型電子顕微鏡（Transmission Electron Microscope；TEM）や走査型電子顕微鏡（Scanning Electron Microscope；SEM）などが代表的である。⑥の分離分析手法は特に食品などではよく使われる手法である。目的物質を他の物質と分離をし，測定する手法で，クロマトグラフィーと呼ばれている。代表的なものとしてガスクロマトグラフィー（Gas Chromatography；GC），液体クロマトグラフィー（Liquid Chromatography；LC），イオンクロマトグラフィー（Ion Chromatography；IC）などがある。

　環境などの農薬ではチウラムがアセトニトリル-リン酸系を用いた LC，シマジンおよびチオベンカルブが，検出器に熱イオン化検出器（Thermionic Ionization Detector；TID）や電子捕獲検出器（Electron Capture Detector；ECD）を使った GC を利用している。多くの農薬分析は LC または GC を使用している。さらに，農薬のみでなく，抗生物質や，様々な有機系の添加物，ビタミンなどの食品の成分分析に利用されている。

　生物化学的な手法では PCR（Polymerase Chain Reaction）等による DNA 増幅や抗原抗体反応の利用，あるいは生物そのものを使用した毒性チェックなどが挙げられる。その他，熱分析など，様々な分析手法があり，どの手法を用いるかを決めていかなければならない。こうした手法に基づき，分析機器を使用して測定，解析を行っていくことになる。

　分析には精密分析とスクリーニング分析，連続モニタリングなどがあり，分析の場面に併せて選択していかなければならない（**図3**）。

　このため，図1にあるように，すべての工程を見直してどこにどのような危害が考えられるか，それをチェックするために，どのような方法があるのか，危害要素が出た場合にどのよう

な対応が必要かなどを，あらかじめ決めておくことが必要で，HACCPシステムを導入しているところはこれを組み込んでいくとよい。

表1 ICP分析の定量範囲と精度

元素	測定波長 [nm]	ICP-AES 定量範囲 [μg/L]	繰り返し精度 [%]	備考	ICP-MS 定量範囲 [μg/L]	繰り返し精度 [%]	測定質量数
銅（Cu）	324.754	20〜5,000	2〜10		0.5〜500	2〜10	63, 65
亜鉛（Zn）	213.856	10〜6,000	2〜10		0.5〜500	2〜10	66, 68, 64
鉛（Pb）	220.351	100〜2,000	2〜10		0.5〜500	2〜10	208, 206, 207
カドミウム（Cd）	214.438	10〜2,000	5〜10		0.5〜500	2〜10	111, 114
マンガン（Mn）	257.61	10〜5,000	2〜10		0.5〜500	2〜10	55
鉄（Fe）	238.204	10〜5,000	2〜10		0.5〜500	2〜10	27
ニッケル（Ni）	221.647	40〜2,000	2〜10		0.5〜500	2〜10	60, 58
コバルト（Co）	228.616	30〜3,000	2〜10		0.5〜500	2〜10	59
アルミニウム（AL）	309.271	80〜4,000	2〜10		0.5〜500	2〜10	27
クロム（Cr）	206.149	20〜4,000	2〜10		0.5〜500	2〜10	53, 52, 50
モリブデン（Mo）	202.03	40〜4,000	2〜10		0.5〜500	2〜10	95, 98
ベリリウム（Be）	313.042	5〜2,000	2〜10		0.5〜500	2〜10	9
ほう素（B）	249.773	20〜8,000	2〜10		0.5〜500	2〜10	11, 10
ヒ素（As）	193.696	1〜50	3〜10	水素化物発生法	0.5〜500	2〜10	75
セレン（Se）	196.026	1〜20	3〜10	水素化合物発生法	0.5〜500	2〜10	82, 77, 78
アンチモン（Sb）	206.833	1〜50	3〜10	水素化物発生法	0.5〜500	2〜10	121, 123
すず（Sn）	189.989	400〜2,000	2〜10		0.5〜500	2〜10	118, 120
銀（Ag）	328.068	20〜5,000	2〜10		0.5〜500	2〜10	107, 109

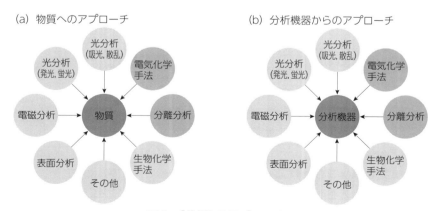

図3 「分析」のアプローチ

3. 原材料・使用する水からの混入と分析

　原材料で混入しやすい物質，特に農産物では農薬，畜産や水産物では抗生物質が挙げられる。これらは一般にも比較的入手しやすく，意図的な混入のリスクは比較的高い。しかし，それだけではなく，特に輸入原材料では海外での農薬基準の違いや長時間輸送に耐えるための農薬等の付加（ポストハーベスト）等もありうる。このため，農薬等の分析にほぼ的を絞ることができる。日本の農薬に関してはポジティブリスト制に変わり，対象基準のない農薬はすべて0.01 ppm 以下となる。意図的に材料中に混在する農薬は，一般的に存在が局所的であり，かなりの高濃度（基準値の数千倍以上）で存在しているとみられる。材料の一次工程でもかなりの高濃度で存在すると考えられる。したがって，一次工程においてもロットの検査を行えば問題はない。人体へ急性的に影響を与えるような濃度の場合はかなり高濃度とみることができ，ある程度感度の低い機器や方式でも異常をとらえることができる可能性は高い。イオン性物質（水に溶けやすい農薬等）に関しては，直接物質成分を測定するのではなくとも，pH の変化や電気伝導度の変化によって感知することができる。したがって，通常状態の把握をしておくとともに，常時モニタリングも必要である。また，そこからの異常値が発見された場合の精密分析体制も必要となる。この精密分析では，GC（GC-MS を含む）や LC（LC/MS を含む）などの分離分析機器を使って分析をすることができる。**図 4** は HPLC（High Performance LC）の基本的な構成図である。

　分離部の中に分離に関係する樹脂が充填されたカラムがあり，これと目的物質，溶離液の相互作用によって分離が行われる。このカラムの種類，溶離液組成を変えることで，様々な分離が可能となる。有機物の分析には疎水性の高い逆相分配型の ODS（Octa Decyl Silyl）カラムなどが使われるほか，イオン性物質の分離に用いられるイオン交換カラムや分子の大きさで分けるサイズ排除型のカラムなどがある。一方，溶離液は水や塩溶液，有機溶媒など様々である。一方，検出器としては吸光光度検出器をはじめ，蛍光検出器，示差屈折計など様々なものが使用されている。最近では，高感度性と同定能力の高さを求めるために質量分析計（MS）を使用する例も多くなってきている。GC も基本原理は同じであるが，キャリアーに液体ではなくガス（気体）を使用する。当然，カラムなど基本的な部品，検出器などは異なる。

　農薬等の試験方法に関しては，『食品安全法』に基づき，都度，食品安全通達が出されており，食品安全部長名で改定および追加がなされている。食品の前処理等も記載されており，実際の分析には欠くことのできない情報である。

　使用する水に関しては，『水道法』などで基準が決められており，厳重に管理されている。井戸水等を使用する場合，水道に準拠した水質が求められる。特に，汚染源が近くにある場合は天候等により汚染水の混入がありうることを念頭に置いておかねばならない。また，タンク等にいったん水をためてから供給する方式では，タンクの汚れ等に起因して汚染された水が供給される可能性があることも

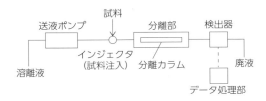

図 4　液体クロマトグラフの構成図

考慮のうえ，タンク等の洗浄と管理を厳重にする必要がある。特に，夏場に大腸菌などの細菌の異常繁殖もありえるので生物化学的危害に対する対策が必要となる。意図的な毒物混入は井戸水やタンクへの毒物投入が考えられ，水溶性の農薬のほか，シアン化物やヒ素化合物などのように水溶性の無機イオンが多い。いずれの場合にも急性症状を引き起こすためにはかなりの量を投入する必要がある。このため，やはりpHや電気伝導度のモニタリングで異常を検知する可能性が高い。精密分析ではIC等の分離分析による方法が有効である。シアン化物イオンの場合はイオン交換またはイオン排除カラムを使って分離をし，電気化学検出器またはポストカラム－吸光光度検出器によって分析をすることができる。ヒ素，特に毒性が強いヒ酸や亜ヒ酸は同様にイオン排除－ICによって分析をすることができる。また，金属の分析に用いられる発光分析法（ICP, ICP-MS）やAA法なども使用される。なお，発光分析法やAA法は，米に含まれる亜鉛などの金属分析にも使用されている。

金属分析では発光分析法やAA法のほかに吸光光度法が使われる。簡単で安価な測定装置も出ており，水の管理には精密分析としても簡易法としても使用される。しかし，試料自体の色や懸濁物の影響を受けやすく，原材料中の高感度分析は前処理によってこれらの妨害を除去する以外は，この方法での分析は非常に難しい。

有機物の水の管理では紫外光を使った吸光光度計も使用することができる。この方法は有機汚濁物質や有機農薬等の管理に適している。有機物の多くは紫外部に吸収帯（260 nm付近）をもち，塩化物イオンや硫酸イオンなどの無機イオンは吸収体をもたない。このため，紫外部でのモニタリングを連続的に行うことで，水からの毒物等の混入に関しては防ぐことが可能となる（ただしすべてが吸光をもつわけではないことを念頭に置く必要がある）。

光（電磁波）を使った分析は連続測定や非接触測定が可能なことから，様々な領域の光（電磁波）が分析に利用されている。図5は光（電磁波）の波長（周波数）と呼称の関係を示す。分析計では主にIR領域（NIRを含む），Vis.（400～700 nm），UV領域（分析では200～350 nmを使用），X線領域などが使用される。最近では爆発物や麻薬検査を目的にテラヘルツ領域の波長を利用する方法も研究されてきている。

光分析ではこれらの波長の吸収，蛍光，発光等を測定し，物質の定性および定量に利用して

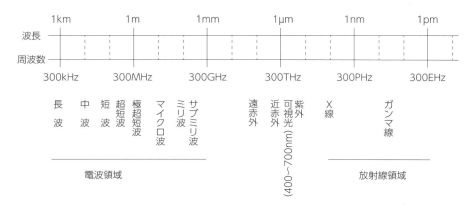

図5　周波数と光（電磁波）

いる。また，どこの領域の光を使用するかで，装置が異なり，水等の影響も異なる。このため，それぞれの目的に合わせて使い分けられている。

4. 製造工程中の混入と迅速分析

　食品工場ではその規模，製品の性質等により，全工程自動から一部人の手を介す半自動，ほとんどが人の手による手動に分かれる。全自動の工程では，危害の混入する可能性は製造装置の破損や洗浄過程および洗浄不足以外はないと考えられる。製造装置の破損では，破損した破片が工程中に入り込む可能性が極めて高い。金属片であればX線透過装置等で検出が可能であるが，プラスチック等は検出できない。この場合，フーリエ変換赤外分光装置（Fourier Transform InfRared spectrometer；FT-IR）などが有効になる。半自動，または手動の場合に起こりやすい事故は，食中毒菌の混入と繁殖，および蛋白質などの変質である。特に，細菌の混入は従業員の体からの由来や，器具等の洗浄・殺菌不足などが原因となる。細菌の混入の場合に，一般的にはコロニー法にて検出をするが，培養に数日を要し，出荷前に予防することは難しい。そこで，最近ではPCR法等によって，細菌のもつDNAを増殖し，蛍光法などで検出する方法が用いられる。また，特に洗浄後の汚れ等の検出に，ATPに着目しルシフェリン―ルシフェラーゼを利用した化学発光法で検出する方法が普及してきている。この方法は，器具や手などの拭き取り検査に利用されているほか，食品中の細菌に関しても検出は可能であるが，食品自体にATPが多量に含まれており，これが妨害をするために前処理等に一工夫がいる。故意で混入される毒物については，外部の犯罪は考えにくいために，危険物を持ち込めないようなシステムや工場の構造を取る必要がある。

5. 品質チェックと保管

　製品はその品質を維持し保証するために最終検査を行う必要がある。このときには有害毒物に関してすぐに判断できるような分析手段が必要である。食品では最終検査から出荷まで非常に短時間であり，正確な濃度よりも白，黒，灰色の判別が可能なスクリーニング検査が必要となる。異物においてはX線検査を行うことで，ある程度の発見および除去が可能である。農薬やシアンなどの毒物，特に故意に混入された毒物に関しては，『化学物質の審査及び製造等の規制に関する法律』（化審法）の有害性試験で定められている動植物毒性試験の確認対象となる試験項目を参考にした方法も有益である。この試験項目は次の7試験方法が述べられている。①鳥類の繁殖に及ぼす影響に関する試験，②藻類生長阻害試験，③ミジンコ急性遊泳阻害試験，④魚類急性毒性試験，⑤ミジンコ繁殖試験，⑥魚類初期生活段階毒性試験，⑦底質添加によるユスリカ毒性試験である。ただ，これらは最終検査にはそのまま使用することはできないが，考え方として非常に興味深い。魚類ではヒメダカ等が比較的敏感である。ミジンコを加えて，その変化を短時間観測する方法が考えられる。医薬品などではラットやマウスなどの小動物を使い毒性や生殖異常などの観察を行うが，これは時間がかなり必要となり，食品検査では実用的でない。また，このような生物を使うのではなく，細胞毒性試験でみる方法もありう

る。これは主に培養細胞を用いて，毒性を細胞の生死により評価する。細胞の性質や目的にも応じて様々な方法が開発されているが，大きく分けると，細胞数を直接計数する方法，増殖可能な細胞からできたコロニーを数える方法，特定の物質を光学的方法または放射標識化合物により定量して間接的に生存率および死亡率を見積もる方法がある。また，海外などでは凍結乾燥させた発光微生物を使って，発光強度を測定することで発光生物の致死率を計測する方法や，生物膜を利用した毒性試験器などもある。

このように微生物等生物試験は有効ではあるが，微生物等の管理が大変であるという欠点がある。

保管庫，運搬中に関しては検査などができないため，環境の管理をする以外は手がなさそうである。

6. おわりに

混入毒物の検査は，非常に難しい面があり，すべてを把握し検査することは不可能に近い。特に，故意で入れられる毒物に関しては，どこで入り込むか予測が困難である。そこで，工場，倉庫（保管庫）などの環境を整えることが第一であろう。次にはHACCPシステム導入とその中に毒物分析の工程を組み込む必要がある。故意でない場合は原材料の管理および検査でかなりの部分を防ぐことができる。特に，原材料の種類や産地によって分析を要する物質と最低濃度，分析手法が定まる。食品工場では原材料の搬入から，それが使われるまでの間にある程度の時間があるため，自社でできない場合は外部の分析機関に委託してもよい。

また，毒物が混入した場合，人体への影響がどうなるかなどを常に従業員等食品従事者に教育する必要がある。同時に，食中毒菌などの有害菌を増殖させないための設備や洗浄方法，洗浄の検証や訓練などを普段から行う必要がある。食品は種類，性状，状態など千差万別であり，一概に定めることはできないが，いくつかのモデルから，自分たちの安全管理システムを従業員とともに確立していくことが重要と思われる。

第4章 異物分析と同定技術

第3節　異物ライブラリー構築事例と食品製造企業への展開

三重県工業研究所　三宅　由子

1. はじめに

　近年インスタント食品や給食等への異物混入に関する報道が相次ぎ，食の安全安心に対する消費者の意識が高まっている。食品製造企業において製品に異物混入が発生した場合には，異物の同定を行い，混入経路を特定し，その原因等についての説明責任を果たす必要がある。

　三重県工業研究所（以下，当研究所）では，県内の医薬品製造企業の異物混入問題に対する支援を目的として，2002～2004年度には異物分析法をマニュアル化するとともに，製品に混入する可能性のある物質の分析データを収載した「異物ライブラリー」[1]を構築した。また，2005～2006年度には防虫対策に関する基礎知識と捕虫調査で捕獲された昆虫類のデータを収載した「防虫対策ハンドブック」[2]を作成した。製造区域において製品に混入する可能性のある物質や昆虫類をあらかじめデータベース化しておくことで，実際に異物混入が発生した際に，異物の同定から混入経路の特定，混入防止対策までをスムーズに行うことが可能となる。両冊子ともに医薬品製造企業での活用を想定して作成したものであるが，食品製造企業においても十分活用していただける内容となっている。

　本稿では，既述した「異物ライブラリー」，「防虫対策ハンドブック」の構築事例を紹介するとともに，食品製造企業が自社用に「異物ライブラリー」を構築する際のポイントについて述べる。

2. 異物サンプルの選定

　「異物ライブラリー」に収載するサンプルを選定するために，過去の異物混入事例を調査した。みえ薬事研究会分科会「医薬品等品質管理研究会」が実施した異物対応に関するアンケート調査では，木片，金属片，繊維くず，プラスチック，紙等の混入事例が報告されている[3]。また，異物混入に起因する医薬品・医薬部外品・化粧品・医療機器の回収事例は2002～2004年度の3年間で76件が報告されており，異物の種類は毛髪，昆虫，プラスチックおよび金属の順に多かった[4]。これらの事例を参考に，製品に混入する可能性のある物質として，プラスチック，毛，繊維，紙片，木片，金属，ガラス等，計105サンプルを選定した。

　昆虫については，当研究所の実験室において粘着トラップおよびライトトラップを設置し，捕獲されたものを対象とした。なお，クモ・ダニ（蛛形綱），ダンゴムシ・ワラジムシ（甲殻綱），ゲジ・ムカデ（唇脚綱）等は「昆虫」ではないが，昆虫と同様に建物内に侵入・発生して問題となることが多いため，本稿ではこれらの節足動物を含めて「昆虫類」とした。

食品製造企業が自社で「異物ライブラリー」を作成する際には，過去に製品に異物として混入したことのある物質の他，製造過程で製品に接触するもの〔製造機器・器具（部品を含む），原材料・製品の包装資材〕，清掃用具，作業者の衣服（手袋，マスク等も含む），製造区域の建築資材（壁，床，天井等），捕虫調査で捕獲された昆虫類等が対象となる。ただし，最初から多数のサンプルを収載しようとすると負担が大きいため，製品に混入する可能性の高いものから優先順位をつけて取り組むことをお勧めする。

3. 形態観察

収集した異物サンプルはまず目視または実体顕微鏡を用いて形態を観察し，異物の形状（塊，フィルム，繊維等），色と透明度，金属光沢の有無，磁性の有無，硬さや弾力等について確認した。得られた結果からサンプルが有機物か無機物かを判断し，それぞれに対応した分析へと進めた。

昆虫類については，実体顕微鏡を用いて形態観察を行った。体長，翅の有無・数・翅脈の形状，脚の数・形状，触角・口器・眼の形状等を観察して記録した。混入防止対策を行ううえで必要なことは目あるいは科レベルまでの同定であるため[2]，これらの観察結果をもとに同定を行った。なお，同定方法の詳細については，「防虫対策ハンドブック」や防虫対策に関する文献等を参考にしていただきたい。

4. 異物同定のための各種分析法

4.1 有機系異物の分析

4.1.1 フーリエ変換赤外分光装置を用いた赤外分光分析

フーリエ変換赤外分光装置（Fourier Transform InfraRed spectrometer；FT-IR）は，有機物の同定に最も利用されている機器である。赤外吸収スペクトルの吸収波数とその強度は対象とする物質の化学構造によって定まることから，有機物の構造が推定できる。FT-IRと顕微鏡を組み合わせた顕微FT-IRを用いれば，サンプルを観察しながら微小な異物を分析できる。異物サンプルには透過法を適用することが困難な場合が多いため，反射法の一種であるATR（Attenuated Total Reflection）法を用いて分析を行った。

図1[4]に主なサンプルの赤外吸収スペクトルを示す。同図では，横軸は波数（cm^{-1}）を，縦軸は透過率（%）を示している。様々な異物サンプルの分析を行った結果，プラスチックはおおむね18種類の赤外吸収スペクトルに分類できた（図1(a)～(r)）。生体高分子は，動物由来が蛋白質（図1(s)），植物由来がセルロース（図1(t)）というおおまかな区別のみが可能であった。赤外吸収スペクトルを用いて物質を同定する際に参考となる主な官能基とその吸収波数を表1[1]にまとめた。

4.1.2 走査型電子顕微鏡を用いた微小構造の観察

有機系異物の分析法として，まず顕微FT-IRを用いた赤外分光分析を記述したが，蛋白質

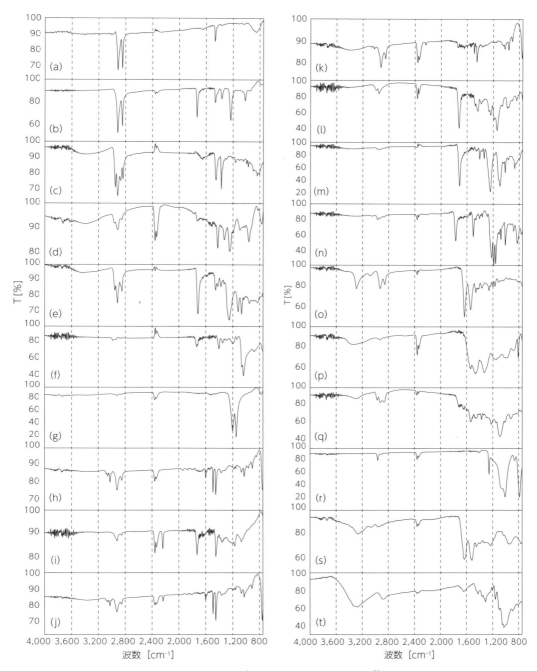

図1 主なサンプルの赤外吸収スペクトル[1]

(a) ポリエチレン，(b) エチレン・酢酸ビニル樹脂，(c) ポリプロピレン，(d) 硬質ポリ塩化ビニル，(e) 軟質ポリ塩化ビニル，(f) ポリ塩化ビニリデン，(g) ポリテトラフルオロエチレン，(h) ポリスチレン，(i) ポリアクリロニトリル，(j) アクリロニトリル・スチレン樹脂，(k) アクリロニトリル・ブタジエン・スチレン樹脂，(l) ポリメタクリル酸メチル，(m) ポリエチレンテレフタレート，(n) ポリカーボネート，(o) ポリアミド，(p) メラミン樹脂，(q) ポリウレタン，(r) シリコーン樹脂，(s) 蛋白質，(t) セルロース

使用装置：Perkin Elmer Spectrum 2000 FTIR および i-Series FTIR Microscope，プリズム：Ge，時間分解能：8cm^{-1}，積算回数：256回

表1 主な官能基とその吸収波数[1]

波数 [cm^{-1}]	官能基	この位置に吸収が認められる主な物質
3,600～3,000	−OH	セルロース
3,350～3,100	−NH	ポリアミド，蛋白質
3,100～3,000	ベンゼン環	ポリスチレン，AS樹脂，ABS樹脂
2,960 2,870	−CH$_3$	ポリプロピレン，ポリ塩化ビニル
2,920 2,850	−CH$_2$−	ポリエチレン，ポリプロピレン，ポリ塩化ビニル，ポリスチレン，AS樹脂，ABS樹脂，ポリアミド
2,240	C≡N	ポリアクリロニトリル，AS樹脂，ABS樹脂
1,770	エステル結合	ポリカーボネート
1,740～1,720	エステル結合	エチレン・酢酸ビニル樹脂，軟質ポリ塩化ビニル，ポリ塩化ビニリデン，ポリエチレンテレフタレート，ポリメタクリル酸メチル
1,600 1,500	ベンゼン環	ポリスチレン，AS樹脂，ABS樹脂，ポリカーボネート
1,640 1,540	アミド結合 (ペプチド結合)	ポリアミド，蛋白質
1,470	−CH$_2$−	ポリエチレン，エチレン・酢酸ビニル樹脂，ポリプロピレン，ポリスチレン，AS樹脂，ABS樹脂
1,380	−CH$_3$	エチレン・酢酸ビニル樹脂，ポリプロピレン
1,200 1,150	C−F	ポリテトラフルオロエチレン
1,200～950	エーテル結合	セルロース
750	ベンゼン環モノ置換体	ポリスチレン，AS樹脂，ABS樹脂

やセルロースのように自然界に広く存在する物質の場合，FT-IRによる分析のみで異物を同定するのは困難である。そのような場合には走査型電子顕微鏡(Scanning Electron Microscope；SEM)を用いた異物の微小構造の観察が有効な手法となる。図2[4]に主なサンプルのSEM写真を示す。

(1) 毛および繊維

蛋白質を主成分とする毛および繊維のうち，毛髪やウールでは表面に鱗片状の構造が観察された(図2(a)および(b))。これはペットの毛，動物素材のハケにおいても同様であった。これらに対して，シルクの表面は滑らかで均一な形状をしていた(図2(c))。セルロースを主成分とする繊維では，綿は独特のねじれが観察され(図2(d))，麻は竹の節のような構造が認められた(図2(e))。また，レーヨンでは繊維方向に沿って多数の溝が認められた(図2(f))。

(2) 紙片

紙製の原料包装袋は，繊維が隙間なく折り重なっている様子が観察された(図2(g))。付箋紙の付着面では，のりが粒状に付着している様子が観察された(図2(h))。薬包紙は，表面がパラフィンでコーティングされているため平らな部分が多かったが，繊維の様子は観察できた(図2(i))。ティッシュペーパーは繊維間に多くの隙間があり，繊維の方向や太さが一定であった(図2(j))。

第 4 章　異物分析と同定技術

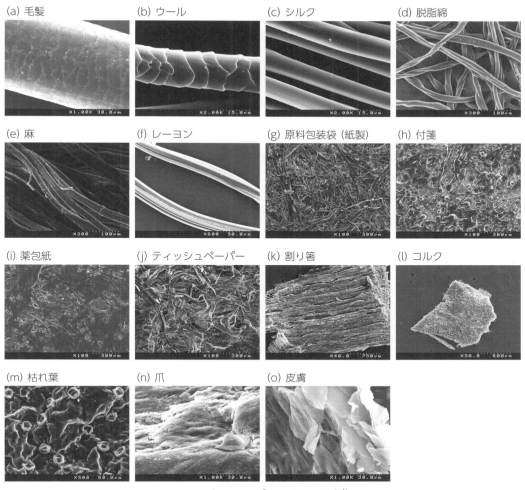

図 2　主なサンプルの SEM 写真[4]

使用装置：㈱日立製作所 S4100

(3) 木片およびその他植物片

　割り箸は，一定方向に細長い繊維が密集している様子が観察された（図 2 (k)）。コルクでは，蜂の巣状の構造が観察された（図 2 (l)）。枯れ葉は，全体にしわが寄っており，所々に気孔が観察された（図 2 (m)）。

(4) 人体由来物

　爪は，固まりのような形状を示すのみであった（図 2 (n)）。皮膚は，鱗片状の物質の集合体であった（図 2 (o)）。

4.1.3　熱分解ガスクロマトグラフィー質量分析装置を用いた化学構造解析

　熱分解装置とガスクロマトグラフィー質量分析装置（Gas Chromatograph Mass Spectrometer；GC-MS）を組み合わせた熱分解 GC-MS は，本来揮発性をもたない有機物を高温で瞬間的に分解し，生じた気体を GC-MS により分離・同定することにより有機物の化学構造を解析

する装置である。微量分析が可能で，成分の分離能力に優れ，固体のサンプルを前処理なしに分析可能であることから，異物分析への応用が検討されている[5]。当研究所においても2013年の装置導入以降，プラスチック，ゴム等のサンプルを中心に分析を行っているので，いくつか事例を紹介する（図3）。同図では，横軸は時間（分），縦軸は相対強度（％）を示している。

(1) ポリアミド

ポリアミドの種類の識別を赤外吸収スペクトルで行う場合には，1,500〜700cm^{-1}の範囲のわずかなピークを比較する必要があるが[6]，熱分解 GC-MS ではポリアミドの種類によって得られるパイログラムのパターンが異なる。ポリアミド6と6,6のパイログラムを図3(a)，(b)に示す。

(2) ゴム

ゴムの分析を FT-IR で行う場合，炭酸カルシウムやタルクのような無機充填剤や補強剤として用いられるカーボンブラックの影響により，主成分のピークが確認しにくい場合がある。熱分解 GC-MS では無機系添加剤は検出されず，ゴムの主成分のパイログラムを得ることができた。スチレンブタジエンゴムおよびエチレンプロピレンジエンゴムのパイログラムを図3(c)，(d)に示す。

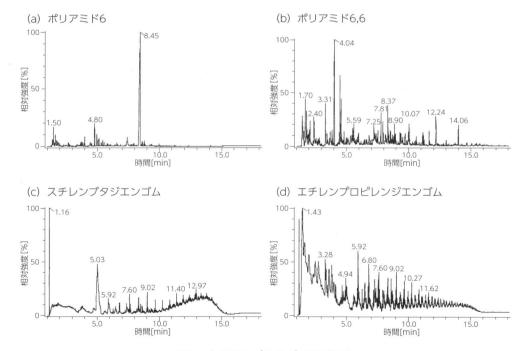

図3 主なサンプルのパイログラム

使用装置：フロンティア・ラボ㈱ PY-3030 および日本電子㈱ JMS-T100GCv4G，熱分解条件：600℃，シングルショット法，GC 昇温条件：40℃(2min) − 20℃/min − 320℃(14min)，使用カラム：Restek Rxi-5ms (30m×φ0.25mm，膜厚0.25μm)，イオン化法：EI+，質量測定範囲：m/z 29-600

4.2 無機系異物の分析

無機系異物の分析には，短時間で多元素同時分析が可能なエネルギー分散型X線分析装置（Energy Dispersive X-ray Spectrometer；EDX）が広く用いられている。サンプルに電子線を照射して発生した特性X線を分析することにより，構成元素の種類や組成がわかる。また，EDXとSEMを組み合わせることにより，微小異物の形態を観察しながら特定部位の元素分析を実施できる。

主なサンプルのEDXスペクトルを**図4**[4)]に示す。同図では，横軸は特性X線のエネルギー（keV），縦軸はX線強度（カウント数）を示しており，X線強度はサンプルに電子線を照射した際に発生する特性X線をエネルギーごとにカウントしたものである。

(1) 金属

異物サンプルに含まれる金属元素がそれぞれ検出された（図4(a)～(g)）。鉄にニッケルめっきを施したものでは，表面のNiが素地のFeよりも強いピークとなったが，ピーク強度の比率は，めっきの厚さや電子線の侵入深さによって変化する（図4(e)）。

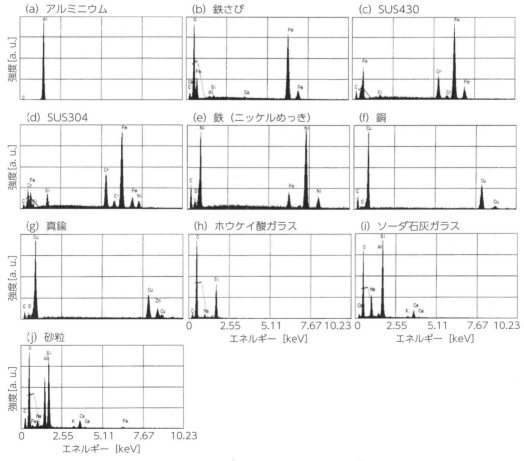

図4 主なサンプルのEDXスペクトル[4)]
使用装置：㈱堀場製作所 EMAX5770，分析法：点分析，測定時間：100 sec

(2) ケイ素化合物

ホウケイ酸ガラスには，Si，Oの他にB，Na等が含まれているが，Bは原子番号が小さく感度が悪いため検出されなかった（図4(h)）。ソーダ石灰ガラスからは，Si，Oの他にCa，Na等が検出された（図4(i)）。砂粒は，岩石が細かくなったものであり，Si，O，Na，Mg，K，Fe，Al等様々な元素が検出された（図4(j)）。

5. ライブラリーの作成例

「異物ライブラリー」のデータは，サンプルごとに形態観察結果および分析結果をまとめた。一般的な異物については，写真と分析結果（赤外吸収スペクトルまたはEDXスペクトル）を掲載した。図5[1]に「異物ライブラリー」に収載した毛髪のデータを示す。昆虫類については，写真と解説（形態，生活史，食性，防除法等）を掲載した。図6[2]に「防虫対策ハンドブック」のライブラリーに収載した粘管目（トビムシ目）のデータを示す。

(a) 形状：黒色，直径約80μm，表面にうろこ状の構造

実体顕微鏡写真（×90）　　電子顕微鏡写真（×1,000）

(b) 赤外吸収スペクトル：蛋白質

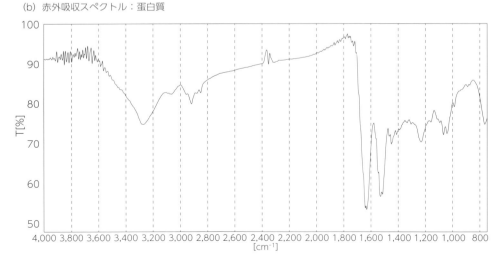

3,270cm^{-1}を中心としたなだらかな吸収と1,640および1,530cm^{-1}に大きな吸収が認められた
いずれもペプチド結合（アミノ酸同士のアミド結合を特にこう呼ぶ）に由来する

図5　毛髪のデータ[1]

様々な粘管目

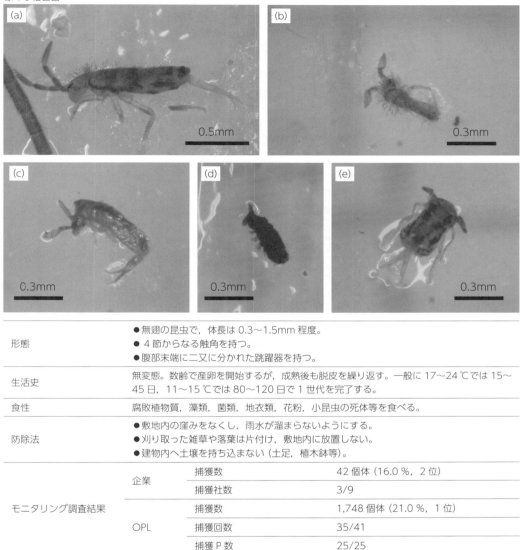

形態	●無翅の昆虫で，体長は0.3〜1.5mm程度。 ●4節からなる触角を持つ。 ●腹部末端に二又に分かれた跳躍器を持つ。		
生活史	無変態。数齢で産卵を開始するが，成熟後も脱皮を繰り返す。一般に17〜24℃では15〜45日，11〜15℃では80〜120日で1世代を完了する。		
食性	腐敗植物質，藻類，菌類，地衣類，花粉，小昆虫の死体等を食べる。		
防除法	●敷地内の窪みをなくし，雨水が溜まらないようにする。 ●刈り取った雑草や落葉は片付け，敷地内に放置しない。 ●建物内へ土壌を持ち込まない（土足，植木鉢等）。		
モニタリング調査結果	企業	捕獲数	42個体（16.0％，2位）
		捕獲社数	3/9
	OPL	捕獲数	1,748個体（21.0％，1位）
		捕獲回数	35/41
		捕獲P数	25/25

OPL：オープンラボの略，捕獲P数：捕獲ポイント数の略

図6　粘管目（トビムシ目）のデータ[2]

6. 異物同定から製造工程へのフィードバック

　異物同定後に混入経路の特定をスムーズに行うため，異物の種類とその用途をまとめておくことが望ましい。その一例として，主なプラスチックの種類とその用途を**表2**[1]に示す。当研究所で作成した「異物ライブラリー」には一般的な用途も記載しているが，食品製造企業が自社用に作成する場合には製造区域内で使用されている部位等より限定した記載をすればよい。

　昆虫類については，その種類によって侵入・発生原因が推定できる[2]。侵入および発生原因による昆虫類の分類[2]を**表3**に示す。医薬品の場合，漢方薬や生薬以外では製品そのものに昆

表2 主なプラスチックの種類とその用途[1)]

名称	主な用途
ポリエチレン	**容器，包装フィルム，ポリ袋，手袋，緩衝材，ラップフィルム（業務用・家庭用）**，コンテナ，ポリバケツ
エチレン酢酸ビニル樹脂	**部品，ラップフィルム（業務用）**，容器
ポリプロピレン	**容器，包装フィルム，PTP包装**
ポリ塩化ビニル	**パイプ，チューブ，手袋，ビニールテープ，電線被覆，包装フィルム，ラップフィルム（業務用・家庭用），PTP包装**
ポリ塩化ビニリデン	**ラップフィルム（家庭用）**
ポリテトラフルオロエチレン	**部品，シート，パッキン，コーティング材，絶縁材料**
ポリスチレン	**使い捨て容器（トレイ・カップ），フロッピーケース，発泡スチロール（容器・緩衝材），文具**
ポリアクリロニトリル	**容器，繊維**
AS樹脂	**容器**
ABS樹脂	**OA機器，容器，文具，家具**
ポリメタクリル酸メチル	**アクリル製品，レンズ**
ポリエチレンテレフタレート	**容器，ビニールタイ，複合フィルム，繊維**
ポリカーボネート	**文具，容器，部品**
ポリアミド	**チューブ，ケーブルタイ，複合フィルム，繊維**
メラミン樹脂	**台所用スポンジ，食器，容器，電気部品**
ポリウレタン	**台所用スポンジ，緩衝材**
シリコーン樹脂	**チューブ，ゴム栓，パッキン，コーティング材**

太字体は異物ライブラリー収載品目

表3 侵入・発生原因による昆虫類の分類[2)]

(1) 外部侵入が疑われる昆虫類	A. 飛来侵入が疑われる昆虫類 ●双翅目（ハエ目）(特にユスリカ科，クロバネキノコバエ科，タマバエ科など） ●半翅目（カメムシ目）(ヨコバイ類，ウンカ類など）	●鞘翅目（コウチュウ目）(ハネカクシ科など）
	B. 歩行侵入が疑われる昆虫類 ●直翅目（バッタ目） ●革翅目（ハサミムシ目） ●膜翅目（ハチ目）アリ科	●等脚目（ワラジムシ目）ワラジムシ類，ダンゴムシ類 ●ゲジ目 ●ムカデ類など
(2) 内部発生が疑われる昆虫類	A. 排水系統で発生する昆虫類 ●双翅目チョウバエ科，ノミバエ科など	
	B. カビ（真菌）を餌とする昆虫類 ●鞘翅目ヒメマキムシ科 ●噛虫目（チャタテムシ目）コナチャタテ科，有翅チャタテ類	●粘管目（トビムシ目） ●ダニ目など
	C. 塵埃を餌とする昆虫類 ●噛虫目コナチャタテ科 ●総尾目（シミ目）	●鞘翅目カツオブシムシ科 ●ダニ目コナダニ科，チリダニ科
	D. 漢方薬・生薬を餌とする昆虫類 ●鞘翅目シバンムシ科（タバコシバンムシ，ジンサンシバンムシなど）	●鱗翅目（チョウ目）メイガ類（特にノシメマダラメイガ）など
	E. 小昆虫類を餌とする昆虫類 ●真正クモ目（特にチリグモ科，ユウレイグモ科）など	

虫類が誘引されることはほとんどない。一方，食品の場合は，医薬品と比べて製品に誘引される可能性が高いため，自社製品に誘引されやすい昆虫類の種類をあらかじめ調べておくことが有効である。

7. おわりに

　当研究所における「異物ライブラリー」，「防虫対策ハンドブック」の構築事例を紹介するとともに，食品製造企業が自社用に「異物ライブラリー」を構築する際のポイントについて述べた。異物の同定に必要な分析機器は高価であり，自社ですべての機器を整備するのは難しい。そのような場合には，分析機器を所有しているお近くの公設試験研究機関の活用をご検討いただきたい。本稿の内容が，異物混入対策を進める際の一助となれば幸いである。

■文　献

1) 三宅由子ほか：異物ライブラリー―異物の同定法と混入防止対策．三重県（2005）．
2) 三宅由子ほか：防虫対策ハンドブック．三重県（2007）．
3) みえ薬事研究会分科会医薬品等品質管理研究会：みえ薬事研究会分科会品質管理研究会医薬品等品質管理研究会活動報告（2002）．
4) 三宅由子ほか：三重県工業研究所研究報告，（2005）．
5) 木下健司：東京都立産業技術研究センター研究報告（2011）．
6) 西岡利勝，寳﨑達也：実用プラスチック分析，432-436，オーム社，東京（2011）．

第 5 章

最新装置開発

第5章　最新装置開発

第1節　X線異物検出装置の開発

株式会社イシダ　廣瀬　修

1. はじめに

　食品の異物検出といえば金属検出機の歴史が長く，現在も最もポピュラーであるが，2000年頃からX線による異物検出が徐々に注目されるようになり，以降，急速に普及した。金属以外の異物でも高感度に検出できることが最大のメリットで，近年の食の安全意識の高まりに対応するため，なくてはならない存在になりつつある。

　本稿では，X線異物検出装置について，その特徴，構成要素や画像処理などの技術的なポイント，最新式の装置に関する解説，安全性を中心に解説する。

2. X線の概要

2.1　X線とは

　X線は，われわれが視覚で認識できる可視光や，無線などで利用されている電波と同じ電磁波である。その中でも光の一種と解釈され，放射線の一種でもある。図1に波長と呼び名の関係を示すが，それぞれの波長範囲に明確な定義があるわけではない。X線は，波長が非常に短く高エネルギーであることが特徴である。食品の検査に用いられる波長は，およそ0.01〜0.05 nmである。

図1　電磁波と波長領域の呼び名

2.2　X線の性質

　X線を食品などの物質に照射すると，一部は吸収または散乱され，残りが透過する。この透過するX線量を検出すれば，透かし絵のような透過画像が得られるので，非破壊検査に有用である。

　異物は，吸収率が大きい物質ほど画像に明瞭に映るため検出が容易である。吸収率は，物質の密度（単位体積当たりの質量）と原子番号の2〜3乗の積に比例する。食品は，ほとんどが一桁の原子番号の元素で構成され，密度も1 g/cm^{3}程度であるのに対し，鉄は原子番号が26で密度は約7.9 g/cm^{3}と食品とかけ離れた値であるので1 mm以下程度でも高感度に検出できる。

しかし，石（石英）を例に挙げると，実効原子番号が 10 程度で密度は 2.7 g/cm³ 程度であるので，検出は可能だが，1～2 mm 程度以上の大きさが必要となる。

また，以上からわかるように，本稿で解説する単純な透過型の X 線装置では，原理的に検出できない異物も多い。例えば，虫，種，軟骨，樹脂のような有機物の異物である。これらは，X 線の吸収特性が食品と同じであるので透過画像に映らない。

3. 装置の主要構成機器

3.1 全体構造

当社の代表的な装置の外観を図 2 に，主要な内部の機器構成を図 3 に示す。外装は，食品工場での衛生性確保のためステンレススチール製であり，内部で発生する X 線の漏えい防止も兼ねている。インライン機器として導入しやすいよう，コンベヤーを内蔵しており，通過する食品に対して上方から X 線を照射する。食品を透過した X 線は，ベルト直下に配置する X 線センサーで受光して電気信号に変換され，食品のデジタル X 線画像が得られる。最後に，これをコンピュータで画像処理して異物を自動的に検出する仕組みである。

3.2 X 線発生装置

X 線発生の基本的な原理は，X 線の発見当時から変わっておらず，図 4 に簡略図を示すような真空管構造である。管内にはターゲット（陽極）とフィラメント（陰極）を対向して配置しており，電極間に 30～100 kV 程度の高電圧を印加する。そして，フィラメントに電流を流すと金属表面から電子が飛び出し，電子は高電圧で形成された電界によって陽極方向に加速され，ターゲット金属に衝突する。このとき，電子の運動エネルギーが急速に失われ，光子エネルギーとして放出されるものが X 線である。また，真空管はガラス製であるので，内部で発生した X 線を効率よく外部に取り出すために，放射窓には X 線をよく透過するベリリウムを装着したものが主流である。

発生する X 線のエネルギーは，電極間の電圧で制御可能で，高電圧ほど波長が短く透過

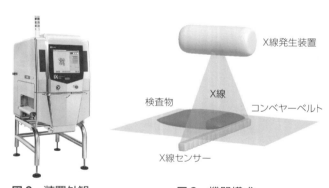

図 2　装置外観　　図 3　機器構成

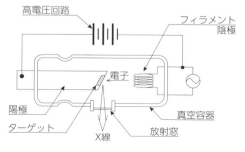

図 4　X 線発生装置

率が高いX線を発生できる。電圧が低すぎるとX線が食品を透過できないが，高すぎると食品と異物を過剰に透過してしまい，両者の区別が付きにくくなる。食品をよく透過し，かつ異物で適度に吸収されるよう，あらかじめ最適な電圧に設定することが肝要である。設定値は検出性能に影響するため，検査したい食品を流せば，自動的に最適な印加電圧を設定する自動調整機能を搭載しているのが一般的である。

3.3 X線センサー

食品の異物検査は，インラインで全数検査が前提であり，コンベヤーで搬送される食品を停止させることなく連続的に撮像する必要があるため，ラインセンサーが使用される。センサーはフォトダイオードを一列に配した構造で，画素サイズは0.2〜0.8 mm程度，長さは200〜700 mm程度のものを用途に応じて選択している。

フォトダイオード単体ではX線に感度がないため，図5に示すように，表面にシンチレータを貼り付ける必要がある。X線はここで可視光に変換され，それをフォトダイオードで電気的信号として取り出す，間接的なセンシング方法である。シンチレータの材質としては，可視光への変換効率や，発光波長とフォトダイオードの分光感度特性の適合性などから，酸硫化ガドリニウムの粉末をシート状にしたものが広く用いられている。

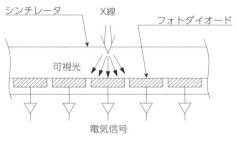

図5　X線センサー

3.4 画像処理装置

X線センサーでデジタル化された信号は，画像処理装置に電送される。画像処理装置は，X線透過画像をあらかじめプログラミングされた手順で演算処理し，食品に埋もれた異物を抽出する。画像処理は，1990年代頃まで専用LSIなどを駆使したハードウェアで実現していたが，CPUの高性能化やメモリ容量の増大により，最近はパーソナルコンピュータで実現可能である。

3.5 X線漏えい防止構造

装置はX線を外部に漏えいさせぬよう，金属製のエンクロージャー構造である。しかし，食品を連続的に通過させる必要から，出入り口としての開口部を必要とするので，ここには特別な漏えい防止構造が求められる。標準的には，金属粒子を混ぜたゴム製シートをカーテンとして垂らしている。カーテンは縦にスリット加工してのれんのような形状に加工しているので，食品はのれんをくぐるように通過する。使用する金属粒子は，X線を効率よく吸収する鉛が主流であるが，環境保全や食品衛生の観点から，当社ではタングステンを使用している。

4. 画像処理技術

4.1 X線画像

画像は 256 階調のグレイスケールで，X 線をよく吸収する部位ほど暗く表現している。分解能はラインセンサーの画素サイズで決まり，技術的には 0.1 mm 程度も実現可能である。細かいほど食品や異物を鮮明に映すので高感度になるが，受光する X 線の量が減少するため，暗くノイズが多い画像になり，これが検出性能を低下させる。最もバランスに優れる解像度は，0.4 mm 程度である。

4.2 異物抽出処理

レトルトカレーの異物抽出例を図6に示す。図6(a) は透過画像で，画像中の暗い点が意図的に置いた異物テストピースである。上段の 6 個はステンレススチール球（左から 0.6，0.7，0.8，1.0，1.2，1.5 mm），下段の 6 個はゴム球（左から 3.0，4.0，5.0，6.0，7.0，8.0 mm）である。なお，本稿で使用した異物テストピースは，すべて(一社)日本検査機器工業会が販売する X 線食品異物試験片である。このような異物は，食品の中で局所的に暗く映るため，微分演算や，局所的な輝度変化を抽出する二次元的な特殊演算を駆使して抽出する。

一口に微分演算といっても，目的に応じて様々な特性の計算を多用する必要がある。例えば，金属片のような微小で高コントラストな異物を抽出するには，二次微分が有効である。しかしこの方法だけでは，石やゴムなどの非金属で低コントラストな異物抽出は不可能である。このような異物に対しては，微分の計算範囲を広げたり，一次微分で異物の輪郭を抽出して近隣の抽出情報と統合したりすることで異物の判定している。このようにして抽出した結果画像を，図6(b)と図6(c)に示す。最終的な異物有無の判定は，以上のような特性が異なる演算処理を 5〜10 種類併用して，総合的に判断する。

(a) 透過画像　　(b) 微小異物抽出　　(c) 大異物抽出

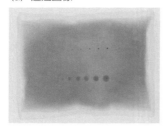  

図6　X線画像からの異物抽出例

4.3 マスク機能

食品の透過画像には，本来，正常であるにもかかわらず異物と判定されやすい部位がある。例えば，外装箱，ソーセージのクリップ，同梱品（おまけ），脱酸素剤（酸化鉄）などである。画像処理の異物抽出能力がいくら高性能であっても，あるいは，本来検出が容易な異物であっても，画像の中にこのような部位があると，異物の検出感度を適切に設定できなくなり，本来の性能を発揮できない。

(a) ソーセージのクリップマスク　　　　(b) 外装箱マスク

図7　マスク領域の設定例

このような場合には，画像処理で誤判定しやすい部位を特定して，マスクエリア（非検査領域）を設定し，このエリアを検査から除外する機能がある。これをマスク処理と呼ぶ。しかし昨今は，完全に検査しない領域の存在が許容されない場合があり，マスクエリア内であっても個別に設定する低い感度で検査できるよう工夫している。

図7にマスク処理の例を示す。図7(a)は，ソーセージ両端の金属クリップのマスク例で，白枠内がマスクエリアである。当社の装置は，あらかじめクリップ周辺の画像を記憶させておき，テンプレートマッチングで座標を特定している。図7(b)は，外装箱のマスク例で，白枠外がマスクエリアである。この場合は，箱の輪郭線を特定し，そこから指定した幅だけ内側に境界を設け，その外側をマスクエリアとしている。

5. デュアルエナジーX線式異物検出装置

食品は，もともとそれ自体に重なりや粒状性があり，画像上での輝度変化が異物と区別できない場合が多い。いくら大きい異物でも，それらとデータ分離性が見いだせない場合は，画像処理で自動判定することができない。この課題を克服するためにデュアルエナジーX線式が登場し，絶大な効果を発揮している。

5.1　装置構成

装置の構成要素は，前項［4.］で解説した従来方式とほとんど同じであるが，**図8**に示すとおり，X線センサーを上下に重ねあわせるように2本配置している点が異なる。X線発生装置から放射されるX線は様々なエネルギーの光子を含んでいる。従来方式では，すべての光子を逃さず効率よくとらえて画像化するよう工夫している。それに対してデュアルエナジーX線式は，**図9**に示すように，上段のセンサーで比較的低エネルギーの光子だけを，下段では高エネルギーの光子を効率よく分担して画像化するよう，特性が異なる2種類のセンサーを搭載している。

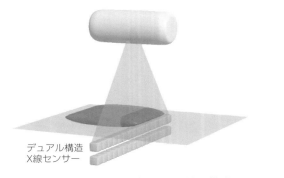
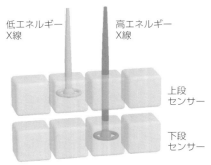

図8　デュアルエナジーX線の機器構成　　　　図9　センサー特性

5.2　異物抽出原理

　本方式の装置で用いる画像処理は，微分演算や変化点抽出を基本にした方法とは全く異なる。一度の撮像で，透過力が異なる2枚の画像が得られるので，両者を比較することで食品から異物を分離することが基本である。X線のエネルギーごとの吸収特性は，物質の原子番号に依存する性質があり，2枚の画像の輝度変化の比率を調べれば，物質が軽元素どうかを大まかに知ることができる。食品は主に水分，蛋白質，脂質などで構成されており，大部分は原子番号が一桁の元素で構成されているので，原子番号が一桁程度の軽元素を画像から消去することで，金属（鉄，アルミなど），骨（カルシウム），石やガラス（ケイ素），ゴム（硫黄等添加物）などの異物だけを抽出できる。

　図10に，本方式が効果的な粒状性食品である，シリアル食品の異物抽出例を示す。図10(a)は透過画像で，画像中の暗い点が意図的に置いた異物テストピースである。上段の6個はガラス球（左から2.0，3.0，4.0，5.0，6.0，7.0 mm），下段の6個はゴム球（左から3.0，4.0，5.0，6.0，7.0，8.0 mm）である。従来通りの微分演算では図10(b)に示すように，異物と食品の凹凸の区別が付かないが，デュアルエナジーX線式であれば，図10(c)のように異物だけを効果的に抽出できる。

　さらに，デュアルエナジーX線式は重なりや粒状性の課題だけでなく，非常に薄い板状の異物検出にも効果的である。図11に，むき身の牡蠣に対して殻の検出結果の比較を示す。検出した殻は白枠で囲んで示している。図11(a)は従来方式の結果である。検出できているものは，殻が鉛直方向に付いた場合だけである。それに対して，図11(b)は，水平に付いている殻も検出できている。本方式は，画像の見え方だけでなく，物質の違いとして異物を分別可能

(a) 透過画像　　　(b) 通常処理　　　(c) デュアルエナジー処理

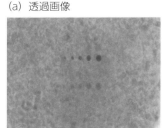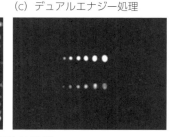

図10　デュアルエナジーX線式による異物抽出例

第 5 章 最新装置開発

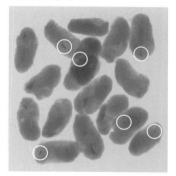
(a) 従来方式

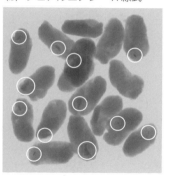
(b) デュアルエナジーX線式

図11　牡蠣むき身の殻検出比較

であり，このケースでは，デュアルエナジーX線式にすることで，約2倍の殻を検出する結果が得られた。

6. 付帯機能

6.1　欠品検査機能

　X線画像は，包装後も中身を透視できるので内容物検査にも利用される。検査項目は，個数，形状，同梱品検査などが多い。例えば，ハンバーグやチョコレートなどの個数，割れ，欠けの検査や，おまけ，スプーン，脱酸素剤の有無確認などである。これらの検査は異物検出と併用でき，現在では当たり前の機能になっている。その他，アイスクリームやフランクフルトのバー長さ測定などの個別要望も対応可能である。

6.2　質量推定機能

　X線画像から検査物の質量を推測することも可能である。透過画像は，厚い部位ほど暗いので，輝度分布から三次元的な形状を求めることができ，さらに密度（単位体積当たりの質量）を乗じて質量に換算するのが基本的な考え方である。しかし，密度を正確に求めることは困難なので，質量が既知のサンプルを装置に数回流せば，自動的に輝度から質量への換算係数を学習するよう工夫している。

　測定の精度は，ロードセルなどを利用したはかりには及ばないものの，個食サイズのものであれば，おおむね1〜3％程度の誤差で検査が可能である。また，計量の高速性が特長で，コンベヤー付き自動はかりの数倍の速度で計量できる。このような利点が注目され，ピーマンなど農産物や，ホタテなど海産物の質量によるランク選別への導入が進んでいる。

6.3　検査履歴の保存

　異物検出装置は，異物の発見と排出だけではなく，すべての検査結果データを保存することが求められるケースが増えている。特にX線装置は，検査の合否結果だけでなく透過画像をデジタルデータとして得られるのが利点で，これをハードディスクなどに保存しておけば，後

に見返して異常状態の確認や分析に役立てることができる。さらに，検査ごとに通し番号を割り付け，画像データに番号を付加するとともに，検査した食品のパッケージに同じ番号を印字することもできる。こうしておけば，クレームで返品された場合でも印字された番号を調べて画像と検査結果を検索することで，生産時の異常の有無や状態の調査に役立てることができる。

6.4 パワーセービング機能

装置の主要部品である，X線発生装置とX線センサーは消耗品で，通常の期待寿命は数千〜1万時間程度である。高額な部品を定期的に交換することは負担が大きいため，食品が間欠的に流れる製造ラインでは，食品が流れているか否かをセンサーで検知して，自動的にX線の発生と休眠を制御する機能を用意している。ランニングコスト削減だけなく，消費電力削減の側面からも活用していただきたい。

7. 安全性

7.1 作業者に対する安全性

電離放射線障害防止規則により，3カ月で1.3 mSvを超えるおそれがある区画は，管理区域に指定して特別に管理する必要があるが，異物検出装置はX線がキャビネットの外に漏えいしないよう，特に注意を払って設計されている。標準的には，外部への漏えいは1 μSv/h以下であり，特別な管理区域の設定は必要なく，X線作業主任者等の資格も必要としない。

7.2 食品に対する安全性

『食品，添加物等の規格基準』（昭和34年厚生省告示第370号）により，原則として食品に放射線を照射してはならない。ただし，食品の製造または加工においてその管理を行う場合には，食品の吸収線量が0.1 Gyを上限に認められている。X線異物検出装置での検査では，通常はこの値の数十〜数百分の1程度であり問題ない。

8. おわりに

本稿では，X線異物検出装置について，極力，構造や基本原理の理解を深めていただけるよう努めた。詳細はメーカーごとに工夫を凝らしており少しずつ異なるが，装置の構造や画像処理の考え方は，筆者の調査範囲では大きく異なることはないので，一般的な知識としてお役立ていただければ幸いである。

発売以来，国内を中心にアジアや欧米でもご好評をいただいたが，一時は性能向上が頭打ちであった。特に，食品の重なりや粒状性による検出能力の制限が，ユーザーの大きな不満として取り残されていたが，デュアルエナジーX線式の開発がブレークスルーとなり，再び注目を集めた。本方式は，もともとは医療や空港でのセキュリティ分野で開発され，食品検査に応用されたものである。今後もこのような流れで技術開発が進むと考えており，徐々にでもユーザーの要求を満たしていく所存である。

第5章　最新装置開発

第2節　粉体用異物対策機器の現状と最新動向

トリプルエーマシン株式会社　石戸　克典

1. はじめに

　大手ファストフードチェーン向けに中国の原料加工工場での品質管理のずさんさが大きく報道されたことは記憶に新しい。また，従業員による故意の異物混入事件も発生しており，日本の食品工場が行うべき品質管理の範囲が国際的かつ多岐にわたり，善意に基づく管理運営に頼ることが許されなくなりつつある。このように，「食の安心・安全」が最近特にクローズアップされてきており，「安全で安心できる食品」を供給することは食品企業の使命であり，食品の安全性（Safety），健全性（Wholesomeness），正常性（Soundness）を確保するため，あらゆる手段を用いて全社を挙げて取り組まなければならない最優先事項となった。HACCPシステムは，その手段の一つとして効果的であり，世界各国で積極的に導入されている。また，ISO22000においてもHACCPの考え方が基本になっている。本稿では，食品工場で多く使用される食品粉体に対する防虫・異物対策について論じる。

　食品工場では，食品以外の異物が絶対に混入してはならない他に，食品表示の法律面から食品であってもアレルギーを起こしやすい特定原材料7品目（乳，卵，小麦，そば，落花生，エビ，カニ）とそれに準ずる20品目（アワビ，イカ，イクラ，オレンジ，キウイフルーツ，牛肉，クルミ，サケ，サバ，ダイズ，鶏肉，豚肉，マツタケ，モモ，ヤマイモ，リンゴ，ゼラチン，バナナ，ゴマ，カシューナッツ）については，これらの原料を使用する工程と使用しない工程を分けて管理する必要がある。また，海外からの穀物に多い遺伝子操作された原料とそうでない原料を分けて管理し，両者が混ざって使用されないようにしなければならない。また，原産地表示を義務付けられた製品については，原産地表示どおりの原料のみを使用しなければ法律違反となってしまう。

　最近の検査機器の性能向上により，上記の微量な異物混入も証明されるようになった昨今，異物混入を未然に防ぐ製造技術をもち，確実に運用されているかどうかが企業の生命線を握るような大変重要な鍵となっている。食品のなかでも，食品工場・食品プラントの建設を手がける会社でよく取り扱う小麦粉，米粉，コーンスターチなどの粉末原料へのコンタミネーション（コンタミ）（異物混入）防止は大きなテーマになっている。かつては，粉末原料が加工され最終製品で形状が変わると異物の発見は難しかったが，最近は検出技術の向上等で，最終製品出荷段階前に異物を発見することがかなりのレベルで可能になってきた。また，粉体の段階で異物を確実に除去することで，加工された中間原料中での異物管理の方法を簡素化することも可能となる。トレーサビリティ設備導入企業が増加し，消費者のコンタミ防止に対する厳しい要求レベルに対応するためにも，原料段階において異物除去することの重要性が高まってきている。

2. 異物の特徴―どんな異物が多いか

異物混入事故による経済的損失がどれくらいかという全国的なデータはないが，件数や種類に関して一部の行政機関等から発表されている。㈳国民生活センターの集計結果[1]では，1990年4月～2000年9月30日までに寄せられた「異物混入」の苦情相談は3,821件で，食品（ただし，健康食品は除く）の安全・衛生に関する苦情相談20,390件中約20％を占めるとの報告がある。古いデータではあるが，現在も傾向は変わっていないことから，これを紹介する。

2.1 何に異物が入っていたか（菓子類，穀類，調理食品がトップ3）

異物混入はあらゆる食品で起こっているが，最も多い食品群は，ケーキ，チョコレート，煎餅などの「菓子類」722件（18.9％）である。次いで，米，パンなどの「穀類」688件（18.0％），弁当，総菜類を含む「調理食品」565件（14.8％）で，この3食品群で半数以上を占める。

2.2 何が入っていたか（虫，ネジ，ボルト，毛，釣り針，釘，針が多い）

異物の種類で最も多いのは「虫」（938件，24.5％）であり，以下，「金属類」（金属片，ボルト，ナット，ネジ，缶のくずなど：279件，7.3％），「毛」（253件，6.6％），「針，針金，釣り針，釘」（250件，6.5％），「プラスチックやゴム」（204件，5.3％），「ガラス片」（149件，3.9％），「ゴキブリ」（118件，3.1％），「石や砂」（116件，3.0％）であり，ここまでで全体の約60％を占める。件数はそれほど多くないが，歯や爪，骨，絆創膏やガーゼ，タバコの吸い殻，コインなどもあった。表1[1]に混入した異物の種類を示す。

2.3 実際の異物混入事例

食品原料には，小麦粉，米粉，各種でんぷんなど多くの粉体原料が利用されている。これら粉体原料を使う原料加工の段階で，粉の状態における異物管理を正しく行うことで，最終製品への異物混入を減らすことが可能である。そのためには，粉体技術を正しく理解し，粉の性質に合わせた異物管理を行うことが必要となるので，ここで取り上げる。

食品中の異物を考える場合，最終の消費者で発見される異物は氷山の一角であり，そこに至るまでには，多くの異物混入機会がある。本来

表1　異物混入の種類[1]

異物の種類	件数（％）
（単に）虫	938（24.5）
金属類※1	279（7.3）
毛	253（6.6）
針：針金・釣り針・釘	250（6.5）
プラスチック・ゴム	204（5.3）
ガラス片	149（3.9）
ゴキブリ	118（3.1）
石・砂	116（3.0）
紙・糸・布	82（2.1）
ビニール	76（2.0）
ハエ	68（1.8）
木片	56（1.5）
刃物	47（1.2）
ホチキスの針	37（1.0）
ネズミのふん・毛など	31（0.8）
その他※2	580（15.2）
不明	537（14.1）
合　計	3,821（100.0）

※1　金属片，ボルト・ナット，缶のくずなど
※2　歯・骨，絆創膏，タバコ，カビのようなもの，報道等で問題が明らかにされた「ボツリヌス菌」，「黄色ブドウ球菌」などの細菌類を含む

異物混入はあってはならず，消費者に届けられる前の原料調達，製造工程，流通段階で異物対策が施され，その結果異物が完全に除去され，最終製品に異物が混入しないように運用されている。その対策に何うかのほころびがあれば，結果として，最終製品の異物として表面化することになる。まずは，実際の消費者クレームから，食品への混入異物の種類を紹介する。

2.3.1　事例1

2012年11月14日に全国紙にお詫び・回収依頼広告が掲載されたが，某大手食パンメーカーの関東の工場で食パン製造に使用していた篩装置（強制篩式ラウンドシーブ型）のナイロン網が破れて，白色の軟質プラスチック片が混入した可能性があるとのことで，消費期限が2日間にも及ぶ製品を回収した例がある。

2.3.2　事例2

2003年3月27日に地域ブロック紙にお詫び・回収依頼広告が掲載されたが，某大手製麺会社の協力工場で製造に使用していた篩装置（強制円形篩，ラウンドシーブ型）のステンレス網が破れて製品に混入し，製品を大量回収した。

2.3.3　事例3

2003年12月14日に全国紙にお詫び・回収依頼広告が掲載されたが，某パン粉メーカーの製造工程中に設置されている空気輸送配管用（ニューマ搬送）のフレキ樹脂ホース内部に埋め込まれているアース用の糸状銅線が何らかの理由で脱落し，パン粉製品に混入し，それがユーザーで発見された（太さ0.17 mm，長さ1.0 cm）。このパン粉を使っている多くの会社（冷凍食品，ハム・ソーセージメーカー等）で自主回収を行うことになった。

2.3.4　事例4

某海外メーカー製のインライン・シフター(強制円形篩，ラウンドシーブ)を網破れ検知装置付きで納入したが，それが検知せず，工場では網が破れたことに気付かず運転を続け結局異物混入事故が発生し，損害が派生した。その損害を機器メーカーに対して賠償請求したという海外の事例もある。

2.3.5　事例5

某冷凍食品工場で，原料の冷凍肉に散弾銃がもともと入っていたのに気付かず，最終製品（冷凍ハンバーグ）箱詰め前に金属探知機で検知されたが，異物が大きく信号が大きすぎたため，その直後の異物をはじくことができず異物混入品が製品となって出荷されてしまった。金属探知機の除去時間設定を長くすることで対処。（現在の金属探知機は改善されている。）

3.　混入経路とその原因

まず，製造工程のどこで，どんな異物が入る可能性があるのかを正確に知る必要がある。そ

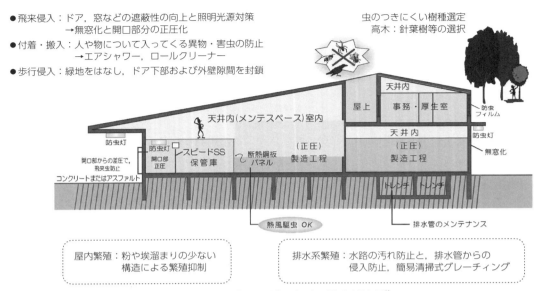

図1　食害虫の工場への進入経路と防虫対策例[2]

のために，①生物的要因，②微生物的要因，③人間的要因，④物理的（設備的）な要因，⑤化学的（受入前の汚染も含む）な要因，これら五つの要因すべてに現場調査をし，現状の把握をすることが大事である。図1[2]に食害虫の工場への進入経路と防虫対策例を示す。

この例で示すように，外部から虫の進入経路は様々で，これらを設計時から検討しておくことで，操業してからの異物管理のコストを抑えて確実なものにできることから，専門の防虫コンサルタントのアドバイスを積極的に取り入れることも検討を要する。

4. 食品製造プロセス（特に粉体原料）への防虫・異物対策手法

異物・コンタミ防止技術について論じる場合，まずは工場全体を①建物全般（外部からの進入対策），②建物内雰囲気から工程内，そして③製造工程内をトータルで見直すことから始めなければならない。これらをトータルで考える場合の基本となる考えがHACCPという手法にまとめられている。しかしながら，この手法は食肉や乳業では一般的であるが，乾燥した食品粉体には粉体ならではの注意点もプラスして考えなければならない。乾燥品も含めた食品全般に通用する考え方は，AIB（American Institute of Baking；アメリカ製パン研究所）もHACCPに加えて採用するIPM（Integrated Pest Management）という手法を紹介する。これは，ISO22000にも通ずる考え方となっている。

4.1 総合的有害生物管理（IPM）

IPMとは害虫の数を経済的な損害を引き起こさないレベルで維持するための適切な手法をいくつか組み合わせたシステムのことである。害虫防止の方法は様々あるが，IPMは，現場調査，清掃，物理的および機械的方法，化学的方法の4種類に大別できる。経済的で効果的かつ安全な害虫管理には，これら4種類の手法を適切に組み合わせて実施することが不可欠である。

4.1.1 現場調査

　化学薬品のみに頼った害虫駆除からIPMへと手法が変わるにつれ、現場調査の重要性は高まっている。現存する問題点だけでなく、潜在的な問題点も明らかとなり、実行中の清掃計画も見直しができる。そういった意味で現場調査は経済的な害虫管理に重要な要素といえる。現場調査に加えて、対象害虫の大きさ、行為、ライフサイクル、習慣といった生態を把握することで、より効果的かつ経済的な害虫駆除が実施可能となる。また、現場調査の記録がサニテーションレベルの継続的な向上に有用であり、害虫問題の再発防止や未然防止にも活用できる。フェロモンや食物トラップの活用も有用である。

4.1.2 清　掃

　吸引式の清掃により、きちんと清掃して施設内を清潔な状態に保つことが害虫被害の削減につながる。また、施設外部の地面の状態や建物、設備の仕様や配置によって清掃に必要な時間や周期、コストが変わる。清掃しやすい仕様・配置でデッドスポットをなくし、害虫被害の源を断ってしまうのが効果的である。使用可能な化学薬品が減少していくなかで、従来より頻繁かつ隅々まで徹底した清掃が必要となっている。特に、屋外設置の原料用粉サイロ内は最低1年に1回（できれば年3回）は内部清掃をすることが好ましい。AIB（日本では、(一社)日本パン技術研究所）の立ち会い検査を受ける際、サイロ後にインライン・シフターを設置していても、サイロの清掃頻度について指導されることがある。

4.1.3 物理的・機械的方法

(1) 物理的方法

　温度操作と水分操作がある。虫や微生物にはそれぞれ生存や繁殖に適した環境が必要であることから、それを壊すことにより駆除する方法である。

　温度操作には冷却と加熱の2種類あり、比較的寒いところでは4℃以下の低温度で数週間保持する方法が適用可能である。限られた空間では熱風駆虫（熱燻蒸）が効果的で、55℃で8～24時間室内温度を加熱保持する必要があるといわれている。いずれの場合も事前準備が大切で、耐性に乏しい機器や資材は撤去し、隠れ家となりうる場所を根絶すべく清掃せねばならない。熱風駆虫には、一般にスチーム、ガスや電気のヒーターを使用されることが多い。日本では、電気のファン付きヒーター(18.75 kw)を貸し出し、熱風駆虫をビジネスにしている会社もある。電気のヒーターは台数を多く設置する関係上、配線が床に錯綜する状況になることに驚くが、電気代とサービス費用が薬剤燻蒸に比べてかなり高額になることから、広く普及しているとはいえない。ガスは、粉じん爆発防止の観点から裸火を嫌う会社も多く、ほとんど普及していない。スチームヒーターは、工場内にスチームがあれば、週末にそのスチームを利用して熱風駆虫を行えるので、現実的かつコストもそれほどかからない方法と考えられるので、「有機」を宣言し、スチームを使用する食品工場では、今後普及する可能性がある。

　一方、水分は虫が繁殖、増大するかに大きな影響を及ぼし、原料水分が低ければ低いほど繁殖速度は遅くなる。穀類は可能な限り低水分の原料を購入すべきである。13％以下なら安全といわれているが、保管時もローテーションや換気をして均一な水分を維持することが望ましい。

(2) 機械的方法

インパクトマシンは穀粒内部の虫を破壊するために使用されている。また，最終粉製品に生きた虫が混入することがないよう，（インライン）シフターが混合，混練直前や包装，バラ出荷直前に使用される。シフターにも種類があるので，成虫が壊されて篩を通過する可能性のあるもの（ビーターやスクレーパーが内部で高速で回転するラウンドシーブタイプなど）は好ましくなく，緩やかに旋回するタイプのシフターが異物除去（特に虫の除去）には適切である。小麦粉が通過し，虫の成虫が通過できない 30 メッシュ(600 μm) 目開きのナイロン網を装着した篩が小麦粉を篩う目的で多く用いられる（金網を使うと，金網が破れて製品に混入した際に金属混入となってしまう）。緩やかに旋回するタイプのシフターは適切な負荷と回転数でその効果が維持される。紫外線や X 線の照射も害虫駆除の方法ではあるが，コスト高に注意しなければならない。金属異物に対しては一般にマグネットと金属検出機を設置する。[5.] で詳しく述べる。

4.1.4 化学的方法

殺虫剤，薬品燻蒸がその代表である。殺鳥剤や殺鼠剤は施設外部で使用すべきである。

4.2 その他の方法

生物学的方法として天敵や寄生生物を利用する方法があるが，さらなる研究が必要なレベルといえる。他に，二酸化炭素や窒素を加え，大気の酸素濃度を低く抑えて殺虫する方法がオーストラリアで実施されている。温度 27 ℃，二酸化炭素濃度 40～60 ％で 4～7 日間維持すると効果的だという。高濃度の二酸化炭素は虫の呼吸を増やし，脱水を早める効果があるため，より高温のほうが短時間で効果大といわれている。

4.3 トレーサビリティ

先にも述べたが，食品工場で粉末原料へのコンタミ（異物混入）防止は大きなテーマになっている。粉体の段階で異物を確実に除去することで，加工された中間原料中での異物管理の方法を簡素化することも可能となることから，ワンウェイフローを実現し，適切なゾーニング管理を実践し，清浄室の陽圧管理を行うことが，粉体を扱う工程，工場でも非常に重要視されるようになってきた。これらに加え，消費者の異物，コンタミ防止に対する厳しい要求レベルに対応するために，原料段階において異物除去する概念と並行し，どの原料がどの製品にどれくらい使われているか追跡できるようにするためトレーサビリティ技術を導入する企業も増えている。

アメリカでは，FFTF (From Farm To Fork：農家から消費まで) のトレーサビリティを義務付ける法律が施行されたことを受け，工場のトレーサビリティも，受け入れから出荷までをトレースできればそれでよいという考え方から，自社の工場の前のトレーサビリティも把握する必要が出てきた。最終製品で異物混入事故が発生した場合，すべての原料の最初までさかのぼって FDA（アメリカ食品医薬局）に報告する義務があるのである。日本からアメリカ向けに食品を輸出する企業はこの法律に対応しなければならない。

5. 機械的方法による異物除去

5.1 インライン異物除去装置

食品粉体を空気輸送する製造工程は多くの工場で利用されているが，その空気輸送中に異物除去装置を設置する場合は，重力落下中に設置する場合に比べて，総機器点数が少なくなり，異物管理ポイントが減ることから，最近スポットが当てられてきている。

食品粉体に混在した鉄異物を除去する「インラインマグネット」，虫の卵を殺卵する「インライン殺卵機」，虫などの30メッシュ(600 μm)以上の異物を除去する篩装置「インライン・シフター」などが紹介されている。これらを設置することで食品粉体中の異物を連続的，かつ，トータルに除去することが可能になり，衛生面および安全面を重要視される食品製造において，異物混入防止の効果をより高めることができる(**図2**にフロー例を示す)。

これらの製品の特長は，空気輸送配管中に設置することが可能で，製品混錬ミキサー送りや製品出荷空気輸送ライン，包装機送りライン等の重要な管理ポイントで異物を除去かつコントロールすることができる。

5.2 装置のフロー例

5.2.1 インラインマグネット

フェライト磁石と強力希土類磁石の2タイプあり，空気輸送ライン中に設置でき，浮遊金属異物を効果的に除去する。マグネット部分は簡単に取り外し可能で清掃やメンテナンスの容易なものが好ましい。

5.2.2 インライン殺卵機（別名：インパクトマシン）

空気輸送ライン中に設置でき，食品粉体中の虫の卵を高速回転ローターで破壊し殺卵する。

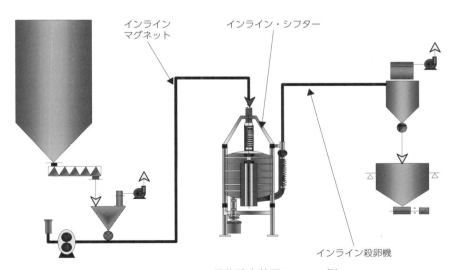

図2 インライン異物除去装置のフロー例

インライン・シフター直後に設置することで，篩通過後の製品中に存在する，篩目以下の卵を破壊できる。特に，200 μm 以上の大きな卵に威力を発揮する。

5.2.3 インライン・シフター

空気輸送ライン中に配置できる篩装置で，最大 550 kg/m（33 t/h，強力小麦粉ベース）の処理が可能（30 メッシュ，600 μm の目開き）な機種もあり，アメリカ製パン業衛生標準委員会（BISSC，現在は AIB の傘下）の衛生基準適合証明書付きの装置も日本で販売されている。BISSC では，食品用の異物篩について以下の基準を設けている。

〈篩に関する BISSC の基準の抜粋[3]（参考）〉

4.1.4　Specific Design Requirements for Sifters（シフターの設計要件）

4.1.4.1　Separate conveying air systems shall be provided before and after an atmospheric sifter in the system.（エアバイパス機構が内蔵されていること）

4.1.4.2　Sifters shall permit continuous discharge of tailings through dust-tight connections to an enclosed container.（異物が連続的に排出されること）

4.1.4.3　Sifters shall employ no rubbing action to facilitate product flow.（網をこするような力を加えないこと）

4.1.4.4　Sifter screen frames shall be designed to prevent replacement in an improper position and shall be readily removable for cleaning（網がはずしやすくなっており，かつ，元に戻すときに間違いが起こりにくい構造になっていること）

4.1.4.5　Sifter screens shall be minimum mesh to allow passage of product.（網の目開きは製品の通過しうる最少であること）

異物・虫が破損して製品へ混入することがないように，異物除去を目的に食品粉体を篩うシフターは緩やかな旋回運動が最適（粉体を解砕しながら篩う目的には，ラウンドシーブ型がよい）。アジテーターやビーターなどで網に直接力をかけると，虫をばらばらにしたり，網を破いたりしてしまう可能性が高まる。破れは二次異物につながることから，慎重に機器選定すべきである。また，篩オーバーに製品が混ざると，ロット切り替え時に粉が切れず，トレーサビリティもなくなるので，オーバーに製品が全く混ざらないシフターが理想的である（**図 3** に各種インライン・シフターの写真・図を示す）。異物除去用に，ラウンドシーブを使用する場合は，点検頻度を上げる（例えば，毎日，ライン切り替え時に，網を取り出し破れがないかどうかを目視確認する）ことを製造基準にすることが重要である。

篩の機種の選定には BISSC，AIB，HACCP 等の指導および基準に基づき細心の注意を払わなければいけない（**表 2** に各種インライン・シフターの比較を示す。各社のデータは公表されているホームページ等の情報，カタログに基づく）。

また，空気輸送配管途中に設置するインライン・シフターでなくても，重力落下式で木を全く使わない，接粉部オールステンレスのトゥルーバランスシフターもアメリカで紹介された（**図 4** 参照）。従来，アルミ製の下部回転式シフターが一般的に利用されてきたが，このアメ

第 5 章　最新装置開発

(a) インライン・トゥルーバランス・シフターQA24

Great Western Manufacturing 社
（アメリカ）製
写真：同社より提供

(d) Pneumatic In-Line Screens[6]

GUMP 社（アメリカ）製

(e) Ultra-High Capacity In-Line Pneumatic Screener[7]

Kason 社（アメリカ）製

(b) Pneumatic In-Line Sifter[4]

SWECO 社（アメリカ）製

(c) SINKA シフター[5]

㈱西村機械製作所製

(f) ラウンドシーブの概念図

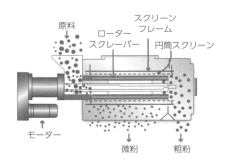

図 3　各種インライン・シフターの写真と概念図

リカ製シフターは，篩外枠も篩中枠もすべてステンレス製であり，パッキンがワンタッチで脱着できるなどサニタリー製に十分配慮されたシフターである。トゥルーバランス方式を採用しておりバランスウェイトがシフターの両外側に設置してあるためスケールアップが容易で，小麦粉で時間 15 t 以上の篩分け能力を持つ機種もある。また，2 種だけでなく多段に篩い分けることも可能である。

Great Western Manufacturing 社
（アメリカ）製
写真：同社より提供

図 4　重力落下式ステンレス製シフター例

表2 各種インライン・シフターの比較

製品名	メーカー	エアバイパス機構(BISSC仕様)	異物連続排出(BISSC仕様)	網詰まりを機械的にかき取らない(BISSC仕様)	網の枚数(エアバイパスを除く)	網の形状,大きさ	旋回式/振動式/機械式	能力[t/h,強力小麦粉,30メッシュ]	モーター電気容量[kW]
インライン・トゥルーバランス・シフター・QAシリーズ	Great Western Manufacturing社(アメリカ)/日清エンジニアリング(株)	あり	あり	BISSC仕様準拠	2〜5 (7)	600mm直径(QA24) 900mm直径(QA36)	旋回式(ウレタンボール/キューブ)	3〜7.5 (QA24) 7.5〜25 (QA36)	0.75 (QA24) 1.1 (QA36)
ジャイロドームイシフィンシフター	(株)徳寿工作所/ニッソンエンジニアリング(株)	あり	なし	BISSC仕様準拠	1	1000mm直径	旋回式(ウレタンボール)	〜6	1.5
SINKAシフター	(株)西村機械製作所	あり	あり	BISSC仕様準拠	1〜2	500〜1200mm直径	振動式	2〜9	0.75〜3.7
Pneumatic In-Line Screens	GUMP社(アメリカ)/(株)西村機械製作所	あり	あり	BISSC仕様準拠	2〜3	800〜1350mm直径	振動式	〜30	0.5〜3.7
Ultra-High Capacity In-Line Pneumatic Screener	Kason社(アメリカ)	あり	なし	BISSC仕様準拠	1	1219〜1525mm直径	振動式(ウレタンボール)	〜27	1.5〜7.5
ラウンドシーブ型(Centrifugal Screener)	AZO社(ドイツ),Reimelt社(ドイツ),Buhler社(スイス),Kason社(アメリカ),ツカサ工業(株)	なし	運転中排出も可,原則運転終了後取り出し	機械式目詰まり防止(攪拌・かき取り羽根)	1	円筒形	機械式	3〜13	2.2〜7.5

各社カタログ,公表データをもとに筆者作成

6. 製造工程における防虫および異物対策装置を選定するうえでのポイント

どんなに管理された工場でも工程内に異物が入る可能性はある。入った異物をすぐに発見し、除去する方法が必要であるが、小麦粉やミックス粉、でんぷんなどの食品粉体を原料として使用する食品メーカーで、多くの異物除去装置がラインに実際に使われている。

異物検出・除去装置を設置する場合、以下のポイントを押さえる必要がある。

① 装置自体が異物発生装置にならないか？
② 工程を複雑にしていないか？
③ 簡単に内部の点検ができるか？（週に1回、30分以内で）
④ 目的を明確にする（異物チェックか、異物除去なのか）

そして、検出および排除すべき異物の特性、製造および品質管理の優先順位等を検討し、異物対策装置選定フローチャートをつくり、それに基づき最適な装置を選定する必要がある（図5に選定フローシート例を示す）。

製粉業を始め食品産業において、究極の目的は害虫を完全に除去することであるが、"ある低いレベルで管理する"ことが現実的な目標ではなかろうか。経済的で効果的かつ安全に害虫管理するためには、生産ラインに異物管理のメソッド（設備と管理技術）を導入および運用し、IPMの現場調査、清掃、物理的・機械的方法、化学的方法の4種類の手法を適切に組み合わせて実施することが不可欠である。

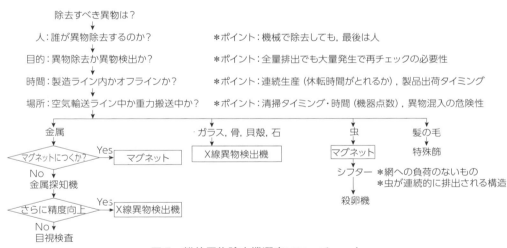

図5 粉体異物除去機選定フローチャート

7. おわりに

本稿では、粉体プロセスに焦点を当て防虫および異物管理対策について述べたが、その他の食品（弁当、総菜、カット野菜など）でも同じ考え方で異物や防虫管理が可能である。粉体という非常に細かな原料や製品の異物を管理することで、その後の製品の異物管理も同様のきめ細かさを持って管理することにつなげられる。一般的な食品が粉製品と異なるのは、製品より

小さな異物を篩で発見できないことであるが，篩を使えないからこそ目視検査やカメラ検査がより重要となる。ファストフード店でハンバーガーに虫が混入することは許されないことであり，工程内で虫が入らない対策を徹底すると同時に，防虫対策のためには製品の目視検査が欠かせない。金属異物，ガラスや有毒物質など人体に危害を与える異物がもし製品に混入したことが判明すれば，原因を特定し被害の及ぶ範囲を見極めたあと，被害を最小限に食い止めるため，会社は速やかに広く（テレビ発表，新聞発表等で）世間に告知し，工場で生産しすでに出荷流通している商品は，異物混入の可能性のある製造ロットのすべてについて回収しなければならない。虫は生き物である以上，混入を完全にゼロにできない。しかし，最終商品に混入させない取り組みは，努力を重ねることにより可能である。虫について，会社としてどのように対応するのか全社で統一した考え方を持って生産，流通，販売を行わなければならないことを指摘しておきたい。

■文　献

1) 国民生活センターホームページ：http://www.kokusen.go.jp/pdf/n-20001125.pdf
2) 石戸克典：食品工場の防虫対策・異物対策，粉体工学会第37回技術討論会，(2002).
3) BISSC ウェブサイト：http://www.bissc.org/S4_1.html
4) SWECO ホームページ：http://www.sweco.com/screener-pneumatic-inline-sifter-separator.aspx
5) 西村機械製作所ホームページ：http://www.econ-mw.co.jp/senbetsu_s0.html
6) GUMP ホームページ：http://www.gumponline.com/pneumatic.html
7) Kason ホームページ：http://www.kason.com/Circular-Vibratory-Screeners-Separators/Available-Designs/Ultra-High-Capacity-InLine-Pneumatic-Screener.php
8) 沢野修，七蔵司和哉：食品機械装置，**37** (11), 61-69 (2000).
9) 石戸克典：食品機械装置，**41** (2), 55-68 (2004).
10) 平尾素一：HACCP，**12**, 40-46 (2000).
11) B. Robert, et al.: A Flour Mill Sanitation Manual, Eagan Press, St. Paul, Minnesota, (1990).
12) 石戸克典，松本強二：ジャパンフードサイエンス，**41** (11), 46-52 (2002).
13) 石戸克典：化学装置，**9** 別冊, 10-16 (2003).
14) 石戸克典：食品機械装置，**43** (8), 57-73 (2006).

第5章 最新装置開発

第3節　異物混入検出機の開発

株式会社システムスクエア　池田　倫秋　　株式会社システムスクエア　中川　幸寛

1. はじめに

　近年，ソーシャルネットワーキングサービス（SNS）は，誰にでも容易に使いこなせるそのコミュニケーション機能によって，様々なつながりを構築しながら，国内，海外問わず急速に拡大している。情報の真偽を問わずネット上で瞬時に広まるSNSの爆発的な拡散力は，食品メーカーを含む様々な企業にとって大きなビジネスチャンスをもたらす。その反面，近年発生している食品事故や異物混入事件などの情報が爆発的に広まることで，大きなイメージダウンとなり，相当数の自主回収や最悪の場合，倒産に追い込まれる等，多大な損失となる場合もある。加えて，食の安全，安心に対する消費者の関心は，これまでにない高まりをみせており，食品メーカーとしてもそれらの要求に応えるべく異物混入を防止することを十分考慮した食品生産ラインの設計や工程改善を日々行っている。しかし，食品に混入する異物は，生産装置由来の金属だけではなく，原材料由来のプラスチック，ガラス，石などもあり，工場内での異物混入を防ぐ以外にも対策が必要となる。また，食品自体に混入する異物の他にも，包装不良，印字ミス，重量不足，割れ欠け，欠品などを異物として検出するケースも多い。これらの異物が誤って生産ラインに混入した場合でも，市場に流通する前に可能な限り検出し除去することは，食品メーカーにとって非常に重要な検討課題となっている。以前から金属検出機が検出精度，コストパフォーマンスのよさから数多く導入されてきたが，X線異物検査機の低価格化が進み，金属以外の様々な異物を検出できるという大きなメリットがあることから多くの食品生産工場で本格的に導入されている。

　当社は，多種多様な異物を検出すべく，異物検査機メーカーとして金属検出機，X線異物検査機はもちろんのこと，これらをベースとした特徴的な検査機を企画開発している。

　本稿では，当社の企画開発力を生かした特徴的な検査機を三つ紹介する。まず，魚や鶏肉などの骨を抜くための補助的な役割を果たす残骨検査装置SXV2275L1Wを紹介する。次に，クーラーを用いずに完全密閉を実現したSX2554WおよびSX4074Wを紹介する。そして最後に，アルミ包材や柄のある包材に対して，これまで両立が困難だった異物検査と噛み込み検査を同時に行うことができるSXS2154C1Dを紹介する。

2. 残骨検査装置 SXV2275L1W

　骨なし魚の市場規模は，業務用以外に，病院の医療食，学校給食，高齢者施設など介護食で需要が拡大してきている。今後は，在宅介護等高齢者向け弁当宅配，家庭用の冷食としても需

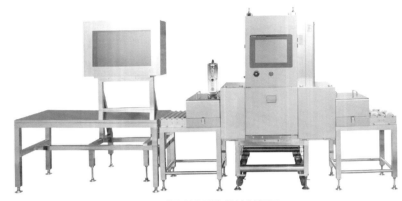

図1　SXV2275L1W 外観図

要が見込まれる。さらに日本に限らずアジア新興国も高齢化が進行し，欧米でも骨なし魚のニーズが高まりつつある。そのため骨なし魚の市場拡大とともに，鮮魚用小骨検査機の市場規模は現在の何十倍にも増加することが見込まれる。このような加工食や冷凍食品・冷凍切り身魚を製造するメーカーでは，基本的に手作業で骨の抜き取り作業を実施しているが，抜き取り残しがないかどうかを確認し，残骨があればその場所を確認するために，X線残骨検査機を使用している（図1）。

2.1　技術概要

この装置では，X線撮像後，作業員の目視により残骨確認を行う。そのため，目視検査，骨抜き用の作業台，そして大型の外付けモニタが配置されている。作業者は，このモニタに映し出されるX線検査画像を見て骨の有無を確認する。作業は，目視検査を行っている作業者が全体の動作をコントロールするため，手元には専用の押しボタンスイッチが設けられている。また，X線撮影後に被検査物を待機させておくスペースが設けられ，待機しているトレーを手前に引っ張り，専用押しボタンを押すことで表示が切り替わり残骨検査が実施できる状態となる。

次に，鮮魚加工現場での残骨検査における作業フローの一例を記す（図2）。

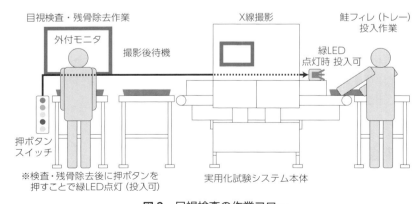

図2　目視検査の作業フロー

まず，さばいて作業員の手作業で骨抜きにしたフィレ2切れを専用のトレーに載せ，X線残骨検査機に投入する。投入されたフィレは，搬送されながら装置内でX線撮影される。その後，下流側で受け取られ，X線画像と実物を目視で対比しながら，小骨の混入状況を確認する。残骨があれば骨抜き専用のプライヤーで抜き取り，検査・残骨除去されたものが後工程に渡される。

　また，モニタに表示される検査画像と手元の被検査物を一致させるために押しボタンを設けている。作業者は，手元にある鮮魚の検査，骨抜き作業が完了した後，ボタンを押すことで，モニタ表示を次の被検査物画像に切り替えると同時に，投入口の作業者へ投入可能であることを表示灯で知らせる。

2.2 特　徴

　残骨検査装置は，基本的に人の手作業で残骨を抜き取るため，画像のコントラスト，明るさ等調整し，外付けモニタで鮮明に被検査物を表示する必要がある。アルミニウム線の透過度計（図3 (a)）をサーモン（図3 (b)）とともに撮像した画像（図3 (c)）では，サーモンの骨とともに0.25 mm程度まで視認することができる（図3 (d)）。

(a) 透過度計

アルミニウム線，JIS Z 2306
線径：0.20, 0.25, 0.32, 0.40, 0.50, 0.63, 0.80 mm

(b) サーモンの撮像例

(c) bのX線画像

(d) cの拡大画像

サーモンの骨と透過度計が撮像されている

図3　透過度計をもちいた視認性の確認

2.3 事　例

　スケソウダラ（図4）をX線撮像した画像を示す（図5）。スケソウダラは，骨抜きしたものを幾層にも重ね，ブロック状にして冷凍した，いわゆるフィッシュブロック，フィッシュポーションとして扱われるケースが多い。ブロックやポーションにされたものは，最終的にファストフードなどでフィッシュフライ，白身フライとして使用される。いったんブロック状またはポーション状に加工したものはその後の検査で残骨が発見された場合でも解凍して骨を抜くことはほとんどない。仮に骨が残骨検査装置にて発見された場合は，ブロックごとB級品として取り扱われる。これは，解凍・冷凍を繰り返すことによって味が劣化してしまうからである。

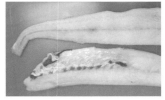

図4　スケソウダラの撮像例　図5　スケソウダラのX線画像

3. クーラーレス完全密閉型X線検査装置 SX2554W, SX4074W

3.1 技術概要

X線を発生させて検査を行う装置には当然のことながらX線発生器が使われている。X線を発生させる際，X線発生装置に数十～百kVの高電圧を印加することで，電子を飛ばす。飛ばされた電子がターゲットに衝突することでX線が発生する。X線の発生効率は1％以下と非常に悪く，99％以上が熱となる。そのため，これまで使用されてきたX線検査装置は，使用環境に応じて，冷却ファンを用いた空冷方式，あるいは専用のクーラーを設置し内部を冷却していた。一方で，粉塵等を扱う工場においては，内部へ粉塵が侵入するのを防ぐためにクーラーを用いた密閉構造をとることが多い。この場合，ドレン処理不要なノンドレンクーラー等，高価なものを設置する必要があった。

3.2 特徴

この装置では，冷却ユニットを比較的低い位置の架台付近に設置し，効率よく熱交換を行うことで，完全密閉構造を実現した（図6, 7）。防水範囲も以前の冷却ファンによる空冷構造と比べて，吸排気口が不要となったことや指示器部の前後扉をなくすことで，表示および操作部を含めて上から水をかけても浸入しない高い防水性を実現した。加えて，内部冷却構造の最適化やクーラーレス実現により従来機よりもよりコンパクトかつ低価格を実現した（図8）。

図6 SX2554W 外観図

図7 装置の架台部に冷却ユニットを配置

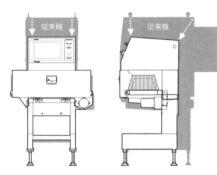
図8 サイズ比較

3.3 展示会場での防水性評価

本装置では，指示器部に扉を設けず，カバー状の蓋を上部に持ち上げることで開閉できる構造となっている。これにより，指示器部において水が溜まってしまうような隙間は存在せず，上部から水をかけても問題ない（図9）。

図9 展示会場での展示風景

4. 噛み込み X 線検査装置 SXS2154C1D

生産工程で加工された食品は，自動包装機によって個包装され，その後，検査工程を経て出荷工程へと移る。検査工程には，「異物検知」，「推定重量の測定」，「形状不良検査」，「個数の判定」などがあるが，新たなニーズとして「噛み込み検査」の需要が増えている。

「噛み込み」とは，食品をはじめとしたあらゆる個包装において，個包装前の長尺な袋を個々の内容物包装単体ごとに封じるために個包装領域同士の境界を熱圧着して閉じる際，閉じた部分（シール部）に内容物やその破片が挟み込まれる（噛み込む）不良のことである。特に，内容物が食品の場合には，シール部の密閉不良によって鮮度の低下やカビの発生，腐敗などにつながるため安全性に大きな支障が生じてしまう。

従来，透光性包装材の噛み込みをカメラと照明を用いて透過画像を取得し，自動検査する装置は存在しており，当社でもカメラで光学画像を取得し噛み込み検査を行う装置を 2010 年から製造販売していた。しかしながら，光が透過せずバリア性の高いアルミ包装材の増加に伴いこれまでの方式では透過画像を得られず検査できない状況が多くみられた。また，一般的な食品向け X 線を流用して，包装材の噛み込みを検査する場合，X 線が透過しすぎてしまいシール部が映らず画像処理で噛み込みなのか内容物なのかを特定するのは非常に困難であった。

4.1 技術概要

この検査装置は従来の透過光で得た透過画像（光学透過画像）に加えて X 線による透過画像（X 線透過画像）を使用しており，同時に撮像された二つの画像を合成することで検査画像を得ている（図 10，11）。

搬送部の概要を示す。

薄い包装フィルムに噛み込んだ微小な異物を高い精度で検出するためには，ノイズの少ない鮮明な画像をどう得るかがポイントになる。検査品はベルトコンベヤーに乗って搬送されてくるが，本装置内部でコンベヤーを分割し間隙部を設け，その間隙部で X 線撮像を行うことで搬送ベルトの影響を排除し，検査品のみの画像を得るようにした。一方，上記のような分割コンベヤーでは，間隙部を通過する際に姿勢が変化してしまう可能性がある。光学透過画像と X

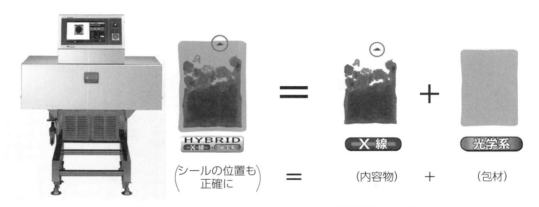

図 10 SXS2154C1D 外観図　　**図 11** 噛み込み X 線検査装置の画像について

線透過画像を位置精度よく合成するためには，間隙部で姿勢が変化しても影響がないよう，同一の間隙部内で両方の透過画像を同時に撮像する必要がある（図12）。

次に撮像構造の概要を示す。

光学透過画像とX線透過画像を同一間隙部で撮像する場合，照明とX線検出部が近接しており，照明の光によりX線透過画像へ影響を及ぼしてしまうが，照明とX線検出部の間に最適な材料を用いて仕切りを設けることで，近接していても影響を受けないようにしている。

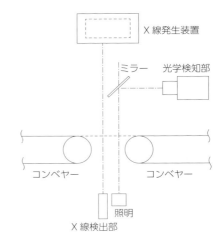

図12　構造概要

4.2　特　徴

最大の特徴は異物検査と噛み込み検査を同時に行えることである。包材の形状を光学系で特定するため，X線の出力を比較的高出力のまま使用することができ，通常のX線異物検査装置の異物検査の感度を維持しながら，噛み込み検査を行うことができる。

X線のみでの噛み込み検査は，包材が映るようにX線の管電圧を下げる必要があるため，異物検査と同時に行うことは困難である。また，比較的薄い包材はX線を使うと透過しすぎるため撮影すること自体困難であるが，内容物と包材をX線と光学系で別々に撮影することによって解消している。

4.3　事　例

アルミ包材の食品を撮像したものを例示する。包材に柄があっても輪郭を抽出し問題なく検知可能となっている。また，薄い透明包材とアルミ包材が同一の生産ラインで製造される場合においては，透明包材のときには，光学画像のみで撮像したほうが，X線を使用して噛み込み検査をするよりも感度よく検出できる場合がある。このような場合は，光学画像のみで噛み込み検査を実施し，X線画像を用いて異物検査を行うことで光学画像検査装置とX画像検査装置とを別々に設置する必要がなく小スペース化することもできる（図13～15）。

図13　ソーセージの検査画像

図14　乾麺の検査画像

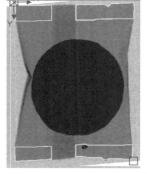

図15　菓子の噛み込み検査結果

5. 今後の展望

近年，世界各地で締結されている自由貿易協定（FTA）や経済連携協定（EPA），そして大きな問題となっている環太平洋戦略的経済連携協定（TPP）などによる国際化，自由化の流れは，長い目でみた場合，避けて通ることはできない。これら海外も交えた自由競争のなかで，食の安全，安心に対し，日本国内のメーカーはもちろんのこと，海外の食品メーカーにおいても，同様の検査態勢が構築されてくることが想定されますます検査機の需要が拡大すると予想される。また，海外特有の食品検査に対する要望や要求に対しても，新しい検査機の開発，提案を行っていくことが今後の事業拡大において重要であると思われる。

第5章 最新装置開発

第4節　液状食品向け金属異物検出装置の開発

豊橋技術科学大学　田中　三郎　　アドバンスフードテック株式会社　鈴木　周一

1. はじめに

　食品の安全への関心が高まるなかで，消費者は安全性をよりどころに商品を購入する傾向にあり，異物検出装置の高感度化への市場要求は非常に大きい。また，ナショナルブランド（National Brand；NB）と呼ばれるような大手食品メーカーにおいて，異物混入事故が発生した場合，その損失は，製品回収費用や逸失利益（事故がなかった場合に得られたと予想される利益）を含めると，数十億～数百億円になることが知られており，企業にとっても大きな関心事である[1)-4)]。筆者らは高感度磁気センサーを用いて，磁気的手段で食品内の金属異物を検出する技術の開発を行っている。2010年から愛知県が推進する知の拠点あいち重点研究プロジェクト[5)]「食の安心・安全技術開発」のなかで液状食品内異物検査装置の開発を進めてきており，商品化に成功したのでそれについて紹介したい。

2. 液状食品内異物検出の状況

　近年，われわれ国民の食生活は多様化し，単に生産者から流通を経た食材ではなく，工場で加工されたものを食することが一般化してきている。工場では細心の注意を払って製造しているが，時として異物が混入することは避けられない。実際のところ，食品内の異物混入事故のほとんどが製造過程で発生している。昨今，食の安全が話題となり，新聞やテレビで取り上げられるため，これが消費者の大きな関心事となっている。

　『製造物責任法』〔PL（Product Liability）法〕や，HACCP（原料から最終製品化までの各加工工程での品質・衛生管理）の影響で，人体にとって危険性の高い金属異物（刃物片や機械欠損片など）を検出する異物検出装置が求められている。一般的な食品用異物検出装置には，古くから渦電流方式，X線方式，などの方式が用いられているが，液状食品（表1）については，それらの適用が困難なことが多い。渦電流方式は，対象物の導電率の影響を

表1　液状食品の例

分野	対象製品
① 乳飲料・乳製品	原乳，バター，チーズ，アイスクリーム等
② 各種調味料	味噌，醤油，ソース，食酢，ドレッシング，水飴等
③ 各種飲料	果実飲料，青汁，各種健康飲料等
④ 食用油脂	食用油脂，動物油脂等
⑤ 油脂加工製品	脂肪酸，硬化油，グリセリン等
⑥ 澱粉・豆腐	澱粉，豆腐，麺類等
⑦ 食肉加工製品	挽き肉，ハム，ソーセージ，内臓
⑧ その他	離乳食等

受けるので，食品中の塩分（導電性）や温度，気泡等によって誤検知が生じやすく，味噌，醤油など液状食品への金属探知機の適用は困難とされている。また，X線方式では，液状食品が搬送される配管内の流速が均一ではなく，管壁の流速が遅いので，管壁にある食品へのX線の過剰照射が問題となり実用化には至っていない。したがって，液状食品（飲料を含む）の工場で用いられている唯一の方法は，配管中にフィルタを設置して濾過し，配管途中を透明にして薄く広げて液体に光を当て，CCDカメラで撮影，画像処理することぐらいである。しかし，この方法では金属異物を確実に検出することはできず，検出可能な流速は0.5m/秒（30m/分）以下に限定されている。また，離乳食や果肉入り飲料，固形物の入ったドレッシングなどではフィルタの適用ができず，マグネット式の捕捉装置（マグトラップ）を設置して対応しているのが現状であり，きちんとした検査手段がなく危うい管理体制といわざるを得ない。

ここでは二つの液状食品向け金属異物検出装置を紹介する。一つは高感度磁気センサーを用いたフラックスゲート磁気センサー式異物検出装置で，流速10～60m/分に対応が可能である。もう一つはファラデー式異物検出装置で，流速20～180m/分での高速検出が可能である。後者は生産性の高い工場でも十分に対応が可能と期待される。

3. フラックスゲート磁気センサー式異物検出装置

3.1 原　理

異物検出原理を図1に示す。最初に①配管内の液状食品が永久磁石によって帯磁され，②微小金属異物内に磁化が残留する（残留磁化と呼ばれる）。次に③その残留磁化がフラックスゲート磁気センサーで計測される。フラックスゲート磁気センサーはアモルファス磁性体などの高透磁率材料の磁化飽和特性を利用した磁気センサーで，超伝導SQUID磁気センサーに比べて感度は2～3桁劣るが，常温センサーのなかでは感度は極めて高い。図2にフラックスゲート磁気センサーのノイズの周波数特性を示す。1Hz付近までほぼフラットで$10\,\mathrm{pT}/\sqrt{\mathrm{Hz}}$のオーダーにある。

センサーが検出する磁気信号B_zは式(1)に示すように，金属異物とセンサー感度面との距離r_0の3乗に反比例し，金属異物の直径Dの3乗に比例する。つまり，センサー―金属異物間距離を小さくすることが高感度検出には重要となる。ここで，μ_0は真空の透磁率，Mは金属異物の単位体積当たりの磁気モーメントを表している。

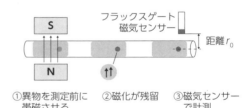

図1 フラックスゲート磁気センサー式検出原理図

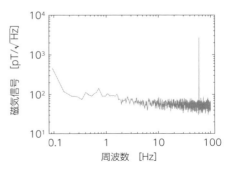

図2 フラックスゲート磁気センサーのノイズ周波数特性

$$B_z = \frac{\mu_0 m_z}{2\pi r_0^3} = \frac{\mu_0 M}{12 r_0^3} D^3 \qquad (1)$$

したがって，液状食品が搬送されるサニタリー配管の直径が65 A より太い場合は，感度が低下するので，図3に示すように配管内に中子を設けたり，配管のセンサー検出部を絞ったりすることで見掛けの直径を小さくして，高感度検出を実現している。なお，この装置では微小な磁気を検出するので，一般に使用されるSUSのサニタリー配管では磁気が遮蔽されて検出が不可能となるので，検査部の配管はポリカーボネート（非磁性）に交換している。

3.2 異物検出装置

検出装置は流速10～60 m/分の条件で鉄Φ0.3 mm以上を検出し，バルブの操作で異物混入部を自動的に排出できる制御盤を装備している。装置外観写真を図4に示す。写真手前の帯磁装置で液状食品が帯磁され，円筒型磁気シールド内部に設置された18 chのフラックスゲート磁気センサーで残留磁化が検出される。信号はアナログ回路を通してPCボードに入力され，小型タッチパネルに表示される。図5に円筒型磁気シールドと高周波シールドの外観写真を示す。磁気センサーが直接環境に曝されると，電磁波や環境磁場の影響を受けるので，そ

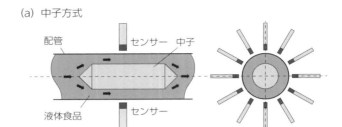

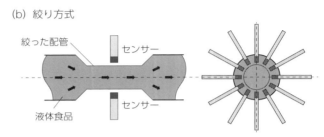

図3 高感度検出の工夫

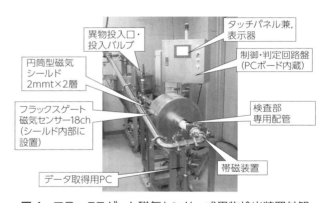

図4 フラックスゲート磁気センサー式異物検出装置外観

図5 磁気シールドおよび高周波シールド

れらを遮蔽する目的で設置されている。磁気シールドは2mmtで2層構造とし，高周波シールドはアルミニウム1mmtの1層としている。
図6にフラックスゲート磁気センサーをシールド内にマウントした図を示す。センサーは18個使用し，放射状に配置して，管内のどこを異物が通過しても検出できるようにしている。制御盤はタッチパネル兼表示盤を備え，異物検出波形表示，データ保存および各センサー自体の異常有無を検出できる機能を備えている。

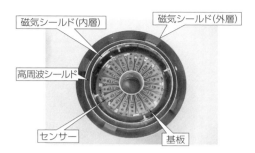

図6　フラックスゲート磁気センサーをマウントしたシールド内部

3.3　鉄球の検出試験

本装置を用いてΦ0.5mmの鉄球を検出した際の信号を図7に示す。この例ではch16～18付近において信号が得られている。流速は25 m/分，センサー―金属異物間距離は14mm程度となっている。本装置ではこのような生波形を表示・記録することができる。

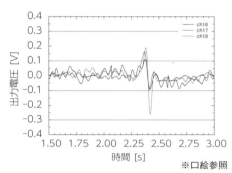

図7　Φ0.5mm 鉄球の検出例

4.　ファラデー式異物検出装置

4.1　原　理

本装置は，図8に示すように液状食品配管が通る検出部と磁気シールドが配置された増幅部で構成されている[6]。検出部では数千ガウス（表面磁束）の永久磁石と検出コイルを配置しており，ファラデーの電磁誘導の法則を利用して信号検出を行っている。つまり，永久磁石により配管部に静磁場を印加し，その中を金属異物が通過するときの静磁場の乱れをコイルで検出する。これはダイナミックマイクロホンの原理と似ている。静磁場中を微小金属磁性体異物が通過することで，磁場に変化が現れて，時間Δtにおいて磁束が$\Delta \Phi$変化すると，検出コイル両端には式(2)に示すように電圧Vが誘起される。ただし，コイル巻数をN，変化の周波数をωとした。

$$V = -N\frac{\Delta \Phi}{\Delta t} = -jN\Phi_0 \omega e^{j\omega t} \tag{2}$$

検出コイルは図8に示すように，別の場所に配置した磁気センサーの入力コイルに接続されており，このとき回路に流れる電流は検出コイルおよび入力コイルの抵抗R_p，R_iとインダクタンスL_p，L_iを用いて，電圧から式(3)のように電流に変換される。

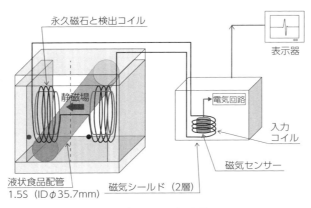

図8 ファラデー式異物検出装置原理図

$$I = \frac{|2V|}{\sqrt{(4R_p+R_i)^2 + \omega^2(4L_p+L_i)^2}} \tag{3}$$

さらにこの電流が入力コイルの磁束変化として現れる。この磁束変化を高感度磁気センサーで検出して，増幅，A/D変換後，再び電圧波形として表示される。場合によってはこのセンサーを低ノイズ電流アンプに置き換えることもできる。

4.2 装置の概要

本装置は，静磁場中での金属異物による磁束の微小な変化を検出するので，高精度で誤検知が極めて少なく，流速20～180 m/分に対応している。また，従来装置の適用が困難であったジュースやドレッシングなどの固形物を含む流動性食品やケチャップなどの粘性の高い食品に対しても，本装置は適用が可能である。検出可能な金属異物は鉄，ステンレスなど磁性を帯びる金属全般であり，検出感度は装置の使用条件にもよるが鉄球の場合，Φ0.3 mm以上から検出可能となっている。図9に装置の外観写真を示す。写真の右側が装置本体で上部に表示モニタ，中央部に検出部，下部に磁気センサー部が配置されている。写真の左側には本装置を試験あるいはデモするための食品投入用ホッパー，循環用サインポンプなどが配置されている。本装置では図10の配管経路図に示すように，検出部を3カ所設けて，異物の排出が確実にで

図9 ファラデー式異物検出装置外観写真

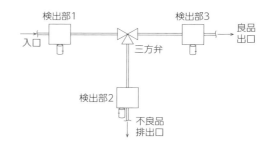

図10 ファラデー式異物検出装置配管経路図

きたことが確認できるようにしている。入口付近の検出部 1 において異物を検出すると，自動的に三方弁が動作して経路を排出口方向に切り替えて，再度，検出部 2 によって異物が排出されたことを確認する。また，三方弁が元の状態に戻ったところで，出口付近に配置された検出部 3 が異物を排除された良品が通過していることを再確認する。これによって確実なプロセス管理が可能となる。

4.3 装置の性能

今回開発した装置は前述のように，ファラデーの電磁誘導の法則を用いているので，原理的に信号強度は磁束の時間変化 $\Delta\varPhi/\Delta t$ に比例し，流速が大きくなればそれに伴って信号も大きくなる。図 11 に流速 60 m/分で $\varPhi$ 0.5 mm の鋼球 (SUJ-2) サンプルを流したときの時間波形を示す。ここでは 3 Hz のハイパスフィルタと 40 Hz のローパスフィルタを用いているが，およそピーク電圧で 1 V_{p-p} 以上が得られており，信号雑音比 (SNR) も 20 以上となっている。

同じ鋼球サンプルを用いて流速を変えて測定した結果を図 12 に示す。流速が 20〜60 m/分の範囲で線形性があり（それ以上ではやや飽和傾向），十分な SNR が得られていることがわかる。ここでは示していないがローパスフィルタの定数を変更することで，180 m/分においても計測が可能である。

次に流速を 60 m/分として大きさ $\varPhi$ 0.3〜1 mm の鋼球を流したときの信号の鋼球サイズ依存性を図 13 に示す。信号はほぼ粒子径の 3 乗に比例しており，信号が粒子体積に比例することがわかる。粒径が $\varPhi$ 0.3 mm のときでも SNR は 3 以上となっており，実用機として十分な性能が得られている。また，本装置は検出部の小型化が可能であり，各種充填機の個々の出口に小型検出器を設置することで，最終充填工程での検査が可能となるので応用範囲が広いと思われる。

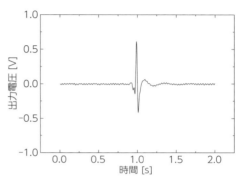

図 11　時間波形

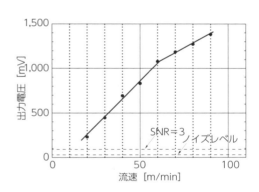

図 12　流速依存性

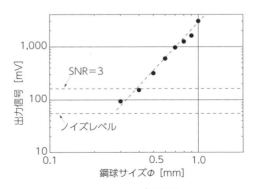

図 13　サイズ依存性

5. おわりに

　今回，二つの液状食品向け金属異物検出装置を紹介した。フラックスゲート磁気センサー式異物検出装置は，磁気センサーで磁化された金属異物の残留磁化を計測する方式で流速10～60 m/分に対応が可能で，もう一つはファラデー式異物検出装置で，流速20～180 m/分での高速検出が可能となっている。これら装置は，液中の気泡や塩分，温度などの影響による誤検知が極めて少なく，果肉など固形物を含むジュースやドレッシング，粘性のある離乳食など，幅広い液状食品，飲料への適用が可能であることから，今後の導入が期待される。

謝　辞　本成果の一部は，愛知県知の拠点あいち重点研究プロジェクト「食の安心・安全技術開発」によるものである。

■ 文　献

1) 田中三郎：応用物理, **72**, 1039 (2003).
2) 田中三郎：*FSST NEWS*, **106**, 8 (2005).
3) S. Tanaka et al.：*IEICE Trans. Electr.*, **E88-C**, 175 (2005).
4) 田中三郎：応用物理, **75**, 53 (2006).
5) 知の拠点あいちホームページ：http://www.astf-kha.jp/project/
6) 田中三郎, 鈴木周一：包装技術, **11**, 4 (2013).

第5章 最新装置開発

第5節 食品と異物の静電選別装置の開発

芝浦工業大学　佐伯　暢人

1. はじめに

　食品への異物混入の問題は消費者の多くが関心を集める話題の一つである[1) 2)]。一方，食品を製造する側にとって異物混入問題は企業の存続に影響を及ぼす問題にもなりうるため，製造者は常に細心の注意を払って，食品への異物の混入を防ぐ努力を続けている。

　混入した異物を除去するためには，目視による選別の精度が他に比べて最も高いと考えられるが，選別に時間を要し，人件費がかかるため，目視と同等もしくはそれ以上の選別精度で高い処理能力を有する選別装置の開発が望まれている。特に，異物が小さな場合には，現状では機械による選別は選別精度が十分ではないことが少なくない。そこで，当研究室では上述した食品と異物の選別を対象として，エコー㈱と共同で，2種類のタイプの静電気を利用した新たな選別装置の開発に成功した。

　本稿では，まず，食品の安全衛生に関する相談件数の経年変化からみた異物混入の状況と異物の種類について述べる。続いて，開発した選別装置の概略と性能について紹介する。

2. 食品と異物について

　図1は消費生活相談データベースで示されたデータ[3)]をもとに，食品の安全衛生に関する相談件数（「食料品」として検索）とそれに対する異物の苦情割合を年度ごとの変化としてまとめたものである。ここで，異物の苦情の割合とは食品の安全衛生に関する相談件数に対する異物混入に関する危害・危険情報の件数の割合を示している。図1の結果から，食品の安全衛生に対する相談件数は2013年に突出しているが，ほぼ減ることはなく，おおむね一定の件数を維持していることがわかる。一方，その相談件数の中で，異物の割合については，年度を経過して，わずかに増加していることがわかる。以上のことから，食品の異物混入問題はいまだ，十分に解決されているとはいい難い状況にあるといえる。

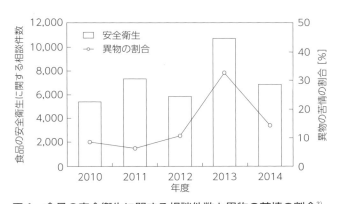

図1 食品の安全衛生に関する相談件数と異物の苦情の割合[3)]

図2は東京都福祉保健局のデータ[4]をもとに作成したもので，2012度において，東京都に寄せられた異物混入に関する苦情件数を要因別にグラフ化した結果である。ここで，鉱物性異物とはガラス，石，砂，金属を示し，動物性異物とは爪や歯，動物の糞等を示している。グラフに示されるように，異物といっても様々な種類があることがわかる。通常，これらの異物を選別する場合，食品との

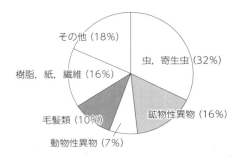

図2　東京都における要因別苦情件数の割合[4]

特性の違いを利用して選別が行われる。すなわち，様々な異物を取り除く場合，その種類に近い数の選別装置が用いられている。例えば，金属は金属検出機により取り除かれ，虫などは食品とは形状や色などが異なることから，画像処理を利用して，その形状を認識し，圧縮空気により除去される。しかしながら，毛髪や樹脂，繊維類などは食品と色や形状が似ている場合があり，画像処理では認識が困難であり，認識したとしても圧縮空気により除去することが難しい場合がある。そういった異物は毛髪類に加えて，樹脂，紙，繊維類があり，苦情件数全体の26％にも及んでいる。そこで，当研究室ではそういった異物の選別を対象として，エコー㈱と共同で，2種類のタイプの静電気を利用した選別装置を開発した。なお，図2において，本来，毛髪類は動物性異物に含まれるが，本稿で紹介する選別装置で対象とする異物を明確にするため，ここでは分けて表示した。

3. 開発した静電選別装置について

開発した回転ドラム型および回転輸送型の2種類の静電選別装置を以下に紹介する。両者はともに食品と異物にはたらく異なる静電気力を利用して選別が行われる。回転ドラム型はひじきとテグスなどのように，食品と紐状の異物の選別に適した装置であり，回転輸送型は乾燥レタスとビニール紐などのように，食品に対して異物が小さい場合の選別に適した装置である。

3.1　回転ドラム型静電選別装置
3.1.1　選別の原理

回転ドラム型静電選別装置のモデル図を示す（図3）[5]。本装置は彎曲した2本の円筒電極とコロナ電極，さらに，反時計回りに回転する接地ドラムからなる。ここで，円筒電極およびコロナ電極にはいずれも負の高電圧を印加する。食品と異物を回転するドラム上部に投入すると，ドラム上部に設置したコロナ電極により，食品と異物はコロナ電極と同極性に帯電する。彎曲した円筒電極とドラム電極の間に形成される電界により食品と異物にはドラムに吸着しようとする静電気力がはたらくが，異物の単位質量当たりの電荷量は食品に比べて大きいため，異物はドラムから離れることなく移動し，集塵機で回収される。一方，食品については，静電気力に比べて重力が勝るため，ドラムからすぐに落下する。したがって，回収位置が異なることから選別が可能となる。

図3 回転ドラム型静電選別装置のモデル図[5]

3.1.2 選別結果

本装置の選別性能を検証するために，茶葉（ジャーマンカモミール）と異物（ビニール紐）を用いて選別実験を行った（**図4**）[5]。**図5**[5]は使用した選別装置である。選別精度を向上させるために，本装置には二組の選別部を用意した。また，茶葉と異物の回収位置を確認するために，10個の回収容器を用意した。

図6[5]に茶葉および異物の回収状況を示す。実験の再現性を確認するために，3回の選別実験を行った。横軸には回収位置をとり，縦軸には回収率を示した。ここで，回収率とは投入した物質の質量に対する各回収位置で回収された物質の質量の比を百分率で示したものである。図6

図4 茶葉とビニール紐[5]

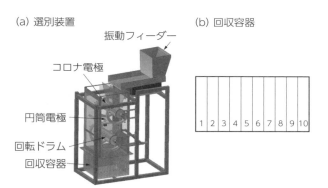

図5 回転ドラム型選別装置[5]

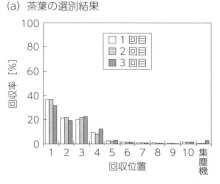

図6 茶葉および異物の回収状況[5]

(a)より,ほとんどの茶葉は1〜5番の回収容器で回収され,すべてのビニール紐は集塵機のみで回収された。10番の回収容器や集塵機で回収された茶葉はすべて微細な茶葉ばかりであった。また,集塵機でのビニール紐の回収率が100%に達していないのは集塵機内部に詰まった異物が存在したためである。以上の結果より,本装置により茶葉とビニール紐を良好に選別できることが確認された。さらに十分な帯電を施すためには,本装置の投入部に,もう一組のコロナ電極を設置することも必要である。同装置を用いて,ひじきとテグスの選別を行ったところ,ひじきから完全にテグスを除去できることを確認している[6]。

3.2 回転輸送型静電選別装置
3.2.1 選別の原理

回転輸送型静電選別装置のモデル図を示す(**図7**)[7]。本装置では接地した回転円筒が地面に対して角度ϕだけ傾けてあり,その円筒の中心には負の高電圧を印加した中実の円筒電極が固定されている。また,円筒内部には異物を吸引する集塵機が設置されている。前述のとおり,本装置はレタスやキャベツなどの乾燥食材から毛髪やビニール紐などの異物を除去する場合に適している。乾燥食材と異物はフィーダーにより回転円筒内部へと投入されるが,フィーダーの上部に設置されたコロナ帯電器により乾燥食材と異物はいずれも負に帯電する。続いて回転円筒への投入後には回転円筒内部に形成される電界によって,負に帯電した乾燥食材と異物には回転円筒中心から円筒面に向かって静電気力がはたらく。乾燥食材に比べて軽い異物は円筒内面に付着し,円筒の回転とともに移動し,集塵機により回収される。一方,乾燥食材は重力が静電気力に勝るため,円筒内面をすべり落ち,円筒容器から落下する。したがって,乾燥食材と異物の回収位置が異なることから選別が可能となる。本装置の大きな特徴は乾燥食材と異物が回転容器内で回転しながら選別される点である。選別の際,異物と乾燥食材の位置関係は様々であるが,異物が乾燥食材の上に載っていても,回転により,異物には常に円筒内面に落ちる機会が与えられる。また,静電気力により異物が乾燥食材に付着した状態で選別装置に投入される場合でも,コロナ帯電器により,乾燥食材と異物は同極性に帯電することで両者の付着力は弱まる。そのため,異物を食材から回転円筒の内面に落ちやすくさせるはたらきを本装置は有している。

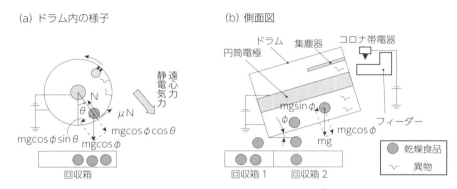

図7 回転輸送型選別装置のモデル図[7]

3.2.2 選別結果

試作した選別装置のCAD図面を示す（図8）[7]。大きさの違いで食材を異なる位置で落下させられるように，回転容器にはメッシュ付きの円筒を用いた。また，その円筒はゴムローラにより一定の速度で回転させ，投入部には振動フィーダーを用いた。さらに，帯電量や付着力を細かく調整できるようにコロナ電極と中実の円筒電極に印加する電圧は異なる値を印加できるようにした。

図9[7]は本装置の選別性能を検証するために使用した選別対象である。乾燥食材にはレタスとキャベツを用い，異物にはビニール紐を使用した。本装置で対象とする乾燥食材と異物には大きな質量差があり，使用した乾燥レタスと乾燥キャベツの平均質量は，ビニール紐のそれに比べて，それぞれ，187倍，19倍であった。

図10[7]は乾燥レタスとビニール紐の選別結果の一例である。横軸には回収位置をとり，縦軸には回収率をとっている。乾燥レタスは約109 gを用い，そこに20本のビニール紐を混ぜた。図10の結果から，異物はすべて集塵機で回収され，回収箱1，2には乾燥レタスのみが回収されたことがわかる。ここで，集塵機には，わずかに乾燥レタスが回収されているが，ここで，回収された乾燥レタスは非常に微細なものばかりであった。

乾燥キャベツとビニール紐を図8に示す選別装置に投入した場合についても，乾燥レタスの場合と同様に，回収箱1，2には乾燥キャベツのみが回収された。以上のことから，実験室レベルの段階ではあるが，本手法は質量差のある乾燥食材と異物の選別に適した手法であるといえる。

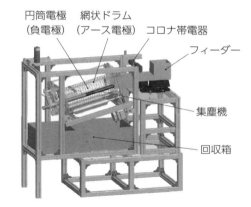

図8 回転輸送型選別装置のCAD図[7]

(a) レタス

(b) キャベツ

(c) ビニール紐

図9 選別対象[7]

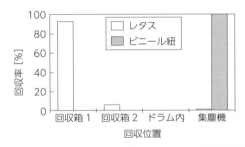

図10 回転輸送型選別装置における選別結果の一例[7]

4. おわりに

　食材と異物の選別装置として，当研究室とエコー㈱の共同で開発した回転ドラム型および回転輸送型の2種類の静電選別装置を紹介した。両者はいずれも，乾式選別であるため，選別後における食材の乾燥や廃液処理が必要ないことは大きな利点である。

　現在までに当研究室には食品製造者の方々から様々な食材と異物の選別の依頼が多く寄せられている。食材と異物の組み合わせによって，それに見合った選別装置の調整が必要になるが，今後，多くの皆さまのご要望に応えられるように努力していきたい。

■文　献

1) 熊田薫ほか編著：食品衛生の科学，理工図書，東京 (2011).
2) 佐藤邦裕：食品衛生学雑誌, **52** (4), 211-219 (2011).
3) 国民生活センターホームページ，消費者生活相談データベース：http://datafile.kokusen.go.jp/
4) 東京都福祉保健局ホームページ，食品安全アーカイブス (平成24年度要因別苦情件数のデータ)：http://www.fukushihoken.metro.tokyo.jp/shokuhin/foods_archives/index.html
5) 大牧優馬ほか：日本機械学会 D＆D2014pdf 論文集，論文 No.729 (2014).
6) 平野智也ほか：日本食品工学会第16回年次大会講演要旨集, 78 (2015).
7) 鈴木真澄ほか：電気学会第27回「電磁力関連のダイナミクス」シンポジウム講演論文集, 223-224 (2015).
8) 静電気学会編：静電気ハンドブック, 1193-1199, オーム社，東京 (2006).

索　引

●英数・記号●

2S ·· 29
3PL（事業者）······························· 108
4M ·· 51
4M 変化点 ······································ 55
6W5H ··· 180
δ 値 ··· 231
ATP ····································· 255, 259
　　＝アデノシン三リン酸
ATP 検査 ·· 68
ATR 法 ·· 237
BCP ·· 14
　　＝事業継続計画
CARVER＋Shock 脆弱性評価プログラム
　··· 94
CARVER＋Shock 分析 ···················· 17
CCP ··· 120
Codex 規格 ···································· 26
Critical Control Pcint ················· 120
CSR ·· 14
　　＝企業の社会的責任
Deep Cleaning ······························ 45
DNA 増幅 ···································· 255
EDX ··· 267
　　＝エネルギー分散型 X 線分析装置
EDX スペクトル ··························· 267
FDA 間接食品添加物 ··················· 233
FSMA ·· 19
　　＝食品安全強化法
FSSC22000 ······················ 90, 104, 113
FT-IR ··································· 229, 262
　　＝フーリエ変換赤外分光装置
GAP ·· 26
　　＝適正農業規範
GMP ·· 42
HACCP ································· 15, 283
HACCP システム ················· 196, 253
HACCP 的管理 ······························ 43
HACCP プラン ···························· 196
House Keeping ····························· 45

IGR ·· 46
IPM ······································ 39, 286
　　＝総合的有害生物管理
IR-DB ·· 229
IR 分析 ·· 229
ISO/TS22002-1 ····························· 90
ISO/TS22002-1 前提条件 ············ 118
ISO9001 ····································· 113
ISO22000 ···························· 104, 103
ISO28000 ··································· 104
ISO31000 ····································· 52
IT 炎上 ·· 14
OEM ··· 77
OPRP ·· 120
　　＝オペレーション PRP
PDCA ·· 48
Periodic Cleaning ························ 45
PRP ··· 118
RPN ·· 52
SDGs ·· 208
SEM ·· 264
SNS ····································· 65, 201
　　＝ソーシャルネットワーキングサービス
SP 値 ·· 231
TAPA ·· 108
　　＝輸送資産保護協会
Third-Party Logistics ················ 108
TLC ··· 238
To be good ································· 178
To do good ································· 179
TPP ····································· 13, 301
　　＝環太平洋戦略的経済連携協定
Transported Asset Protection Association
　··· 108
　　＝輸送資産保護協会
What-If 分析 ································ 59
X 線異物検出装置 ······················ 275
X 線検査機 ································· 195
X 線作業主任者 ·························· 282
X 線探知機 ································· 223
X 線の発生効率 ·························· 298

X線発生装置 ……………………… 276

● あ ●

アウトソース ……………………… 107
アクセス管理 ……………………… 97
アグロテロの脅威 ………………… 21
アデノシン三リン酸 ……………… 255
　＝ATP
アルミニウム線 …………………… 297
アレルギー原因物質 ……………… 192
アレルギー物質 ………………… 151
アレルゲン ………………………… 93
安全安心カメラ …………………… 130
安否確認 …………………………… 175
暗黙知 ……………………………… 69

● い ●

意識や目的の共有 ………………… 102
イスラム圏 ………………………… 109
委託先 ……………………………… 107
意図的な食品汚染 ………………… 127
異物管理 …………………………… 114
異物混入 ……………………… 84, 171
異物混入事故 …………………… 302
異物混入の要因 ………………… 27
異物混入のリスク ………………… 30
異物対策の3原則 ………………… 213
異物対策マネージャー® ………… 163
異物テストピース ………………… 278
異物ライブラリー ……………… 261
インターネットジェネレーション … 14
隠蔽 ………………………………… 182
インライン・シフター …………… 290
インライン異物除去装置 ………… 289

● う ●

移り香対策 ………………………… 37

● え ●

衛生管理 …………………………… 62
衛生管理基準 …………………… 196
映像蓄積配信サーバー …………… 140
映像統合管理ソフトウェア ……… 140
営利企業 …………………………… 63
壊死 ………………………………… 187

エネルギー分散型X線分析装置 … 267
　＝EDX
円筒電極 …………………………… 310

● お ●

応急措置 …………………………… 175
お辞儀 ……………………………… 172
オペレーションPRP ……………… 120
　＝OPRP
おもてなしの国 …………………… 66
折り畳みコンテナ ………………… 107

● か ●

外国人雇用 ………………………… 64
回収率 ……………………………… 311
解析 ………………………………… 253
回答のプロ ………………………… 185
回復策 ……………………………… 174
回復線 ……………………………… 174
化学物質過敏症 …………………… 40
確認情報 …………………………… 178
加成性 ……………………………… 235
画像処理装置 ……………………… 277
家族の意向 ………………………… 175
ガバナンス ………………………… 73
噛み込みX線検査装置 ………… 299
噛み込み検査 ……………………… 295
貨物コンテナ ……………………… 107
貨物自動車運送事業法 …………… 105
貨物セキュリティ要求事項 ……… 110
環境ホルモン ……………………… 40
間隙部 ……………………………… 299
観察 ………………………………… 253
幹事社 ……………………………… 183
監視ポイント ……………………… 136
完全密閉 …………………………… 295
乾燥食材 …………………………… 312
環太平洋戦略的経済連携協定 … 13, 301
　＝TPP
管理基準 …………………………… 128
管理区域 …………………………… 282

● き ●

危害 ………………………………… 117
危機管理 …………………………… 72
危機対策本部 ………………… 175, 178

危機の源泉　174
危機は人災　173
企業の姿勢　172
企業の社会的責任　14
　＝CSR
企業不祥事　173, 187
記者クラブ　182
吸光　254
吸収線量　282
業界フィルター　233
業務効率改善　137
許容水準　41
均一な情報　179
緊急記者会見　175
緊急時対応　197
緊急対策本部　76
緊急連絡網　175
金属検出機　195, 223, 310

●く●

クーラーレス完全密閉型　298
グッドマンの法則　162
クライシス管理体制　76
クレート　107
クレーム　27
クレーム対応の3S　195
グレイスケール　278
グローバル化　111

●け●

経営最高責任者　76
形骸化　62
警戒水準　41
蛍光　254
経済連携協定　301
継続的改善　131
原因の究明　180
健康安全保障　94
検出精度　195
建築物衛生法　40
限度額　89
現場教育　58
顕微FT-IR（法）　262
顕微IR法　237

●こ●

コールセンターサービス　83
高圧ナトリウム灯　47
光学透過画像　299
光学捕虫器の種類　219
抗原抗体反応　255
交差汚染　93, 195
公式見解　171
工場への虫の侵入ルート　42
抗生物質　255
工程管理　200
好転　174
鉱物性異物　310
顧客協創型ソリューション　134
顧客満足　197
顧客要件　103
国際基準対応　13
コスト　200
個包装　299
個包装領域　299
コミュニケーション　74, 128
コルサップ　235
コロナ帯電器　312
コロナ電極　310
今後の方針　180
コンサルティング（サービス）　83, 135
コンタミ（ネーション）　37, 96
昆虫成長制御剤　43
昆虫相調査　44
コントロール　185
混入経路　28
コンプライアンス　74

●さ●

災害時対応　137
再発防止策　180
作業者の管理　32
差スペクトル　230
サニタリーデザイン　217
サニテーション管理　30, 37
サプライチェーン　103
サポート機関　80
三現主義　198
残骨検査装置　295
残骨除去作業　296

三直三現主義	198
散乱	254
残留検索機能	139
残留磁化	304

● し ●

シアン化物	253, 258
磁気モーメント	303
事業継続計画	14
＝BCP	
資源	122
自工程完結	51
自主回収報告制度	83, 150
施設の保守管理	38
磁束変化	306
下請事業者	107
シックハウス症候群	40
質問のプロ	185
質問予測力	181, 183
シミュレーション	76
社会的環境	64
社会的企業	62
社会の財産	200
社外の利害関係者	74
社内の風紀	102
収益構造	65
習慣	62
従業員教育	65
従業者監視	95
従業者の認識	95
充填機	307
自由貿易協定	301
純黄色系蛍光灯	47
順路設定機能	138
小スペース化	300
消費者重視	74
消費者対応	197
消費者庁	171
消費生活相談データベース	309
情報化	65
情報開示	173, 182
情報統制	66
情報マスター	171
初期対応	197
食中毒予防の3原則	66
食の安全保障	13

食品安全	14, 73, 134
食品安全強化法	19
＝FSMA	
食品安全法	257
食品安全保障	134
食品安全マネジメントシステム	106
食品事故	72
食品テロ	18
食品トレーサビリティ	80
食品の危害要因	192
食品表示法	151
食品への意図的な毒物等の混入の未然防止等に関する検討会報告書	72
食品防御	13, 14, 134
食品防御ガイドライン	71
食品防御責任者	75
食品防御対策ガイドライン	72
食料安全保障	14
真空の透磁率	303
信号雑音比	307
シンチレータ	277
人的資源	122
真のアスリート	188
真の雄弁家	185
新聞社告	81

● す ●

スーパーナトリウム灯	47
水道法	257
スクリーニング検査	259
ステークホルダー	22
ストレーナー	223
素直な風土	184
スペクトルデータベース	229

● せ ●

性悪説	97
税関	111
生産工場版	129
静磁場	305
脆弱性分析	78
性善説	97
製造過程	302
製造物責任法	15
＝PL法	
静電気力	310

静電選別装置……………………………310
整頓………………………………30, 216
製品実現…………………………………123
生物化学的手法…………………………254
整理………………………………30, 214
赤外吸収スペクトル……………………262
セキュリティ強化………………………136
セキュリティマネジメントシステム……106
セキュリティレベル………………127, 136
施錠管理…………………………………130
設備型のプロセス………………………135
設備の保守管理……………………………37
ゼロリスク………………………………192
鮮魚用小骨検査機………………………296
前提条件プログラム……………………114

●そ●

ソーシャルネットワーキングサービス……65, 201
　　=SNS
総合的有害生物管理……………………39, 286
　　=IPM
倉庫業法…………………………………105
走査型電子顕微鏡………………………262
測定………………………………………253
組織ぐるみ………………………………171
組織風土…………………………………189
疎水性……………………………………242
措置水準……………………………………41
率直な社風………………………………184

●た●

対策本部……………………………………82
高さの確保…………………………………35
多拠点管理………………………………137

●ち●

地域住民…………………………………175
長時間記録………………………………139
超伝導SQUID磁気センサー……………303
直言の士…………………………………178
直報………………………………………175

●つ●

通過検知…………………………………141
通過方向検知……………………………141
司る………………………………………188

●て●

適正農業規範………………………………26
　　=GAP
デジタルネイティブ………………………14
デュアルエナジー……………………279
添加剤……………………………………235
電気化学的手法…………………………254
電磁波……………………………275, 304
電磁分析手法……………………………254
天洋食品事件………………………………71
電離放射線障害防止規則………………282

●と●

問い合わせ対応…………………………177
透過画像…………………………………299
透過法……………………………………237
東京オリンピック………………13, 109
透光性包装材……………………………299
当事者意識………………………………186
動植物毒性試験…………………………259
動物性異物………………………………310
特定非営利活動法人………………………63
共連れ検知………………………………141
トレーサビリティ………………………288
トレースバック……………………………81
トレースフォワード………………………81

●な●

内部監査…………………………………125
内部犯行……………………………………16

●に●

入室ルール…………………………………32
入場ルール………………………………214
入退室管理システム……………………135
入退場管理システム……………………130
認識の標準化……………………………132

●ね●

ネズミ用の資材…………………………219
熱分解GC-MS……………………………265
熱分解ガスクロマトグラフィー質量分析
　装置……………………………………265

● の ●

脳死 ……………………………………… 187
ノウハウ ………………………………… 63
農薬 …………………………… 253, 255
農薬混入事件 …………………………… 71

● は ●

パート，アルバイト比率 ………………… 64
廃液処理 ……………………………… 314
バイオテロ（リズム） ……………… 91, 94
バイオビジランス ……………………… 91
パイログラム ………………………… 266
薄層クロマトグラフィー …………… 231
ハザード ………………………… 117, 199
ハザード分析 …………… 124, 196, 199
発光 …………………………………… 254
発生源コントロール ………………… 217
発表者 ………………………………… 171
パブリッククラウド ………………… 138
ハラル認証 …………………………… 104
バリア機能 …………………………… 214
バリデーション ………………………… 55

● ひ ●

ビームコンデンサー ………………… 237
光分析手法 …………………………… 254
微生物学的汚染 ………………………… 93
ヒ素化合物 …………………… 253, 258
筆記用具 ………………………………… 34
人手不足 ………………………………… 65
人由来異物 ……………………………… 30
非破壊検査 …………………………… 275
被保険者 ………………………………… 88
病原微生物 …………………………… 192
費用対効果 ……………………………… 62
表面分析手法 ………………………… 254
品質保証機能 …………………………… 54
品質リスク管理 ………………………… 51

● ふ ●

フードセーフティ ………………… 14, 134
フードセキュリティ ……………… 14, 134
フードチェーン ……………………… 194
フードディフェンス ………… 13, 14, 134
フードテロ ……………………………… 88

フーリエ変換赤外分光装置 ………… 262
　＝FT-IR
ファラデーの電磁誘導の法則 ……… 307
フィッシュブロック ………………… 297
フィッシュポーション ……………… 297
フォワーダー ………………………… 108
不審者 ………………………………… 127
不正入退室防止 ……………………… 141
付着力 ………………………………… 312
物流版 ………………………………… 129
不適合品の管理 ……………………… 125
不動の事実 …………………………… 172
部分化学構造 ………………………… 230
不要物の定義 ………………………… 214
フラックスゲート磁気センサー … 303
ブランド価値 ………………………… 174
プレスリリース ……………………… 171
文具類の選定 …………………………… 34
紛失・盗難 …………………………… 110
分析機器 ……………………………… 253
分配係数 ……………………………… 240
分離分析手法 ………………………… 254

● へ ●

ペースト法 …………………………… 237
返金費用 ………………………………… 87

● ほ ●

防虫対策 ………………………………… 39
防虫対策ハンドブック ……………… 261
法定管理基準 …………………………… 63
冒頭ステートメント ………………… 178
防犯カメラ …………………………… 135
防犯システム ………………………… 131
捕獲指数 …………………………… 43, 44
保険金 …………………………………… 88
保険料 …………………………………… 89
ポジションペーパー ………………… 171
ポジティブリスト …………… 233, 257
ポジティブリスト制度 ………………… 43
保守管理 ………………………………… 37
補償 …………………………………… 180
保税運送 ……………………………… 111
ボディーチェック …………………… 100

●ま●

マグネット	223
真（まこと）の会社づくり	188
マラチオン	90, 101
マレーシア規格	109

●み●

未確認情報	178
未然防止	49
身だしなみ確認のポイント例	214
ミラノ万博	13

●め●

メタミドホス	94
メディアトレーニング	173

●も●

毛髪	28
毛髪混入	32
毛髪対策	32
毛髪対策の4ステップ	213
目視検査	296
目視検品	223
目標と方針	128
元請事業者	107
モニタリング	92, 258
モラル教育	95

●ゆ●

誘引源コントロール	215
有害生物対策の4ステップ	213
有機JAS	113
輸送資産保護協会	108
＝Transported Asset Protection Association；TAPA	
ユネスコ世界無形文化遺産	13
指静脈認証	142

●よ●

よい製造現場	73
要員の経歴確認	110

溶解性パラメーター	231
容器および器具の管理	38
溶媒抽出	231
予防・未然防止	73

●ら●

ラインセンサー	277

●り●

力量	122
力量評価	123
リコール	80
リコール告知（方法）	81, 82
リコール実施の判断基準	84
リコール対応マニュアル	81
リコール費用	86
リコール保険	83
リスク	198
リスクアセスメント	52
リスク感知力	57
リスク管理	49, 198
リスク事象	50
リスク評価	198
リスク分析	22, 35, 36
リスクマップ	53
リスクマネジメント	27
リスク要因	50, 199
離乳食	303
流動性食品	306

●れ●

冷却ユニット	298
冷凍食品認定制度	71
レクチャー付き発表	182

●ろ●

ローラーがけの手順例	214
労働安全	75
労働環境	102
労働集約型産業	64
労働集約型のプロセス	135
ロット構成	199

情報社会における食品異物混入対策最前線
リスク管理からフードディフェンス、商品回収、クレーム対応、最新検知装置まで

発行日	2015 年 11 月 11 日　初版第一刷発行
監修者	西島　基弘
発行者	吉田　隆
発行所	株式会社　エヌ・ティー・エス 〒102-0091　東京都千代田区北の丸公園 2-1　科学技術館 2 階 TEL. 03-5224-5430　http://www.nts-book.co.jp/
編　集	永和印刷株式会社
印刷・製本	永和印刷株式会社

ISBN978-4-86043-434-2

ⓒ 2015　西島基弘，松延洋平，春田正行，平尾素一，廣田正人，前田佳則，山本健，栁瀬慶朗，小川賢，室賀利一，新保勇，荻原正明，金井伸輔，柿崎順，中田裕也，金子真也，星野佑一，足立直子，小暮実，佐藤邦裕，山見博康，戸部依子，古谷由紀子，尾野一雄，谷川征男，後藤良三，三宅由子，廣瀬修，石戸克典，池田倫秋，中川幸寛，田中三郎，鈴木周一，佐伯暢人．

落丁・乱丁本はお取り替えいたします。無断複写・転載を禁じます。定価はケースに表示しております。
本書の内容に関し追加・訂正情報が生じた場合は、㈱エヌ・ティー・エス ホームページにて掲載いたします。
※ホームページを閲覧する環境のない方は当社営業部（03-5224-5430）へお問い合わせください。